노인요양시설의

건축·실내환경 디자인

노인요양시설의
건축·실내환경 디자인

김대년 · 윤영선 · 변혜령 · 정미렴

Architecture & Interior Environment Design Of Nursing Homes

(주)교 문 사

PREFACE | 머리말

우리나라는 세계에서 유례없는 노인인구의 급속한 증가로 고령화 사회를 이미 넘어서서 곧 고령 사회를 맞게 될 것이다. 대부분의 노인은 자신이 살던 집과 동네에서 필요한 서비스를 제공받는 'aging in place' 를 원하는데, 이는 시설거주에 비해서 경제적일 뿐 아니라 심리적 · 기능적 측면에서 긍정적 효과가 있어서 노인의 거주방법으로 바람직하다고 평가받고 있다. 그럼에도 불구하고, 노인복지를 위한 제반시설이 부족하고 재가(在家)노인을 위한 프로그램이 미흡한 우리나라의 경우, 노인요양시설에 대한 요구는 증대하고 있다. 더구나 여성의 사회참여와 핵가족화의 확산으로 노인부양에 대한 가치관의 급격한 약화, 장기요양을 요하는 허약노인의 의료기관 이용률 증가로 인한 병상 부족과 의료비 부담 등은 노인문제를 가족만의 문제가 아닌 사회문제로 인식하게 하였다. 이러한 문제를 해결하는 방법은 허약노인이 건강을 회복하고, 일상생활을 유지할 수 있도록 지원하는 노인요양시설에서 거주하도록 하는 것이다.

'노인장기요양보험제도법' 이 2007년에 통과되면서 우리나라도 중증 만성질환을 가진 노인들이 필요에 따라 노인요양시설에 입소하거나 살던 집에서 거주하면서 재가 서비스를 받을 수 있는 기반이 마련되었다. 노인요양시설은 재가 서비스에 비해 비용이 많이 들지만 전문 인력이 적정수준의 설비를 갖추고 24시간 지속적으로 노인을 케어하며, 장애가 있는 노인도 프로그램에 참여하기가 용이하다는 장점이 있다. 노인요양시설에 대한 관심이 고조되면서 이에 대한 연구가 다양한 주제로 비교적 활발하게 이루어지고 있으나 이러한 연구들이 노인요양시설에 대한 내용을 포괄적으로 다루지 못하고 단편적인 정보를 제공하며, 연구대상의 선정이 체계적이지 못하여 연구결과를 일반화시키기 어렵다는 문제점이 지적되고 있다.

이에 따라 노인요양시설의 건축 · 실내환경 디자인과 관련된 기존의 정보들을 정리 · 통합하는 작업이 필요하며, 현재 운영되고 있는 국내 · 외 노인요양시설의 현장사례 조사를 통하여 건축 · 실내환경 디자인 실태를 기존 문헌의 이론과 비교하고 평가할 필요가 있다는 인식이 확산되고 있다. 이 책은 위와 같은 과정을 통해서 종합 분석된 연구결과이며, 정보를 필요로 하는 사람은 누구나 손쉽게 사용할 수 있는, 노인요양시설의 건축 · 실내환경 디자인에 관한 체계적인 정보를 제공할 목적으로 출판하게 되었다.

이 책을 출판하기까지(2006~2010년) 다음과 같은 작업이 진행되었다.

첫째, 노인요양시설에 대한 기존 정보의 통합과 분석이 국내 · 외 문헌고찰을 통해서 이루어졌으며, 이를 통하여 노인요양시설 관련 이론과 디자인 지침들이 정리되었다. 국내문헌은 건축, 실내환경 디자인, 노인복지, 노인간호, 사회복지 분야의 단행본, 연구보고서, 학위논문, 학술지논문, 정부간행물, 관련 법규이고, 국외문헌은 미국, 스웨덴, 일본에서 출판된 노인요양시설의 건축 및 실내환경 디자인 관련 단행본들이다.

둘째, 한국, 일본, 북유럽에 소재하는 노인요양시설의 현장사례 조사가 이루어졌다. 현장사례조사는 노인요양시설의 현황을 파악함으로써 건축 · 실내환경 디자인의 특성을 분석하고 우리나라 노인요양시설의 개발 방향을 제안할 목적으로 진행되었다. 국내사례 조사의 대상은 서울특별시와 6대 광역시 소재 노인요양시설 14개소이며, 국외 사례는 복지 선진국인 북유럽(스웨덴, 덴마크, 네델란드)의 10시설과 일본의 12시설이다. 이 과정에서 북유럽 시설의 선정 및 사례 조사에는 스웨덴 샬머스 공과대학(Chalmers University of Technology) 건축학과의 얀 파울슨(Jan Paulsson) 교수와 노인시설전문 건축가 릴레모 후스버그(Lillemor Husberg)가, 일본의 경우는 킨키대학교 건축학과의 야마구치(山口) 교수와 사토종합계획 설계사무소의 김선태 박사가 노인요양시설의 선정 및 안내에 큰 도움을 주었다.

셋째, 문헌자료를 정리 · 통합한 정보, 우리나라 노인요양시설 이용자의 요구사항, 북유럽과 일본의 현황과 개발 방향을 종합한 연구결과를 체계화하여 우리나라 노인요양시설 개발에 적용 가능한 건축 · 실내환경 디자인이라는 지식정보를 구축하였다.

넷째, 구축한 연구결과에 대한 한국 적용가능성을 타진하기 위하여 전문가 그룹의 의견을 수렴하는 델파이 조사를 실시하였으며 그 결과를 반영하여 이 책으로 출판하게 되었다.

이 책은 총 3부, 12장으로 구성되어 있다.

제1부는 '노인과 건축 · 실내환경' 에 대한 내용이 개괄적으로 수록되어 있는데, 1장 노인과 환경, 2장 노인의 특성과 건축 · 실내환경 디자인, 3장 노인의 건축 · 실내환경과 디자인 개념으로 구성되어 있다.

제2부는 '요소별 건축 · 실내환경 디자인 지침' 이며 4장 공간계획, 5장 공간 구성요소, 6장 부착설비에 대한 내용으로 구성되어 있다.

제3부는 '공간별 건축 · 실내환경 디자인 지침' 으로 노인요양시설의 건축 · 실내환경 디자인 지침을 공간별로 제시함으로써 각 공간에서 요구되는 디자인 사항을 일목요연하게 이해할 수 있게 제시하고 있다. 즉, 7장 외부공간, 8장 거주공간, 9장 치유공간, 10장 운영 · 관리공간, 11장 직원공간, 12장 이동공간으로 구성되어 있다.

이 책은 건축, 실내환경 디자인, 사회복지, 노인복지, 실버산업 등 노인요양보호 및 노인요양시설과 관련된 분야의 전문가뿐 아니라, 노인복지분야의 정책입안자 및 관련 공무원, 노인요양시설에 투자할 계획이 있는 민간기업체는 물론, 관련 분야 전공 학생인 미래의 전문가, 노후세대와 그 가족, 그리고 시설거주에 관심이 있는 일반인들이 유용한 정보를 습득하는 데 활용될 수 있도록 구성되었다. 이러한 정보 습득과 함께 이를 적용하는 과정에서 우리나라의 노인복지 수준의 향상에 기여할 것이며 궁극적으로 복지사회 구현에 일조를 할 것이다.

또 이 책 다음으로 '살고 싶은 노인요양시설 24 : 덴마크 · 스웨덴 · 네덜란드 · 일본 · 한국' 가 출판될 것이다. 실제로 진행된 많은 현장사례 조사 중에서 미래 한국의 노인요양시설 발전에 바람직한 방향을 제시할 수 있는 24개 노인요양시설을 발췌 · 선정하여 이에 대한 내용을 도면, 사진 등과 함께 공간배치 특성, 거주영역, 지원관리영역, 커뮤니티센터 등에 대한 구체적이고 생동감 있는 내용으로 구성하였다. '노인요양시설의 건축 · 실내환경 디자인' 이라는 제목으로 출판되는 이 책과 함께 위의 사례집을 섭렵한다면 노인요양시설에 대한 실제 적용은 물론, 보다 나은 미래의 노인요양시설 연구에 큰 도움이 될 것이라 기대한다.

마지막으로 이 책의 출판이 가능하도록 긴 연구과정에서 재정적인 지원을 제공한 과학기술부 산하 한국과학재단(특정기초연구지원사업 3년 과제/2006~2009년)에 감사를 드린다. 또 다년간에 걸쳐서 축적되고 정리된 이러한 연구결과물을 이를 필요로 하는 여러 사람들과 공유할 수 있도록 책의 출판을 허락해 주신 (주)교문사 류제동 사장님을 비롯하여 양계성 상무님께 감사드린다. 또 실무담당자로서 수준 높은 책을 만드는 데 심혈을 기울이신 편집부 직원들을 비롯한 교문사 관계자 여러분께도 고마운 마음을 전하고 싶다.

2010년 5월

저자 일동

CONTENTS | 차 례

Part 1 노인과 건축 · 실내환경

Part 2 요소별 건축 · 실내환경 디자인

Part 3 공간별 건축 · 실내환경 디자인 지침

Part | one

1

노인과 건축 · 실내환경

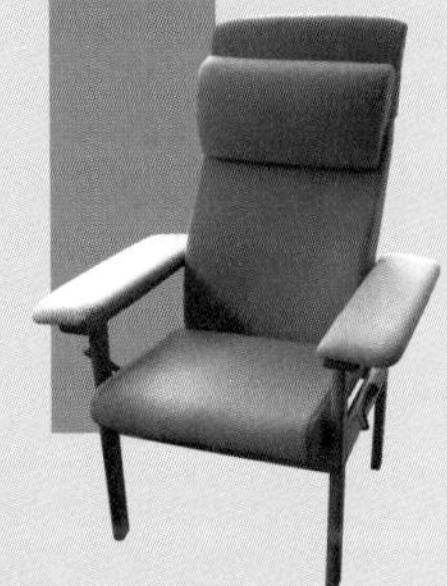

노인이 되면 배우자 사망, 자녀 출가 등으로 가족 수가 감소되며 은퇴, 수입 감소, 건강 등의 이유로 주거지를 이동하는 경우가 많다. 이에 대처하기 위하여 노인의 건축환경은 다양하게 계획되어야 한다.

Chapter 01

노인과 환경

인간은 환경으로부터 직접, 간접적인 영향을 받으며 성장한다. 환경의 종류는 사회환경 · 경제환경 · 자연환경 · 건축환경 등 다양한데, 이 중에서 건축환경은 인간이 일상적으로 접하게 되는 환경으로서 인간과 상호작용하며, 물리적인 영향뿐 아니라 사회적 · 심리적 영향을 미친다.

로톤과 나헤모우(Lawton & Nahemow, 1973)의 환경압박이론(그림 2)에 의하면, 개인의 능력이 높은 경우에 환경압박(자극)이 너무 약할 경우에도 부적응 행동과 부정적 정서가 나타날 수 있다. 반면, 개인의 능력이 낮은 경우에는 능력이 높은 경우보다 환경 자극에 적응할 수 있는 폭이 줄어들게 되며 결과적으로 부적응 행동을

1 거주노인들이 환경으로 인한 스트레스를 받지 않으면서 그들의 일상생활을 수행할 수 있도록 활동과 공간을 연결하여 묶어 주고, 공간구성을 명확하게 구별해야 한다. 공용공간과 개인공간 또는 다양한 활동공간들을 연속시켜 배치함으로써 거주노인의 감각을 자극하고 사회적 상호작용과 활동을 조절한다. 따라서 공용공간에서부터 개인공간까지 거주노인이 선택할 수 있도록 공간을 연속적으로 배치하는 것이 바람직하다.

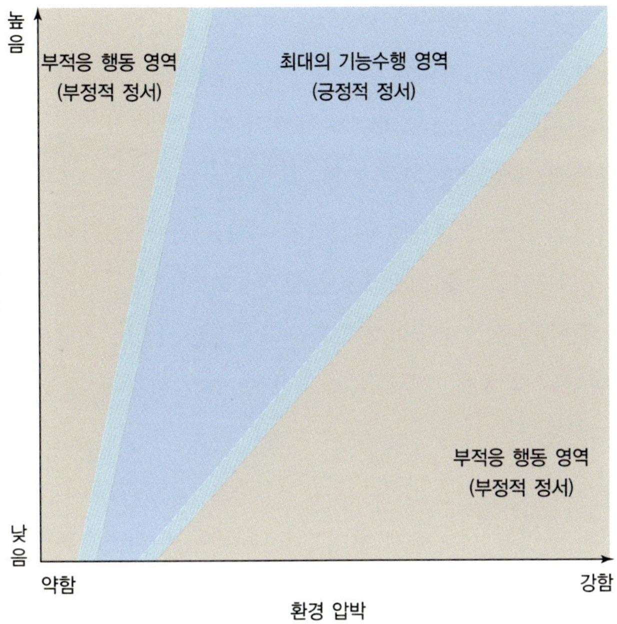

2 환경이 개인의 행태와 감정에 미치는 영향(로톤과 나헤모우)

보이고 부정적 정서가 나타나기 쉽다. 노인요양시설에 거주하는 노인들은 젊은 사람에 비하여 신체적·사회적·정신적 능력이 저하된 경우가 많다. 또한 자신이 원하는 대로 개조가 가능한 주택과는 달리, 다른 사람들과 함께 생활하므로 환경에 대한 조절 능력이 적기 때문에 환경으로부터의 자극에 영향을 많이 받는다. 따라서 노인요양시설의 환경은 노인의 잔존 능력에 적합하도록 수정·개선되어야 한다.

노인이 되면 연령증가와 함께 일상생활 능력이 저하되어 결과적으로 장애를 경험하는 경우가 많으며, 바람직하지 못한 거주환경에 장기간 노출되면 통제감의 상실로 행동에 위축현상이 나타난다. 따라서 노인의 자립생활증진을 위해서는 노인이 일상생활행위수행 능력(Activity of Daily Living : ADL)의 변화에 따라 적응할 수 있고, 자립적으로 생활할 수 있는 물리적 환경이 제공되어야 한다. 노인의 신체적 의존 상태를 보면 세수하기, 화장실 사용하기, 옷 입기 등 기본동작에 제한을 받으며, 연령이 증가할수록 ADL의 제한 정도가 높아진다. 노인은 낙상으로 인한 골반, 다리의 부상 등으로 보행이 어려워지면서 다른 질병이 복합적으로 발생하는 경우가 많으므로 노인에게 안전한 환경을 제공하는 것은 필수적이다. 더구나 신체적 자율성이 손상되어 수발을 필요로 하는 노인들이 모여 생활하는 장소인 노인요양시설은 노인이 입소하여 사망에 이르기까지 24시간 생활하는 경우가 대부분이므로 건축 · 실내환경은 노인의 필요와 욕구가 충분히 충족될 수 있도록 디자인되어야 한다.

사회적 환경은 노인에게 있어 매우 의미가 크다. 은퇴 이후의 노인에게 있어서 사회적 환경은 지역 · 사회공동체, 종교활동, 봉사활동, 여가활동 등으로 구성되며 사회활동은 개인 간, 개인과 사회 간의 교류를 증진시켜 긍정적인 역할을 한다. 따라서 노인의 환경은 사회적 교류가 일어날 수 있는 공간을 제공하고 상호작용을 증진시킬 수 있도록 디자인되어야 한다. 특히 건강이 좋지 않은 노인들이 거주하는 노인요양시설은 질병이나 통증 위주의 대화에서 벗어나 흥미있는 화제를 생각하고 대화할 수 있는 환경을 조성해야 한다. 이를 위해서 과거를 회상시키는 가구나 물건을 배치하거나, 다른 연령대 사람들과의 교류를 촉진하는 공간을 마련하도록 한다.

노인의 공간환경은 노인의 기분에 크게 영향을 미친다. 지루한 생활이 되기 쉬운 노인요양시설은 다양한 공간계획과 밝은 색채계획 등으로 노인이 건강한 자아를 확보하고 긍정적인 태도를 갖도록 해야 한다.

지셀(Zeisel, 2004)은 치매노인의 증상을 경감시키기 위한 치료와 케어 모델을 다이어그램으로 제시하였다. 그림 3에서 알 수 있는 바와 같이, 지셀은 기존의 의료 케어적 관점에 환경의 변화, 행태의 수정, 의사소통을 추가함으로써 치매노인의 치유에서 물리적 환경의 중요성을 강조하였다. 이 케어 모델에서 환경의 목표는 감각과 감정적 기억같은 잔존 지각

3 전체론적 관점에서 본 치매노인의 치유에 관한 지셀(Zeisel)의 다이어그램

능력의 자극을 통하여 노인의 능력과 자립성을 지원하고 향상시키는 것이다.

이와 같이 환경은 노인에게 특히 중요한 의미를 가진다. 따라서 노인의 건축환경을 디자인할 때는 노화와 함께 나타나는 노인의 신체적 · 사회적 · 심리적 변화와 이에 따른 노인의 행동 특성이 숙지되어야 한다.

4 노인요양시설 현관 좌측에 오픈식 카페테리아를 배치하여 지역주민들이 가벼운 마음으로 들릴 수 있으며, 거주자와 방문객들도 잠시 쉴 수 있도록 하였다.

5 주 출입구 옆에 일본식 전통 정원을 두어 환영의 이미지를 주고 있다. 2층에서도 바라볼 수 있으며 건물 구석구석에 자연채광이 스며들게 하였다.

6 옥상에는 지역교류실과 함께 정원을 계획하여 산책시 주변 자연환경을 만끽할 수 있다.

7 노인요양시설 내에 랜드마크 이미지의 커뮤니티센터를 계획하였다. 밝고 화사한 이미지가 지역민과의 교류를 유도하였다.

Chapter 02

노인의 특성과 건축 · 실내환경 디자인

인간은 노화하면서 신체적 · 사회적 · 심리적인 모든 면에서 변화를 겪게 된다. 예로부터 노년의 네 가지 괴로움을 병고(病苦), 빈고(貧苦), 무위고(無爲苦), 고독고(孤獨苦)로 일컬어 건강, 경제 상황, 역할, 사회성의 변화를 부정적으로 묘사하였다. 그러나 경제력과 건강을 갖춘 베이비 붐 세대가 노년층으로 유입되면서 노인의 위상과 실태는 과거와 다르게 변화되고 있다. 즉, 노년층도 운동과 섭생을 통한 건강관리로 충분히 활기찬 노년을 보낼 수 있게 되었다. 자녀의 부양을 받으며 경제적으로 종속되어 생활하던 과거의 노인들과 달리, 노후준비를 통하여 경제력을 갖추고 독립적으로 생활하는 노인이 점차 증가하고 있다. 또 문화수준과 경제력이 향상되면서 오래된 것 또는 저렴한 가격의 물품을 선호하던 노인세대들이 질과 품격을 중시하는 수준 높은 세대로 바뀌어가고 있다. 노인의 건축환경을 디자인할 때에는 신체적 · 사회적 · 심리적 변화에 대한 기본 개념과 함께 이와 같이 변화된 노인 세대의 새로운 경향을 고려해야 한다.

본 장에서는 노인의 변화를 신체적 · 사회적 · 심리적 변화로 나누어 알아본다. 이러한 변화들은 각각 독립적인 것이 아니라 서로 밀접하게 연관되어 있다. 예를 들어, 퇴직한 노인은 정신적인 무력감과 사회활동의 축소로 인하여 퇴직 전에 비해 비활동적이 되어 근육감소와 관절 경직이라는 신체적 변화를 경험하게 될 수 있다. 또한 중풍 등의 노인성 질환에 의하여 신체 이동이 어려워진 노인은 사회적 교류가 축소된 상태의 장기화로 인하여 치매증세가 나타날 수도 있다. 이와 같이 노화에 의한 노인의 신체적 · 사회적 · 심리적 변화는 매우 복합적이므로 노인을 위한 건축 · 실내환경은 이러한 변화들을 수용할 수 있도록 디자인되어야 한다.

1. 노인의 신체 변화와 건축 · 실내환경 디자인

노화가 진행되면 인체의 조직 세포가 서서히 소멸되거나 기능을 다하지 못하게 되어 신체적 변화가 일어나게 된다. 노화의 속도와 정도는 개인에 따라 차이가 크며 노인의 생활습관, 체질, 질병 유무, 의료시설의 도움 여부에 따라 노화의 부위 · 정도 · 속도가 다르게 진행된다. 노인에 따라서는 사망에 이르기까지 신체적 능력이 크게 감소되지 않는 경우도 있으나 일반적으로는 완치가 어려운 만성 질환이 점차 늘어난다. 노화와 함께 일어나는 다양한 신체적 변화를 신체구성, 골격/근육, 체표면, 감각기관, 호흡순환, 혈액순환, 소화흡수, 휴식/수면으로 분류하여 알아보고 건축 · 실내환경 디자인에서 고려할 사항도 함께 살펴보자.

(1) 신체구성

노인이 되면 뼈를 구성하는 칼슘과 철분 등이 감소되어 골밀도가 저하되며, 이것이 심해지면 골다공증에 걸리게 된다. 관절 내 수분이 감소되고 관절말단이 마모됨에 따라 유연성이 감퇴되며 퇴행성 관절염 등의 관절 질환이 증가한다. 또 체내의 근육이 감소하고 지방질이 증가함에 따라 복부비만이 발생하기도 한다.

이러한 노인의 신체적 변화에 따라 낙상 등의 안전사고가 발생할 수 있으며, 작은 사고에도 골절, 탈골 등 큰 부상을 당하기 쉬우므로(그림 1) 이를 방지할 수 있는 건축 · 실내환경이 제공되어야 한다.

1 대퇴부 골절은 골다공증 노인이 넘어질 경우 자주 일어나는데, 치유 기간이 길고 합병증이 발생하기 쉽다.

(2) 골격/근육

연령이 증가하면서 골밀도가 감소하고 척추 추간판이 치밀해지며, 발바닥이 평평해지면서 자세가 변화하여 신장이 감소한다. 체중은 남녀 모두 감소하는데 호르몬의 영향으로 여성이 남성보다 10년 정도 늦게 감소한다. 이러한 신장과 체중의 감소로 인해 체표면적이 줄어든다. 또 관절의 경직화, 근육량의 감소, 뼈의 약화로 인해서 작업 능력과 운동 능력이 감퇴된다. 두뇌에서 근육으로의 신경전달 속도가 떨어져 위기대처 능력이 저하되어 낙상 등의 사고가 일어나기 쉽다. 또 관절염, 류머티스 등으로 손관절이 경직되면서 문손잡이 돌리기 등과 같은 미세한 동작이 어려워지며, 척추가 구부러지는 척추만곡, O자형으로 다리가 휘어지는 하지만곡이 생기기도 한다.

따라서 노인이 거주하는 환경은 이러한 변화된 신체상황을 고려하여 공간의 규모와 치수계획이 이루어져야 하며, 보행보조구나 휠체어 사용을 감안하여 문폭, 휠체어 회전공간이 확보되어야 한다(그림 2). 또 낙상방지를 위하여 바닥의 단차나 문턱을 없애야 하며, 화장실이나 복도에 안전손잡이를 설치해야 한다. 스위치나 문손잡이는 누르는 면적을 크게 하거나 레버형으로 하여 조작이 용이하도록 한다.

2 노인들은 골격/근육의 약화에 따라 보행보조기(좌)나 휠체어(우)의 도움을 받게 될 수 있으므로, 공간계획 시에는 이러한 기구의 동작공간을 고려한다.

(3) 체표면적

노인은 신장과 체중이 감소되어 체표면적이 감소한다. 피부에 주름살이 생기고 건조해지며, 탄력성이 줄어들고 얼룩 반점이 생긴다. 피하조직의 손실과 피부의 신경세포 수 감소로 체온유지 능력이 감퇴한다. 또 피부가 건조해지면서 각질이 많아져 세균서식이 용이해지며, 피부가 얇아지면서 열상 등 상처가 쉽게 생긴다. 특히 피부조직의 약화와 혈류의 감소로 욕창이 발생하기 쉬우며 빨리 회복되지 않는다.

이에 따라 노인의 건축 · 실내환경은 노인이 체온을 유지할 수 있도록 벽과 바닥을 단열하여 복사열 손실을 막고, 보온에 유의하도록 한다. 또 피부에 상처가 나지 않도록 안전한 질감의 마감재를 사용하며, 모서리나 돌출부는 제거하거나 보호대를 설치한다.

(4) 감각기관

노인이 되면 모든 감각기관의 기능이 감퇴된다. 시각기관을 보면, 망막 신경세포의 변화로 예민성이 떨어지고 눈꺼풀이 밑으로 처지면서 시야가 좁아진다. 눈물 구멍이 밖으로 돌출되어 눈물이 흐르는 유루증이 생기며, 수정체의 탄력성 감소와 모양체근의 위축으로 노안이 진행된다. 시력이 저하되고 가시거리가 짧아지며 특히 야간 시력이 저하되는 야맹증이 나타난다. 또 색채감각과 암순응 능력이 떨어지며, 수정체의 착색과 변성으로 황반 변성, 백내장[1] 등이 나타나게 된다. 안압 상승으로 녹내장이 발생하는데, 초기에 대처하지 않으면 시력 상실의 가능성도 있다.

청각기관은 음구별 능력이 저하되고, 가청거리가 단축되면서 청력이 감퇴된다. 특히 높은 주파수에 대한 청력이 손실되어 종소리, 사이렌소리 등을 잘 듣지 못한다. 또 노인성 난청이 발생하여 말소리를 주변 소음과 잘 구별하지 못하고 이로 인해 사회활동에 어려움을 겪어 고립, 소외감을 느끼게 된다.

후각이 점차 쇠퇴하여 주거공간의 악취를 인지하지 못하는데, 이것은 외부인들이 방문을 꺼리는 요인이 되기도 한다. 촉각 역시 점차 쇠퇴하는데, 이로 인해서 사소한 질감의 변화를 감지하지 못한다. 온열감이 쇠퇴하면서 뜨거움이나 차가움을 잘 느끼지 못하여 화상,

1 수정체의 혼탁이 일어나는 것을 백내장이라 하며, 노인성 백내장의 발생 빈도는 60세에서는 60~70%, 70세에서는 80%~90%, 80세에서는 100%이다(의학교육연수원, 1997).

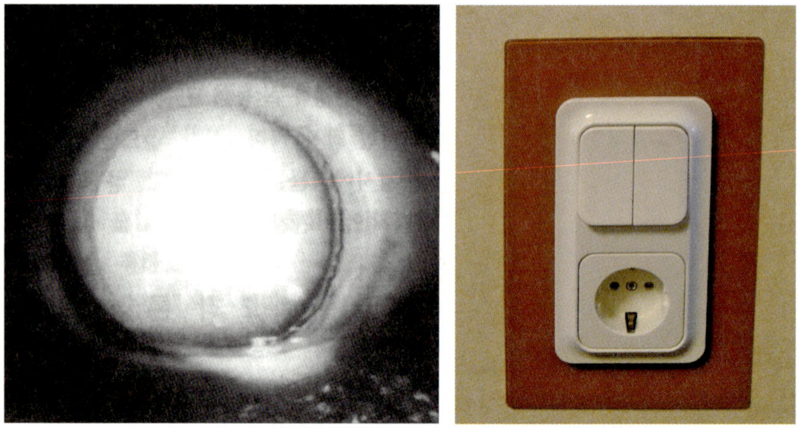

3 노인성 백내장으로 혼탁해진 각막의 모습(좌)과 시력이 약해진 노인이 스위치를 찾기 쉽도록 스위치 주변에 진한 색을 사용한 예(우)이다(노인교육연수원, 1997).

동상에 취약해지며, 고체온 또는 저체온증이 되기 쉽다. 미각의 감퇴로 식욕이 줄어들고, 균형감각의 저하로 넘어지기 쉬우며 어지럼증이 발생한다.

따라서 노인의 건축 · 실내환경은 약화된 시각을 위하여 명시도 높은 안내표식 시스템과 대비색을 사용하고, 조명의 조도를 향상시켜야 하며, 공간 간의 조도차를 감소시켜 암순응 능력 저하에 대처해야 한다(그림 3). 청력감퇴에 대응하기 위하여 비상음은 듣기 어려운 높은 소리 대신 낮고 큰 소리로 한다. 난청을 돕기 위하여 적절한 흡음재를 사용하여 불필요한 주변 소음을 감소시킨다.

후각의 쇠퇴로 가스 누출이나 화재 시 냄새를 잘 맡지 못하여 위험하므로 가스/화재 감지장치가 필요하다. 악취를 인식하지 못할 수 있으므로 침실, 화장실의 환기에 유의한다.

촉각이 둔해져 화상, 동상을 입을 수 있으므로 세면대 하부의 급배수관은 피복하거나 덮개를 씌우고, 수도전에는 온도제한장치를 설치한다. 또한 미각이 감퇴하여 식욕이 없어지므로 색채, 조명 등으로 음식을 맛있게 보이도록 한다. 마지막으로 몸의 균형을 잃기 쉬우므로 안전손잡이를 설치하고 탄력성 있는 바닥재를 사용하여 안전사고를 줄인다.

(5) 호흡기관

연령이 증가할수록 폐의 탄성이 감소하여 폐의 용적은 커지지만 충분히 공기를 내뱉지 못하여 잔기량은 오히려 증가하므로 호흡기 질환과 감염증이 증가한다. 폐활량 감소로 쉽게 피로감을 느끼게 되는데 폐점액의 변화로 세균이 유착하여 번식하기 쉬워지며, 이물질을 내보내는 섬모운동의 감소로 세균의 배출이 어려워진다. 또 체력이 떨어져 감기가 폐렴으로 전이되기 쉬우며, 연하 장애로 물이나 음식물이 폐로 흡인되어 폐렴에 걸리기 쉽고 천식 등의 질병에 취약해진다.

따라서 노인의 건축 · 실내환경은 호흡기 질환과 감기 등을 예방할 수 있도록 환기 설비와 공기 조화 설비, 난방 설비를 잘 갖추도록 한다. 또 폐활량 감소로 쉽게 피로해지므로 보행거리 또는 동선을 단축하도록 계획하고, 이동동선 중간에 휴식공간을 마련해야 한다.

(6) 혈액순환

노인이 되면 혈관 벽의 탄력성이 떨어져 신체 말단까지 혈액을 보내기 위하여 혈압이 증가하고 혈액의 양이 감소한다. 따라서 동맥경화, 고혈압, 뇌졸중, 빈혈이 생기기 쉽다. 또 혈관 확장, 수축반응 감소, 근육량 감소로 체온조절이 어려워져 고체온증, 저체온증에 잘 빠진다.

노인의 생활환경에는 뇌졸중, 심장마비 등으로 인한 응급사고에 대비하여 비상연락장치를 설치하고, 실내온도차에 의한 뇌졸중을 방지하기 위해 화장실 난방에 유의해야 한다. 또 체온을 유지하기 위하여 적정 실내온도를 유지하는 냉 · 난방 시설을 갖추어야 한다.

(7) 소화흡수

연령이 증가하면 기초대사량 감소, 미각 감퇴로 식사량이 줄어들며 치아 결손, 타액과 소화효소 감소, 위장근육 약화, 위액 분비 감소로 소화기능이 약해진다. 또 체내 수분 보유량이 줄어들지만 물을 마시고 싶은 구갈 반응이 감퇴하고 신장의 기능 저하로 소변 농축 능력이 감소하여 소변량이 증가한다. 이에 따라 야뇨 횟수가 증가하고 탈수현상이 발생할 수 있으며 대장 장벽 근육의 탄력성이 감소하여 변비에 걸리기 쉽다. 따라서 야간에 화장실을 이용하기 쉽도록 노인 침실 가까이에 화장실을 배치해야 한다.

표 1 노인의 신체 변화와 건축 · 실내환경 디자인

구 분	부 위	신체 변화	건축·실내환경 디자인
신체구성	전 체	• 칼슘과 철분 감소, 수분 감소, 지방질 증가 • 골다공증, 관절 질환 증가 • 골절, 탈골 증가 • 복부비만 증가	• 안전사고 방지를 위한 디자인
골격·근육	신장 체중	• 자세 변화 • 신장 감소(척추 추간판의 치밀화) • 발바닥의 평평화 • 체중 감소, 체표면적 감소	• 변화된 신체를 고려한 디자인 (수납공간, 스위치, 콘센트) • 보행보조구, 휠체어 사용공간 확보
	골격 관절 근육	• 관절의 경직화, 근육량 감소, 뼈의 취약화 • 운동동작 능력, 지구력 감소 • 보행 불편 • 척추만곡, 하지만곡, 관절염	• 안전사고 방지를 위한 디자인 • 동선 축소 • 단차 제거 • 안전손잡이, 엘리베이터, 램프 설치
체표면	피 부	• 피부 건조, 피하조직 손실 • 피부 신경세포 수 감소 • 체온 유지 능력 감퇴 • 욕창이나 열상	• 바닥, 벽의 단열 및 보온 • 안전한 마감재 사용 • 모서리나 돌출부 제거 • 보호대 설치
감각기관	시 각	• 유루증, 시력 저하, 야맹증 • 색채구별 능력 감소, 암순응 능력 감소 • 가시거리 감소, 황화 현상 • 백내장, 녹내장, 시력상실	• 명시도 높은 안내표식 시스템 사용 • 실내 적정조도 확보 • 공간 간의 조도차 줄이기
	청 각	• 청력, 음구별 능력 감소 • 가청거리 감소, 난청(특히 높은 주파수) • 청각 손실	• 낮고 큰 소리의 비상음 이용 • 적절한 흡음재 사용
	후 각	• 후각 감퇴	• 가스누출 및 화재감지장치 설치 • 침실, 화장실의 환기 유의
	촉 각	• 촉각 쇠퇴, 온열감 쇠퇴 • 화상, 동상 • 고체온증, 저체온증	• 다양한 질감의 마감재 사용 • 세면대 급배수관의 안전덮개 설치
	미 각	• 미각 쇠퇴, 식욕 감퇴	• 식욕을 돋구는 색채와 조명 이용
	균형감각	• 균형감각 감퇴 • 어지럼증	• 안전손잡이 설치 • 탄력 있는 바닥재 사용
호흡기관	폐	• 폐활량 감소, 호흡기 질환 증가 • 세균번식 및 유착, 세균배출 곤란 • 폐렴, 천식, 피로	• 환기 및 공기조화 설비, 난방 설비 • 보행 거리 단축 • 휴식공간 마련
혈액순환	심 장	• 혈압 증가	
	혈 관	• 혈관 벽의 유연성 감퇴 • 동맥경화, 고혈압, 뇌졸중, 빈혈	• 비상연락장치 설치 • 화장실의 난방 유의

(계속)

구 분	부 위	신체 변화	건축·실내환경 디자인
혈액순환	체 온	• 체온 상승, 고체온증 • 피부/혈관 수축반응 감퇴, 저체온증	• 적정 실내온도 유지 • 냉 · 난방 유의
소화흡수	소 화	• 배고픔, 갈증에 대한 느낌 둔화 • 미각 감퇴, 식욕 위축 • 치아결손, 타액, 소화효소 감소 • 위액분비 감소, 소화기능 감퇴 • 기초대사량 감소	• 식후 담소공간 마련 • 산보, 체조를 위한 운동공간 마련
	배 설	• 구갈반응 감퇴 • 소변량 증가, 탈수현상 • 야뇨 횟수 증가, 변비	• 침실과 인접한 곳에 화장실 배치
휴식 · 수면	수 면	• 야간 수면시간 감소 • 낮잠 증가 • 수면 중 일시적 호흡장애 발생	• 휴식용 가구 마련

(8) 휴식/수면

연령이 증가하면 야간 수면시간이 감소하게 된다. 60세는 일반적으로 하루 평균 6시간 이하, 75세는 하루 평균 5시간 이하로 수면을 취하게 된다. 이와 같이 야간 수면시간이 감소함에 따라 쉽게 피로해지므로 낮잠이 많아진다. 따라서 노인의 건축 · 실내환경에는 노인이 수시로 휴식을 취할 수 있도록 편안한 휴식용 가구를 제공해야 한다.

결론적으로, 노인을 위한 건축 및 실내환경은 노인의 변화된 신체 기능을 고려하고, 상실된 능력을 지원하여 정상적인 생활을 영위할 수 있도록 디자인되어야 한다. 또 안전사고를 방지할 수 있는 건축환경이 제공되어야 한다.

2. 노인의 사회적 변화와 건축 · 실내환경 디자인

노인의 사회적 변화는 노화와 함께 점진적으로 진행되어 적응할 시간을 확보할 수 있는 신체적 변화와는 달리, 은퇴와 동시에 많은 변화가 갑자기 밀어닥치므로 노인에게 큰 충격이 되기 쉽다. 노인의 사회적 변화를 지위와 역할, 경제적 능력, 일상생활, 주거지로 구분하여 알아보도록 한다.

(1) 사회적 지위와 역할 변화

노인은 은퇴로 직업을 상실하면서 사회인으로서의 역할이 줄어들고, 직장에서의 '직위' 로 정의되던 사회적 위치와 존엄성을 잃게 된다. 사회적 지위를 상실하면서 노인의 활동 범위는 가정과 지역사회로 축소되고, 상대하는 계층이 변화한다. 이에 따라 가정과 지역사회 중심의 새로운 역할이 생성된다.

노인의 가족 내에서의 위치는 과거와 많이 달라졌다. 경험이 중시되었던 농경사회에서는 노인은 웃어른으로서의 권위를 가지고 사회적으로 존중받았다. 그러나 정보 중심의 현대 산업사회에서는 교육수준, 정보력, 지식 등 젊은 세대에 비해 낮아 노인의 권위가 현저히 줄어들었다. 노인들은 이러한 사회적 지위 하락과 역할 변화에 적응하는 데 어려움을 느낀다. 특히 남자 노인이 배우자를 상실할 경우, 역할 수행에 어려움을 느끼는 경우가 많다.

4 스웨덴의 노인들을 위한 커뮤니티 센터의 식당과 프로그램실은 지역사회 노인들이 친교를 쌓는 공간이 된다.

이를 위한 건축 · 실내환경 디자인은 노인이 지역사회와 개방과 교류를 확대할 수 있도록 취미활동, 여가선용을 위한 장소를 제공하는 것이다(그림 4). 또 동년배 노인들이 친교를 쌓을 수 있도록 연령에 기초한 정보를 수집하고 관리할 필요가 있다.

(2) 경제 능력 변화

노인은 은퇴로 인해 수입이 줄어들거나 없어진다. 경제력이 축소됨에 따라 행동반경이 위축되고 대인관계가 단절되어 사회적 고독감, 허무감, 역할 상실감에 빠질 수 있다.

경제 능력의 변화에 대처하기 위해서는 노인에게 소일거리를 제공하거나, 취업 지도를 통해서 재취업의 기회를 부여해야 하는데 이러한 활동을 위한 공간도 제공되어야 한다.

(3) 일상생활의 변화

노인은 출퇴근을 하지 않게 됨으로 인하여 기상, 취침시간이 변화한다. 또 주거지 중심으로 행동 반경이 줄어들어 이용하는 교통수단이 변화되고, 식사 장소 및 습성이 변한다.

따라서 이러한 변화를 수용할 수 있도록 여가시간을 활용할 수 있는 교육 기회를 제공해야 하는데, 교육활동을 위한 공간 제공도 필요하다.

(4) 주거지 변화

노인은 배우자 사망, 자녀 출가 등으로 가족 수가 감소되며 은퇴, 수입 감소, 건강 등의 이

표 2 노인의 사회적 변화와 건축 · 실내환경 디자인

구 분	사회적 변화	건축·실내환경 디자인
사회적 지위와 역할	• 은퇴로 인한 직업역할의 축소 또는 상실 • 전문가로서의 사회적 지위와 존엄성 상실 • 사회적 교류 계층의 변화 • 가정 내 역할 축소 • 사회에서의 전통적 권위 상실 • 가정과 지역사회 중심의 새로운 역할 생성 • 배우자 상실로 인한 역할 변화	• 지역사회로의 개방과 교류확대를 위한 서비스와 공간 제공 • 재택 서비스 제공 • 여가시설 조성(취미, 오락, 교류공간) • 동년배 활동을 위한 공간 제공
경제적 능력	• 경제력 상실 또는 저하 • 행동반경 축소 • 고독감, 허무감, 역할 상실감	• 정보 제공 및 취업지도공간 제공
일상생활	• 기상, 취침시간 변화 • 교통수단 이용의 변화 • 식사장소 및 습성의 변화 • 행동반경 축소 • 여가시간 증대	• 교육공간 제공 • 취미, 여가활동공간 제공
주거지	• 가족 수 감소로 주거지 이동 • 은퇴, 수입 감소, 건강 등으로 주거지 이동	• 주거시설의 다양화 • 가족적 분위기 조성 • 주거지 이동 지원공간 제공

유로 주거지를 이동하는 경우가 많다. 이에 대처하기 위하여 노인의 건축 · 실내환경은 다양하게 계획되어야 한다.

노인은 앞에서 언급한 다양한 사회적 변화에 적응하지 못하고 심리적으로 위축되거나 우울증에 걸리는 경우가 종종 발생하므로, 노인의 건축 · 실내환경은 지역사회로의 개방과 교류를 확대하고 여가활동 장소를 제공하는 방법으로 사회적 관계를 활성화시킬 수 있도록 디자인되어야 한다.

3. 노인의 심리적 변화와 건축 · 실내환경 디자인

노인의 심리적 변화를 인지적 측면의 변화와 정서적 측면의 변화로 나누어 알아보도록 하자.

(1) 인지적 변화

노인의 인지적 변화로는 지능, 주의력, 인지기능, 기억력, 치매를 들 수 있다. 연령이 증가하면서 지능이나 기억력이 줄어든다는 증거는 없으나 치매의 가능성은 증가한다.

지 능

지능은 유동적 지능(fluid intelligence)과 결정화된 지능(crystallized intelligence)으로 나뉜다(Horn & Cattell, 1967). 유동적 지능은 생리적으로 타고난 추리 능력, 기억용량, 도형지각 능력 등으로 15세 이후 연령 증가에 따라 지속적으로 감소한다. 결정화된 지능은 경험, 교육, 훈련 등을 통하여 후천적으로 획득한 능력으로 어휘, 일반상식, 언어이해, 철학적인 의미를 이해하는 것 등이며, 연령 증가에 따라 지속적으로 증가한다. 이와 같이 연령 증가에 따라 유동적 지능은 감소할 수 있지만, 결정화된 지능은 증가하며 문제를 종합적인 관점에서 해결하는 지혜가 발달하므로 노화에 따라 지능이 쇠퇴한다고 볼 수 없다. 그러나 노인이 되면 정보처리 속도가 느려져서 짧은 시간에 주어진 정보를 저장하거나 체계적으로 조직하는 것이 어려워지며, 친숙하지 않은 문제에 대해서는 학습 능력이 떨어진다. 따라서 노인은 친숙한 환경에서 지낼 수 있도록 환경을 변화시키지 않는 것이 바람직하다. 주거지 이동을 한 경우에는 이전에 친숙했던 주거환경 분위기를 최대한 많이 유지할 수 있도록 한다. 가정적 분위기의 소규모공간을 유지하고, 이전에 사용했던 가구나 물품, 개인 소장품 등을 계속 사용할 수 있도록 하는 것도 바람직하다.

주의력

노인이 되면 여러 자극에 산만해지기 쉬우며, 집중력이 감퇴한다. 따라서 노인의 건축 · 실내환경은 자극적인 색이나 형태를 피하고 편안한 분위기를 조성하도록 한다.

인지기능

노인은 공간통합 능력이나 집중력이 감퇴하여, 복잡한 자극들 중 하나의 형태를 찾아내거나 하는 능력이 감퇴한다. 따라서 노인의 건축 · 실내환경은 색채나 형태를 단순하게 하여 인지하기 쉽도록 계획해야 한다.

기억력

기억력은 외부에서 유입된 정보를 저장했다가 회상해 내는 능력을 말한다. 노화에 따라 기억력이 감퇴하지만 개인에 따라 또는 정보 형태에 따라 감퇴의 정도에 차이가 있다. 장기 기억 능력은 연령이 증가해도 큰 변화가 없다. 노인은 장기기억보다는 단기기억, 옛날의 기억보다는 최근의 일을 기억하는 능력이 크게 약화된다. 또 본 것의 기억보다는 들은 것의 기억이 덜 감소한다.

따라서 노인이 거주하는 실내환경에는 옛날을 회상할 수 있도록 가족사진, 취미활동과 관련된 물품 등을 배치하거나 즐겨듣던 음악을 들려주는 게 바람직하다.

치 매

치매는 지적 수준이 정상이던 사람이 뇌의 질환으로 인하여 지적 능력을 상실하게 되는 경우를 의미한다. 즉, 정상적이던 인지 기능이 후천적으로 소실되어 일상생활이나 업무 수행에 지장을 초래하게 되는 현상으로, 손상되는 인지 기능은 주의집중력, 지각력, 기억력, 판단력, 추론력, 언어구사력, 사고력, 학습력 등 지식과 관련된 모든 정신활동이다.

치매는 연령이 증가할수록 그 비율이 급속히 높아져서 75세에는 19%, 85세가 되면 50%

의 발병률에 이르는데, 과거에는 수명이 짧았기 때문에 치매 발병 전에 사망하는 경우가 많아 사회문제가 되지 않았다. 그러나, 현재 우리나라 65세의 기대수명은 83.2세로 많은 노인들이 치매를 겪게 될 것으로 보인다. 치매의 종류에는 퇴행성 치매(알츠하이머성 치매), 뇌혈관성 치매, 퇴행성 치매와 뇌혈관성 치매의 혼합형 등이 있다.

치매의 증상은 개인에 따라 매우 다양하나 기억상실, 의사소통 장애, 시 · 공간 능력의 상실, 판단력 장애, 망상 · 환각 등의 정신적 장애와 목욕 · 탈착의 · 식사와 같은 일상행동의 기능을 상실하는 기능적 장애, 정동장애(情動障碍) 또는 자해, 폭력 같은 감정적 장애가 나타날 수 있다(그림 5). 기분의 극적인 변화가 특징인 정신질환인 정동장애(情動障碍), 지나친 활동, 자신감 넘치는 말, 팽배한 자부심 등으로 인해 들뜨고 과대 망상적이며 흥분적인 조증(躁症), 생활에 대한 무감각, 수면장애, 감정불안, 무가치감, 죄책감 등을 느끼는 낙담한 상태인 울증(鬱症)이 포함되며 조증과 울증이 복합적으로 나타나는 조울증(躁鬱症)이 있다. 정동장애를 보이는 사람은 망상 · 환각 등 현실감각을 잃는 정신질환 증상을 보이는 경우도 있다.

5 치매로 인하여 시공간 능력을 상실한 노인은 과거 자신이 익숙했던 공간(주로 옛날에 살았던 집이나 일터)을 찾아 배회하는 행동을 보인다.

치매노인에게 있어서 건축 · 실내환경은 거주공간으로의 의미를 가질 뿐만 아니라 치료 자원으로서 작용한다. 따라서 노인의 인지적 변화를 고려한 건축 · 실내환경은 단순하고 명료한 안내표식 시스템을 사용하도록 하고 애매한 디자인이나 복잡한 자극을 피하는 것이 바람직하다.

(2) 정서적 변화

노인의 정서적 변화로는 내향성, 경직성, 조심성, 과거회상, 의존성, 양성화, 설득 용이성,

우울증, 자존감 저하, 시간 전망의 변화, 유산을 남기려는 경향 등을 들 수 있다.

내향성

내향성은 넓은 외부환경으로부터 개인 또는 내부의 세계로 초점이 옮겨지는 것을 의미한다. 노인들은 세상의 변화에 비교적 관심이 없으며, 자기 자신의 사고나 감정에 의해 사물을 판단하는 경향이 많아진다. 내향성은 다른 노화의 특징인 사교성 · 충동성의 감소, 조심성 · 완고성 · 위험의 지각 증가에 따라 커진다.

경직성

경직성은 문제해결에 있어서 방법이나 행동이 옳지 않거나 이득이 없음에도 불구하고 자기에게 익숙한 태도나 방법을 고수하고 이를 계속하는 행동 경향을 말한다. 이러한 경직성이 심해지면 사회적 변화에 둔감해지고 독선적으로 변할 우려가 있다. 노인들은 자기 입장을 고수하며, 타인의 이유를 들으려고 하지 않는 경향이 있다. 이에 따라 젊은 세대와의 문화적 차이로 인한 갈등, 세대차가 발생하게 된다.

조심성

노인들은 매사에 행동이 느려지고, 판단을 행동에 옮기는 데 조심스러워진다. 이와 같이 조심성이 증가하는 이유는 노인 스스로 정확성을 중요시하기 때문이다. 그 밖에 시각 · 청각 등의 감각 능력 감퇴로 신체적 · 심리적 기능이 감소하고 자기 결정에 대한 자신감이 줄어들어 확실성을 기하기 위함이기도 하다.

과거 회상

과거에 대한 회상은 심리적으로 두 가지 기능을 한다. 첫째는 도피적 행동을 통하여 당면한 불행에 대한 분노와 좌절을 해소하는 기능이며, 둘째는 과거 경험을 회상함으로써 미래에 대한 보다 확실한 계획을 세우는 기능이다. 이 두 가지 이유로 노인이 되면 과거를 뒤돌아 보고 회상하는 경향이 증가한다(Butler, 1975). 과거 회상은 노인들에게 생에 대한 새로운 의미를 찾게 하고, 죽음에 대한 준비를 잘 할 수 있게 한다. 나아가 과거에 대한 회상은 오래 사용한 물건에 대한 애착심의 원동력이 되기도 한다. 따라서 노인의 생활환경에는 과거를 회상할 수 있는 사진, 가구, 물품 등을 배치하는 것이 바람직하며, 노인의 과거생활과

6 과거의 생활을 회상할 수 있는 텃밭(좌)과 빨랫줄(우)을 보면서 노인들은 심리적 안정감을 갖게 되며, 텃밭관리나 빨래 널기 등의 익숙한 활동에 참여함으로써 활력을 찾고 자존감을 높일 수 있다.

관련된 감정, 행위 등을 제공하는 것도 정서에 도움이 된다(그림 6).

의존성

노인이 되면 신체적 · 경제적 능력의 쇠퇴로 인하여 의존성이 증가하는 경향이 있다. 당면한 문제를 능동적으로 해결하려는 경향이 약해지고 누군가의 도움을 받아 수동적으로 해결하거나 우연히 잘 되도록 내맡겨 버리는 경향이 증가한다.

블렌크너(Blenkner, 1969)에 의하면, 노인의 의존적 경향은 병리적인 현상이 아니라 정상적인 노화현상이다(그림 7). 노인의 의존성은 퇴직 후 경제력의 상실에서 비롯된 경제적 의존성, 신체 기능의 약화로 인한 신체적 의존성, 중추신경조직의 퇴화로 인한 정신적 의존성, 그리고 의미 있는 사람을 상실함으로써 생기는 사회적 의존성의 네 가지로 구분된다.

7 노인은 신체적 · 경제적 쇠퇴로 인하여 의존성이 증가하며 이는 노화에 따른 자연스런 현상으로 이해되어야 한다.

양성화

나이가 들면서 남자는 여성성이 출현하여 친애적 · 양육적이게 되고, 여성은 남성성이 출현하여 독립적이고 자기 주장이 강해진다. 이러한 양성화된 노인들의 경우 정서적 조절 능력이 증가하여 이해심이 많고 관용적이며, 성역할에 대한 구분 없이 서로 양보하고 돕는 경향이 나타난다.

설득 용이성

노인들의 공통점은 설득이 쉽다는 것이다. 노인에 대한 여러 연구에서 노인이 매우 순순히 타인의 설득에 따른다는 것을 공통적으로 보여준다. 과거의 연구자들은 노인의 이러한 특성은 노화과정의 특징인 에너지 손상에 기인한다고 하였다. 그러나 노인을 설득하기 쉬운 이유는 노인들이 경험하는 사회적 소외로 인해 설득적인 의사소통에 매우 취약해져서 결국은 설득 당하게 되는 결과를 초래하는 것이다.

우울증

우울증은 노년기 전반에 걸쳐 증가하는데, 주된 원인은 은퇴, 만성통증, 장애, 불치병, 경제 사정의 악화, 배우자의 사망 등이다. 또 자녀의 출가, 사회와 가족들로부터의 소외 및 고립, 과거에 대한 후회가 원인이 되기도 한다. 노인은 우울증에 의하여 불면증, 체중 감소 등의 신체적 증상이 나타나기도 한다. 우울증은 남성노인들에게 더 많이 나타나지만 개인에 따라 전혀 나타나지 않는 경우도 있어서 정상적인 노화과정의 일부분이라고는 볼 수 없다.

자존감 저하

노인은 사회로부터의 소외, 경제 능력 감퇴, 과거에 대한 후회 등이 자존감 저하로 이어져 자기를 비하하거나 죄책감을 느끼기도 한다.

시간에 대한 전망 변화

노인이 되면 일생의 시간에 대한 전망이 달라져 앞으로 남은 시간이 얼마 되지 않음을 인식한다. 이에 대한 대응은 개인에 따라 다른데, 과거를 회상하면서 자신의 나이를 잊으려는 사람도 있고, 나이를 부정하면서 오히려 미래지향적으로 변하는 사람도 있다.

표 3 노인의 심리적 변화와 건축 · 실내환경 디자인

구 분	특 성	심리적 변화	건축 · 실내환경 디자인
인 지	지 능	• 정보처리속도 감소, 정보의 저장 능력 저하 • 종합적인 관점에서 문제를 처리하는 지혜 발달 • 체계적인 자료 분류 또는 조직화 능력 저하 • 새로운 문제에 대한 학습 능력 저하	• 단순하고 명료한 안내표식시스템 마련 • 평생교육 욕구 충족 • 자료실, 도서실 등 각종 교육공간 제공 • 적절한 채광, 조명 제공
	주의력	• 자극으로 쉽게 산만해짐 • 집중력 감퇴	• 복잡하지 않은 실내 마감재의 패턴과 색
	인지기능	• 공간통합 능력, 집중력 감퇴 • 복잡한 자극 속에서 하나를 찾는 능력 감퇴	• 단순한 디자인 • 복잡한 자극 없애기
	기억력	• 과거의 사건 기억	• 즐겨듣던 음악 들려 주기 • 사용하던 가구나 물품 배치
	치 매	• 기억상실, 의사소통 장애 등의 정신장애 • 목욕, 탈착의, 식사 등의 기능적 장애 • 자해나 폭력 등의 감정적 장애	• 복지서비스 개선 • 시설 확충
정 서	내향성	• 세상의 변화에 냉담 • 사교성, 충동성 감소 • 조심성, 완고성, 위험에 대한 지각 증가	• 서비스 프로그램 강화
	경직성	• 기존의 태도, 의견, 행동 고집 • 사회적 변화에 둔감 • 문화적 차이로 인한 세대 간 갈등 발생	
	조심성	• 행동으로 옮기는 데 조심스러워짐	
	과거회상	• 도피적 행동으로 불행에 대한 분노와 좌절 해소 • 회상을 통해 생의 의미를 찾고 죽음 준비 • 오래 사용한 물건에 대한 애착심 증가	• 노인이 사용하던 가구나 가족사진 배치
	의존성	• 능동적 문제 해결 능력 감소	
	양성화	• 남자노인은 친애적, 양육적이 됨 • 여자노인은 독립적이고 자기 주장적이 됨 • 정서적 조절 능력, 양보하고 돕는 경향 증가	
	설득 용이성	• 사회적 소외감 증가 • 설득적인 의사소통에 취약해지고 설득 당함	
	우울증	• 불면증, 체중 감소	
	자존감	• 자기 비하, 죄책감 증가	
	시간전망	• 자기 나이를 잊으려고 노력 • 나이를 부정하면서 미래지향적이 됨	
	유 산	• 노후의 삶을 건강하고 풍요롭게 함 • 다음 세대의 삶의 질을 높임	

유산을 남기려는 경향

노인은 여생이 얼마 되지 않을 것임을 인식하면서 무언가를 남기고 싶어 하는 경향을 보인다. 유산의 종류에는 자손, 예술 작품, 독특한 기술, 부동산, 돈, 아름다운 기억 등이 있다. 유산을 남기려는 이러한 경향은 노후의 삶을 건강하고 풍요롭게 할 뿐만 아니라 다음 세대의 삶의 질을 높이는 데 도움이 될 수 있다.

노화되면서 나타나는 심리적 변화에 대응하기 위한 건축 · 실내환경 계획으로는 단순하고 명료한 안내표식시스템의 사용, 밝은 실내 디자인, 과거를 회상할 수 있는 물품 설치 등이 있다.

Chapter 03

노인의 건축 · 실내환경과 디자인 개념

노인요양시설의 건축 · 실내환경을 계획하려면 필수적으로 요구되는 디자인 개념을 이해할 필요가 있다. 코헨과 와이즈만(Cohen & Weisman, 1991)은 이러한 개념으로 안전성 · 자율성 · 융통성 · 친밀성 · 개인화 · 길찾기 · 활동기능 지원 · 환경이용 지원 · 사회적 환경 조성을 제시하였다. 브라울리(Brawley, 1997)는 노인의 건축 · 실내환경 디자인에 요구되는 개념으로 안전성 · 접근성 · 지원성 · 거주성 · 독립성 · 사회성 · 개인화 · 방향감을 제시하였고, 지셀(Zeisel, 1994)은 의미성 · 편리성 · 사회성 · 안전성 · 접근성 · 지원성 · 다양성 · 거주성 · 인지력 · 방향감 · 건강 · 프라이버시 · 개인화를 들었다.

노인요양시설의 건축 · 실내환경을 위한 디자인 개념 항목은 공통점이 많다. 본 장에서는 이러한 개념들을 기초로 하여 중복되지 않는 항목과 독립적인 항목을 조합하여 지원성 · 접근성 · 안전성 · 자율성 · 사회성 · 독립성 · 인지적 · 효율성 · 쾌적성 · 프라이버시 · 개인화 · 방향감의 11가지로 디자인 개념을 정리하여 건축 · 실내환경의 디자인 개념을 알아본다.

1. 지원성

지원성이란, 사용자인 노인의 행태를 환경의 물리적 구성요소들이 기능적으로 보조해 주는 것을 말한다. 보조적 지원성(prosthetic support)으로 의족, 의치, 의안 등을 들 수 있는데 신체적 능력이나 다른 능력이 제한되어 있는 경우 이를 보완하기 위해 부가적으로 기능의 지원을 제공하는 장치를 말한다. 노화에 따라 기능을 잃어가는 노인에게 보조적 지원성은 매우 중요하다.

1 복도에 알코브 형태의 공간을 두고 넓은 창문과 벤치를 계획하였다. 이러한 공간은 노인이 잠시 앉아서 외부 전경을 바라보거나 쉴 수 있도록 지원해 준다. 지나가는 다른 노인이나 직원과 대화를 하거나 간접적인 사회적 접촉도 일어날 수 있도록 한다. 창을 통해 들어 오는 채광은 실내를 밝은 분위기로 만든다(지원성+사회성+쾌적성).

이와 마찬가지로 노인의 물리적 건축·실내환경도 사용자가 생활하면서 느낄 수 있는 피로를 최소화하고, 공간배치가 노인의 행동과 일치하도록 효율적으로 구성되어야 한다.

2. 접근성

접근성은 노인의 활동을 방해하거나 위협적인 물리적 환경이 제거된, 장애가 없는 상태(barrier-free)를 말한다. 넓은 의미에서는 신장, 체중, 자세와 상관없이 모든 사람들이 접근하기 용이하고 조작하기 적합한 크기와 공간을 제공하는 것을 말한다.

3. 안전성

안정성이란, 노인의 공간 사용과 이동을 방해하지 않으면서 안전사고의 위험이 최소화된 환경을 제공하는 것을 말하며 신체적 손상뿐 아니라 인지적 손상에 대한 예방을 포함한다. 미끄럼방지 처리가 된 바닥 설치, 단차 제거, 안전손잡이 설치 등으로 안전성을 높일 수 있다. 노인요양시설의 경우에는 너무 많거나 너무 적은 자극으로 인해 노인에게 혼동이나 불

2 노인요양시설에 외부 정원을 계획하고, 정원활동에 필요한 옥외용 파라솔, 테이블, 의자 등을 두면 거주노인들의 옥외활동을 지원해 주며, 사회적인 접촉을 유도한다. 오른쪽에는 필요한 원예도구들을 갖춘 온실을 두어 거주노인들 중 취미생활로 원예를 원하는 경우 자율적으로 이용할 수 있도록 하였다(사회성+자율성).

안 등의 인지적 손상이 유발되지 않도록 적절한 자극을 제공해야 한다.

4. 자율성

자율성은 자신에 관한 것을 자신이 결정할 수 있는 권한을 갖게 하는 것이다. 인지기능이 일부 손상된 노인이라고 하더라도 자신이 원하는 방식대로 살 권리가 있음을 인정해야 한다. 따라서 노인요양시설의 건축 · 실내환경의 계획에서는 노인의 자율성이 유지될 수 있는지를 염두에 두어야 한다.

5. 사회성

사회성이란, 노인 간의 사회적 접촉과 상호작용을 효과적으로 할 수 있는 기회를 제공하는 것을 말한다. 노인요양시설에 자연스러운 소규모 모임이 가능하도록 식사실이나 거실의 의자를 배치하면 노인의 사회성을 높일 수 있다. 노인의 사회성 증진을 위해서는 외부에서 일어나는 활동에 대한 정보를 지속적으로 얻을 수 있도록 한다.

3 노인요양시설 내 공용거실이나 개인거주실에는 직접 상차림이나 간단한 차와 간식, 식사를 만들 수 있도록 간이부엌을 계획하는 것이 좋다(독립성).

6. 독립성

노인이 독립적으로 일상생활 활동을 수행할 수 있는 능력을 촉진하고 잔존 능력을 보전하는 환경을 제공 하는 것을 말한다. 노인의 건축 · 실내환경은 잔존 능력을 이용하여 일상생활활동을 노인 스스로 할 수 있도록 최대한 지원하여 주어야 한다.

7. 인지적 효율성

인지적 효율성이란, 인지기능이 떨어지거나 손상된 노인에게 시간 및 공간에 대한 인지도를 향상시키는 것을 말한다. 치매노인이 거주실을 찾기 쉽도록 거주실 앞에 자신의 사진이나 개인 물품을 설치하는 것은 인지적 효율성을 높이는 좋은 예이다(그림 4).

8. 쾌적성

쾌적성이란, 노인에게 물리적 · 심리적으로 쾌적한 환경을 제공하는 것을 말한다. 적절한

4 치매노인의 경우와 나이가 들어감에 따라 거주노인의 인지 능력이 떨어지는 점을 고려하여 시설 내에서 길 찾기를 잘 할 수 있도록 계획한다. 각기 다른 개성적인 거주실 출입문의 디자인, 출입문에 부착한 거주노인의 이름과 사진, 장식, 일률적이지 않고 개성 있는 복도의 가구배치, 다양한 바닥패턴 등으로 인지적 효율성을 높이는 것이 필요하다(인지적 효율성+방향감).

규모, 설비, 온도와 습도와 같은 기본적 조건뿐 아니라. 집과 같은 편안한 느낌, 아름다운 환경을 제공하여 쾌적성을 높여야 한다.

9. 프라이버시

프라이버시는 원하지 않는 사회적 상호작용을 피할 수 있는 개인공간을 제공하는 것을 말한다. 이러한 개인공간은 시각적 · 청각적으로 분리되어 있어야 한다. 공동생활영역에는 누크/알코브(nook/alcove)를 설치하여 개인 또는 소그룹별로 적절한 프라이버시 수준을 유지할 수 있도록 한다.

10. 개인화

개인화를 유지한다는 것은 개인의 물품을 설치하거나 배열할 수 있는 기회를 제공해 주는 것을 말한다. 개인화를 추구하는 방법으로 노인 침실의 내부와 주변에 노인의 물건, 가구,

사진, 그림 등을 노인 스스로 설치할 수 있도록 한다.

11. 방향감

방향감은 노인에게 다양한 단서와 정보를 제공하여 현재의 위치, 장소의 이동 방법을 쉽게 인지할 수 있도록 도와주는 것을 말한다. 노인의 건축 · 실내환경에는 안내표식, 시스템, 방향표시, 안내원 등 다양한 단서를 제공하도록 한다.

노인의 건축 · 실내환경에 요구되는 디자인 개념을 정리하면 [표 1]과 같다.

표 1 노인의 건축 · 실내환경에 요구되는 디자인 개념과 방안

디자인 개념	디자인 방안
지원성	• 노인의 행태를 기능적으로 보조해 줄 수 있는 환경 제공 • 제한된 능력을 지원하는 보조적 지원장치 제공
접근성	• 노인의 활동을 방해 또는 위협하는 물리적 환경 제거
안전성	• 공간 사용이나 이동을 방해하지 않으면서 안전사고의 위험이 최소화되는 환경 조성 • 신체적 손상뿐 아니라 인지적 손상에 대한 예방 조치 마련 • 인지적 손상이 유발되지 않도록 적절한 자극 제공
자율성	• 자신에 관한 것을 자신이 결정할 수 있는 권한 제공
사회성	• 사회적 상호작용을 효과적으로 할 수 있는 공간 제공 • 소규모 모임이 가능하도록 식당과 거실의 의자 배치 • 외부의 정보를 지속적으로 제공받을 수 있는 장치 마련
독립성	• 일상생활을 독립적으로 수행할 수 있는 공간 제공 • 노인 잔존 능력을 보전하는 환경 조성
인지적 효율성	• 공간 및 시간에 대한 인지도를 향상시킬 수 있는 장치 마련
쾌적성	• 물리적·심리적으로 쾌적성을 유지하는 공간 제공 • 집과 같은 편안한 분위기 제공 • 아름다운 환경 조성
프라이버시	• 원하지 않는 사회적 상호작용을 피할 수 있도록 개인공간과 공용공간 제공
개인화	• 개인의 물품을 설치, 배치할 수 있는 공간 제공
방향감	• 다양한 단서와 정보 제공 • 현재의 위치, 장소의 이동방법을 쉽게 알 수 있는 안내표식, 시스템, 안내원 제공

Part | two

2

요소별 건축 · 실내환경 디자인 지침

노인요양시설의 건축 · 실내환경 디자인을 위한 지침은 모든 공간에 통용되는 기본 지침을 포괄적으로 다루고 있다. 내용은 공간계획과 관련된 디자인 지침부터 점차 작은 범위의 공간 구성 요소, 부착설비와 관련된 디자인 지침까지 위계적으로 구성되어 있다.

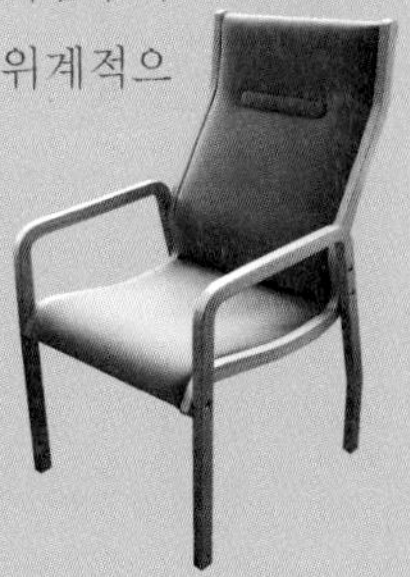

Chapter

04 공간계획

본 장에서는 노인요양시설 전체 공간의 규모와 크기, 공간 구성과 공간배치, 동선과 연결통로, 조망에 대한 내용을 다룬다. 이는 노인요양시설을 계획할 때 일차적으로 고려해야 할 건축적인 요소로서 건축주, 시설운영자뿐 아니라, 물리적 · 환경적 · 경제적 여건에 영향을 받는다.

노인요양시설의 공간구성과 공간배치에 따라서 실제로 시설을 이용하는 거주노인과 직원들의 생활패턴이 형성된다. 거주노인의 수발 및 관리, 사회적인 교류, 공동생활, 개인생활 등이 노인요양시설의 공간구성과 배치에 의해 많은 영향을 받으므로 공간계획은 시설의 운영방침에 맞게 신중하게 고려되어야 한다.

1 노인요양시설은 거주노인이 친숙하고 편안하게 생각하도록 공간의 규모 및 크기를 작게 하고, 같은 공간에서 생활하는 집단을 소규모로 하여 환경에 대한 적응력을 향상시킴으로써 보다 많은 사회적 관계를 형성할 수 있도록 계획해야 한다.

1. 규모 · 크기

(1) 일반적 사항

노인요양시설은 노인들이 친숙하고 편안하게 느낄 수 있는 환경으로 조성하는 것이 바람직하나, 거주노인뿐 아니라 가족이나 직원에게도 부정적인 이미지를 전달하는 '시설적인' 환경인 경우가 있다. 특히, 공간의 규모와 크기에 있어서 많은 사람들이 친숙하고 편안하게 생각하는 것보다 크게 계획된 경우가 많다. 대규모 노인요양시설이 가지고 있는 시설적인 특성은, 건물을 여러 개의 소규모 건물들이 모여 있는 형태로 만들고, 내부공간의 계획에서 소집단이 이용할 수 있도록 물리적·조직적 환경을 구성함으로써 상쇄시킬 수 있다. 공간을 소규모로 계획함으로써 거주노인의 프라이버시를 유지하고, 다양한 프로그램의 참여를 촉진시켜 두 가지의 기본 욕구를 만족시킬 수 있다.

노인요양시설의 거주노인은 소규모집단 내에서 사회성을 잘 발휘한다. 한 공간 안에 많은 사람들이 있다는 것은 소음과 움직임, 눈에 들어오는 자극이 많다는 것을 의미한다. 노인은 자극이 증가할수록 사회적 상호작용으로 인한 자극과 배경소음 등으로 인한 외부자극을 구별하지 못한다. 또 비조직적인 사회적 상호작용을 이해하거나 조직하는 능력이 감퇴하여 많은 사람들이 있는 대규모의 거주단위에서 문제행동을 보일 수 있다.

거주 또는 생활의 의미보다는 수용의 성격이 강했던 과거의 대규모 노인요양시설에 비해 노인의 수나 공간 크기를 소규모화한 시설에서는 거주노인들끼리 또는 거주노인과 직원 간에 친밀한 관계가 형성되며, 직원의 이동거리가 단축된다. 많은 사람이 함께 식사하는 대규모의 공용식당보다는 거주단위 내의 소규모 식당에서 노인은 자신의 식사속도에 맞게 먹을 수 있으며, 식사 준비나 설거지 등에도 자연스럽게 참여할 수 있다.

한 거주단위에 4~8명으로 형성하는 것이 가장 이상적이나 경제적인 면을 고려할 때 8~12명 정도가 적당하다. 거주노인이 20명 이상일 경우, 몇 개의 소집단으로 재구성하여 거주단위마다 공용거실을 중심으로 노인이 생활할 수 있게 한다.

(2) 규모 · 크기에 관한 디자인 지침

- 노인요양시설의 거주단위는 4~8명의 소규모 집단이 가장 바람직하며, 12명 이상이 되지 않도록 한다.
- 공간이 큰 경우에는 낮은 칸막이나 화분 등을 이용하여 소규모의 영역으로 구분하여 그 영역에서 진행되는 활동들을 보호하도록 한다.
- 많은 거주노인들이 사용하는 공용거실이나 공용식당은 집과 같이 소규모 활동영역별로 분리하는 것이 바람직하다.
- 많은 수의 거주노인이 생활하는 경우, 소규모 집단활동을 할 수 있도록 활동실 및 치료실을 작게 만들고 여러 곳에 분산 배치한다.
- 거주노인들은 소집단활동에 보다 잘 참여하므로 공용공간은 4~8명이 사용하기에 적합하게 계획한다.
- 공용식당을 여러 개의 영역으로 분리하여 거주노인들이 가정적인 분위기에서 식사할 수 있게 한다.
- 소규모 공용식당을 쉽게 알아볼 수 있는 곳에 계획하여 거주노인의 길 찾기를 지원한다.
- 가족과 함께 있는 것같은 편안한 환경을 제공하도록 2~6명의 사람들이 앉을 수 있는 식탁을 배치한다.

치매노인을 위한 Tip

- 치매노인을 위한 요양시설은 대지조건이 허락한다면 단층으로 계획하고 거주단위를 작게 하는 것이 바람직하다.

| 규모 · 크기의 사례 |

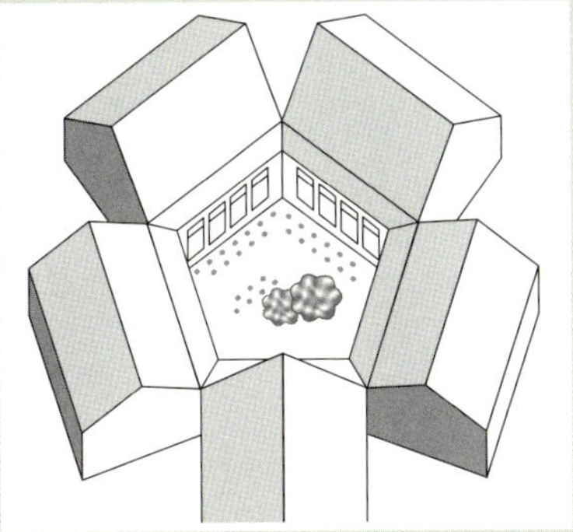

1

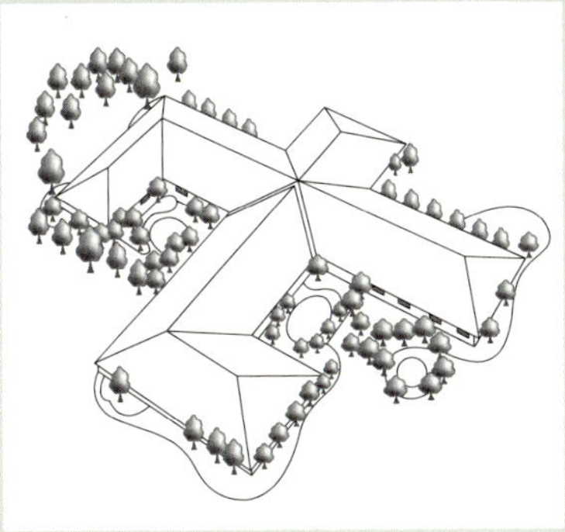

2

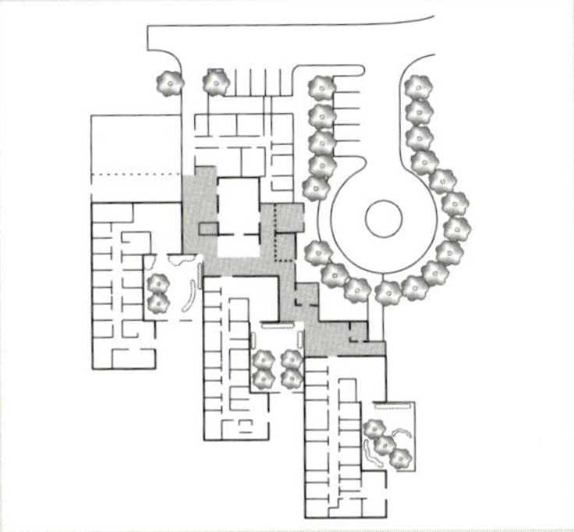

3

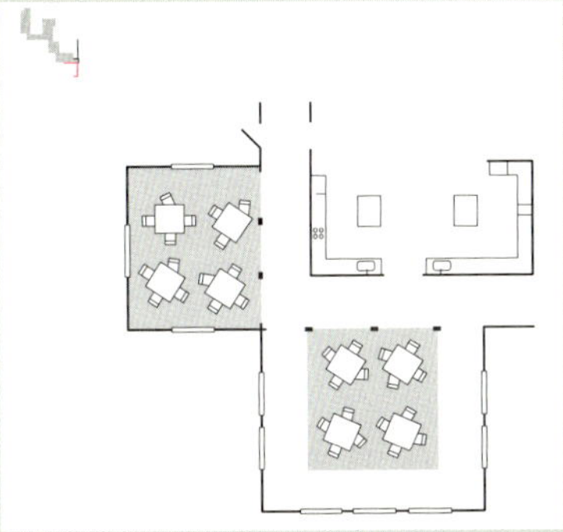

4

소피엔보어 케어센터, 덴마크 5

토른달스하브, 덴마크 6

1 8~10명의 노인이 생활하는 소규모의 거주단위 5개를 옥외공간인 중정 주변에 'stare plan' 으로 배치하였다.

2 소규모의 거주단위들이 중앙의 공용공간을 중심으로 십자형태로 연결되어 있다.

3 독립된 소규모 거주단위들이 일자형의 건물로 공용공간과 연결되어 있다.

4 소규모 공용식당을 알코브에 분산시켜 거주노인들이 친근하고 편안한 분위기에서 식사할 수 있도록 하였다.

5 3개의 동은 각각 8명의 노인이 생활하는 거주단위로 구성되어 있다. 건물마다 이름을 붙여 하나의 독립된 가족, 마을이 되도록 하였으며, 이상적인 그룹홈의 규모로 되어 있다.

6 16명의 치매노인을 위한 소규모 그룹홈으로 8명의 노인들이 2개의 거주단위로 분리되어 있다. 각 거주단위는 옥외공간인 중정을 중심으로 좌우에 배치되어 있다.

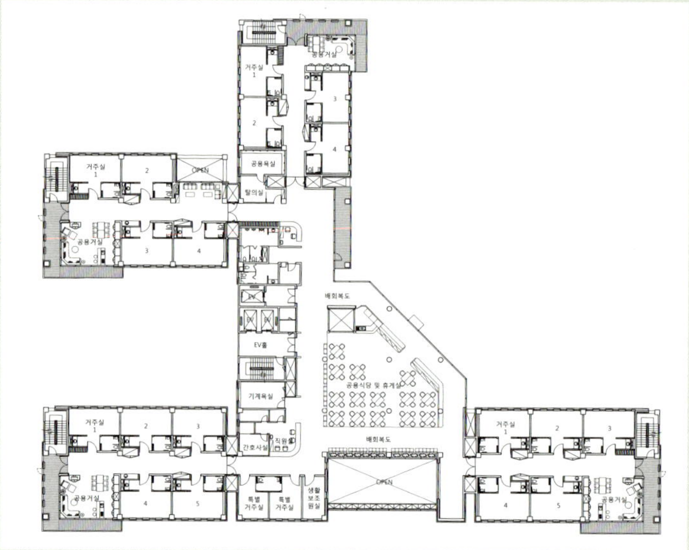

동부노인전문요양센터, 한국 7

엔젤헬프호난, 일본 8

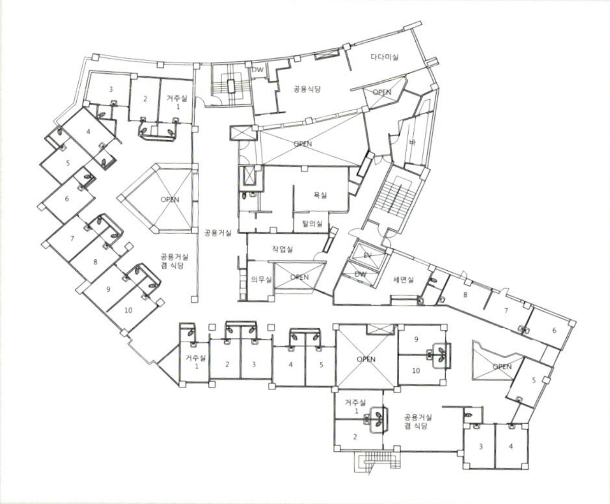

케마키라쿠엔, 일본 9

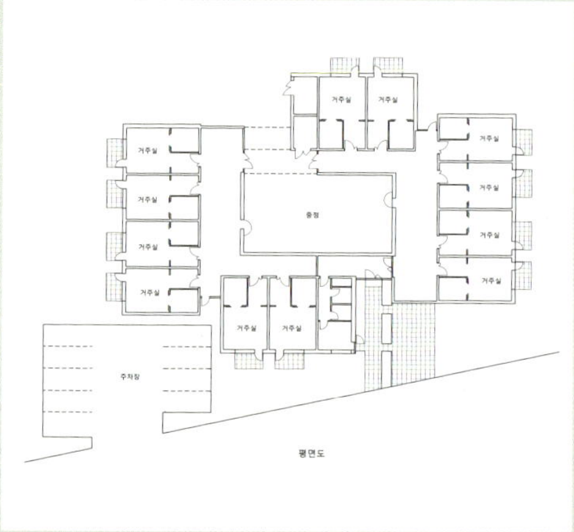

토른달스하브, 덴마크 10

7 중앙에 공용거실 겸 식당을 두고 4개의 소규모 거주단위를 바람개비의 날개모양으로 연결하였다.

8 일본 전통 연립주택의 형태인 그룹홈에 각각 9명의 거주노인이 2개의 건물에서 생활하며 사이에 골목길을 만들어 작은 마을을 형성하였다. 건물이 일반 주택의 규모로 되어 있어 거주노인들이 '자기 집'에서 느끼는 애착감을 가지며, 자연스럽게 이웃 동네에 스며들 수 있게 되어 있다.

9 규모가 비교적 큰 특별양호노인홈과 소규모의 치매노인그룹홈을 도로를 사이에 두고 계획하여 사용자의 선택 범위를 넓혔다.

10 치매노인 12명이 거주하는 소규모 그룹홈으로, 이를 다시 2개의 거주단위로 나누어 6명의 노인이 가정같은 분위기에서 생활하도록 하였다.

2. 공간 구성 · 공간 배치

(1) 일반적 사항

노인들은 자신의 집에서 집단환경으로 이동할 경우 복잡하고 친숙하지 않은 시설적 환경에 압도되고 많은 스트레스를 받게 되어 혼란, 무력감, 방향감 상실을 초래하게 된다. 새로운 환경에서 일상적인 행동패턴을 하려고 할 때 노인들은 혼란스러워질 수 있다. 규모가 크고 특성이 없는 공간에서 많은 노인들이 사용하는 경우 더욱 혼란스러워진다.

따라서 노인요양시설은 노인 자신이 있는 장소를 확인할 수 있도록 사회적·물리적 환경을 만드는 것이 중요하며, 소규모의 집단에 적합하도록 활동과 공간을 구성하여 새로운 환경에 적응할 수 있도록 해야 한다. 즉, 요리하기, 식사하기, 빨래하기 등과 같이 서로 연관성이 있는 활동을 위한 소규모공간들을 묶어줌으로써 집단의 정체성을 강화할 수 있다. 이와 같이 활동과 공간을 소규모로 하고 집에서 하던 일상생활 활동들을 모아줌으로써 거주노인들은 과거의 친숙한 경험들을 계속 이어나갈 수 있다. 친숙한 활동을 하면서 제한된 수의 노인들이 규칙적으로 관계를 유지하면 더 많은 사회적 관계를 형성할 수 있다.

노인요양시설의 거주노인은 다른 사람과의 활발한 만남에서부터 관찰과 같은 수동적 참여까지 다양하게 사회적 행동을 취할 수 있어야 한다. 한 공간을 함께 사용하도록 강요하는 것은 사회적 접촉을 촉진하기보다 오히려 방해하게 된다. 이유는 물리적으로 프라이버시를 확보할 수 없는 경우 심리적인 프라이버시를 얻기 위해서 다른 사람들과의 거리를 두기 때문이다. 따라서 거주노인들에게 적절한 자극을 주고 도전하도록 공간을 배치하는 것이 좋다. 거주노인들이 일생을 지냈던 집이라는 환경은 폭넓은 사회행동과 개인행동을 지원해 주는 장소였으므로, 노인요양시설은 집과 유사한 기회를 제공하도록 공간들을 적절하게 배치해야 한다. 특히 노인요양시설에서 공용공간과 개인공간이 연속되도록 배치하지 않을 경우 친구의 방문과 같은 소집단활동이 공공라운지에서 이루어지며, 심지어는 복도에서 이루어지는 경우도 있다.

(2) 공간 구성과 관련된 디자인 지침

- 거주단위마다 중앙에 공용공간을 두고 그 주위에 개인공간이나 특정 공간을 배치시키도록 한다. 공용거실, 공용식당, 간이부엌 등의 공용공간을 모아서 중앙에 배치하고 그 주위에 거주실을 배치시키는 것이 일반적이나, 거주실을 모아서 배치하여 가족 같은 느낌을 형성하는 경우도 있다.
- 노인요양시설의 공간들은 기능에 따라서 크게 여섯 가지로 구분된다. 즉, 거주노인들의 일상생활이 이루어지는 거주공간, 작업활동과 치유활동을 위한 치유공간, 거주노인의 수발서비스나 시설관리를 위한 운영관리공간, 직원을 위한 직원공간, 시설 내 공간의 연결 및 시설로의 접근을 위한 이동공간, 그리고 외부공간으로 구분된다.
- 집에서 일상적으로 하는 활동을 할 수 있는 공간을 노인요양시설에 제공해야 하는데 이러한 활동에는 요리하기, 식사하기, 게임, 운동 등이 있다. 거실, 식당, 부엌이 일반 가정에서 중심을 차지하는 것과 같이 노인요양시설에도 거주노인들이 이런 활동들을 최대한 많이 할 수 있도록 공간을 구성한다.
- 노인들이 생활하는 거주단위는 거주실, 부엌, 공용식당, 공용거실 또는 활동공간으로 구성하여 '집'이 되도록 한다.
- 거주노인들이 새로운 환경에 대한 적응성, 명료성, 친숙함을 향상시킬 수 있도록 활동영역들을 분명하게 구별한다.
- 거주노인이 사용할 수 있는 화장실을 많이 설치하여 요실금문제를 해결하고 독립적으로 용변을 볼 수 있도록 한다.
- 활동영역과 인접해 있는 공간에서는 활동영역에서 진행 중인 활동에 직접 참여할 필요 없이 수동적으로 관찰할 수도 있게 한다. 활동영역에서 이루어지는 활동을 볼 수 있는 이러한 전이공간을 계획하여 거주노인이 활동에 관심을 갖게 하는 것이 바람직하다.
- 공용공간은 노인들이 시각적으로 또는 사회적으로 압도되지 않도록 디자인해야 하며, 다른 공간과 구별되도록 하고, 소음방지를 통해서 외부 자극을 줄이며, 적절한 규모로 만들어야 한다.

- 공용공간과 거주실은 문 하나만으로는 프라이버시 조절이 힘들다. 따라서 거주실 출입구에 여유공간을 두어 문을 열고 공용공간의 상황을 둘러보거나 프라이버시를 조절할 수 있도록 한다.
- 시야가 탁 트인 복도는 직원에게는 좋으나 거주노인에게는 차분함을 주지 못하므로 피하도록 한다.

(3) 공간 배치와 관련된 디자인 지침

- 건물형태가 선형인 경우, 거주단위를 여러 구획으로 나누어 소단위 그룹을 형성하도록 공간을 배치하는 것이 바람직하다. 이때 소규모의 거주단위들은 치유공간, 운영관리공간, 직원공간, 공용공간을 중심으로 연결되도록 한다.
- 건물형태가 회랑형인 경우, 중앙부분에 공용거실, 공용식당, 작업치료실이나 운동치료실 등을 배치하고 그 주변에 거주실을 배치하여 동선을 단축하도록 한다.
- 모든 공간이 한눈에 보이면 홀처럼 큰 공간이 되어 차분함이 없어지므로 연속되면서 완만하게 분절되도록 공간을 배치한다. 변화가 없는 바닥이나 천장은 시설적인 분위기를 주기 쉬우므로 시각적으로 공간을 분할하여 규모를 유지하도록 한다.
- 거주단위를 연속성 있게 배치하여 거주노인 스스로 다른 거주단위의 노인을 방문하게 함으로써 이동범위를 넓게 한다.
- 노인의 오랜 생활습관이나 성격은 각기 다르므로 자기만의 공간을 확보할 수 있도록 다양한 성격을 가진 공간을 분산 배치하도록 한다.
- 노인요양시설의 1층에는 기능회복훈련실, 공용욕실, 상담실, 사무실 등 거주노인들이 많이 이용하는 공간들을 배치하고, 2층에는 거주실, 공용거실, 공용식당, 부엌으로 구성된 거주단위를 배치함으로써 거주기능을 다른 기능과 분리하고 시설 방문객과 거주노인을 적절히 분리하는 것이 바람직하다.
- 안전성, 안정성, 직원의 관찰 편리성 등을 고려하면서도 거주노인들이 가끔 혼자서 있을 수 있는 공간을 배치하도록 한다. 거주실이 공동사용인 다인실의 경우에는 혼자서 조용히 명상할 수 있는 작으면서도 부드럽고 편안한 공간을 별도로 시설 내에 배치하도록 한다.

치매노인을 위한 Tip

- 치매노인이 지내는 공간은 직원, 가족구성원, 관리인을 위한 출입구와 분리되도록 배치한다.
- 치매노인이 지내는 공간은 소음원이나 소음공해에서 격리되도록 배치한다.
- 환경에 대한 치매 노인의 이해를 높이고 방향감을 최대화하기 위해서 소규모의 집단을 만들고 일상생활 활동을 모아주어 집에서 지내던 것과 같은 친숙한 경험들을 이어나갈 수 있도록 한다. 즉, 서로 연관성이 있는 소규모 공간들을 집합, 배치하여 공간의 정체성을 강화시키도록 한다.

- 가족, 친구 등의 소집단은 원하지 않는 자극이나 다른 사람의 침입으로부터 보호받을 수 있는 공간을 원한다. 이와 같은 공간은 주요 활동이 이루어지는 영역이나 통로에서 떨어져 배치하거나 폐쇄형 공간으로 계획하도록 한다.
- 공용거실, 공용식당, 부엌, 로비, 활동실과 같은 공용공간은 거주노인들이 방해받지 않고 사용할 수 있는 곳에 배치해야 한다. 공용공간은 많은 자극에서도 잘 지낼 수 있는 노인에게는 중요한 활동영역이지만 자극에 적응하기 어려운 노인은 공용공간을 원하지 않을 수도 있다. 따라서 조용히 혼자 있을 수 있는 개인공간과 공용공간을 적절히 배치하도록 한다.
- 거주노인들이 방향감을 상실하지 않도록 공간이 잘 안 보이거나 복잡하게 형성되지 않도록 배치 한다.
- 거주실이나 복도에서 공용식당, 직원영역, 라운지 등을 볼 수 있도록 공간을 배치한다.
- 공용거실, 공용식당, 간이부엌 등의 공용공간은 다른 노인과의 관계를 유지시켜주도록 배치한다. 노인은 공용공간에 있다 하더라도 혼자서 보내는 경우가 많다. 여러 명이 모여 있는 것은 모임 자체가 가지는 의미 외에도 멀리 떨어져서 그 모임을 바라보는 등 타인과의 다양한 관계를 형성시켜 준다.
- 공용공간에 다양한 공간을 배치하여 거주노인의 각기 다른 요구에 대응하도록 한다.
- 거주실 주변에 담화실을 배치하는 것이 좋다. 거주실 주변은 거주노인이 입주 후 가장 먼저 지내는 장소이며, 직원의 간섭 없이 거주노인 간의 교류가 발생하기 쉬운 장소이기 때문이다.

- 거주노인이 자신의 방을 쉽게 찾을 수 있도록 거주실을 배치한다. 일렬로 배열된 하모니카 형태의 거주실은 노인이 식별하기 힘드므로 피한다.
- 새로 입주하는 노인의 거주실은 전부터 알고 지내던 노인의 거주실과 가까운 곳에 배치하여 새로운 교류의 가능성을 제공한다.
- 화장실은 거주노인들이 모이는 공용공간에 인접시켜 배치한다.
- 식사 후에 화장실을 가는 경우가 많으므로 공용화장실을 공용식당과 가까운 곳에 배치하는 것이 바람직하나 지나치게 가까우면 식당의 프라이버시를 침해하므로 적절한 거리를 두거나 시선이 교차되지 않도록 배치한다.
- 거주노인들이 종교활동을 할 수 있도록 노인요양시설 내에 종교공간을 배치하는 것이 바람직하다.
- 거주노인의 ADL 변화, 요구 변화, 제도 변화 등에 유연하게 대응하기 위해 수선이나 증축하기 쉬운 건축물 구조를 선택하고, 공간을 구성한다.

치매노인을 위한 Tip

- 주간보호센터, 단기보호센터 등이 치매노인을 위한 시설과 같은 건물에 있는 경우에는 주출입구를 별도로 배치하여 다른 기능의 시설들과 분리시킨다.
- 치매노인이 이용할 수 있는 출입구는 하나이어야 하고, 모니터링시스템을 갖추어야 한다.

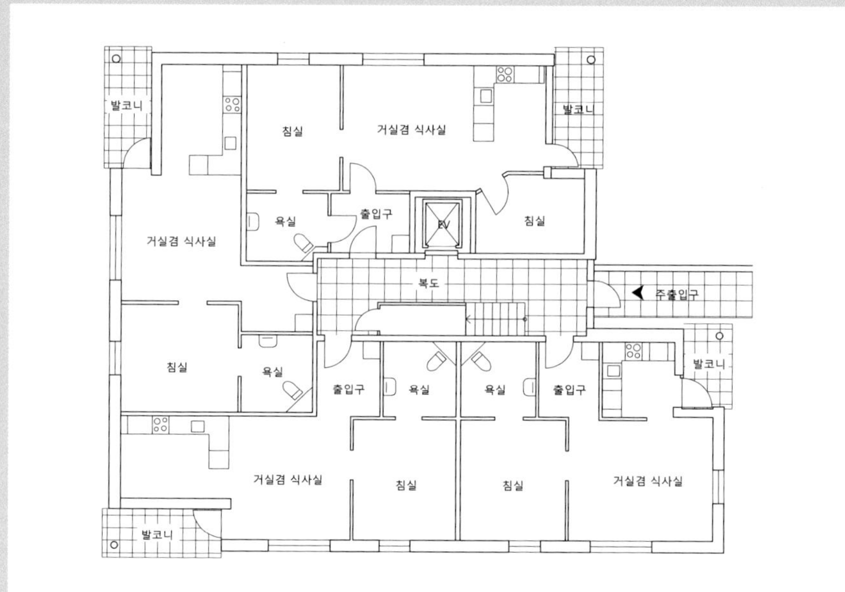

소피에룬드케어센터, 덴마크 1

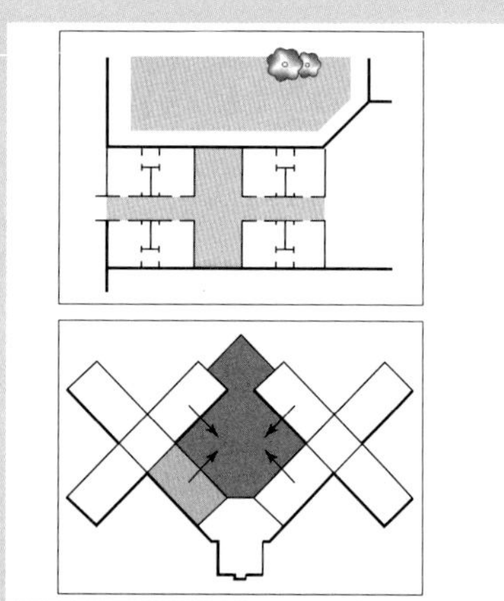

2

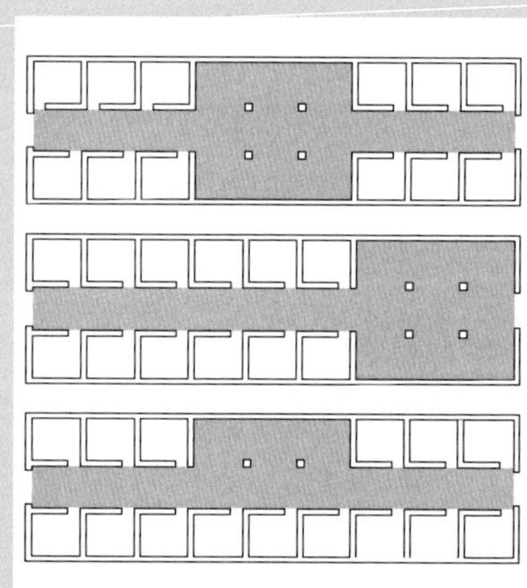

3

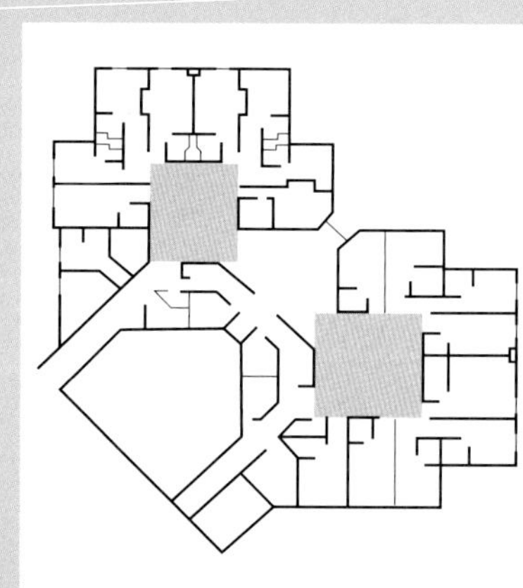

4

1 커뮤니티 센터를 중심으로 노인아파트와 노인요양시설을 배치하여 노인들이 건강 상태가 나빠지더라도 계속 이 노인주거단지에서 거주할 수 있도록 하였다. 노인요양시설은 7개의 건물을 연결하여 야간이나 겨울에 직원의 이동이 용이하다.

2 중앙에 치유공간, 운영관리공간, 직원공간 등의 공용공간을 둔 공간구성이다.

3 선형 건물에서 공용거실, 공용식당 등을 한 곳에 배치하고 소규모의 거주공간을 여러 개로 구획하여 클러스터를 형성하고 있는 공간구성이다.

4 회랑형으로 된 건물에서 2개의 거주단위가 치유공간, 운영관리공간, 직원공간 등의 공용공간을 중앙에 둔 공간구성이다.

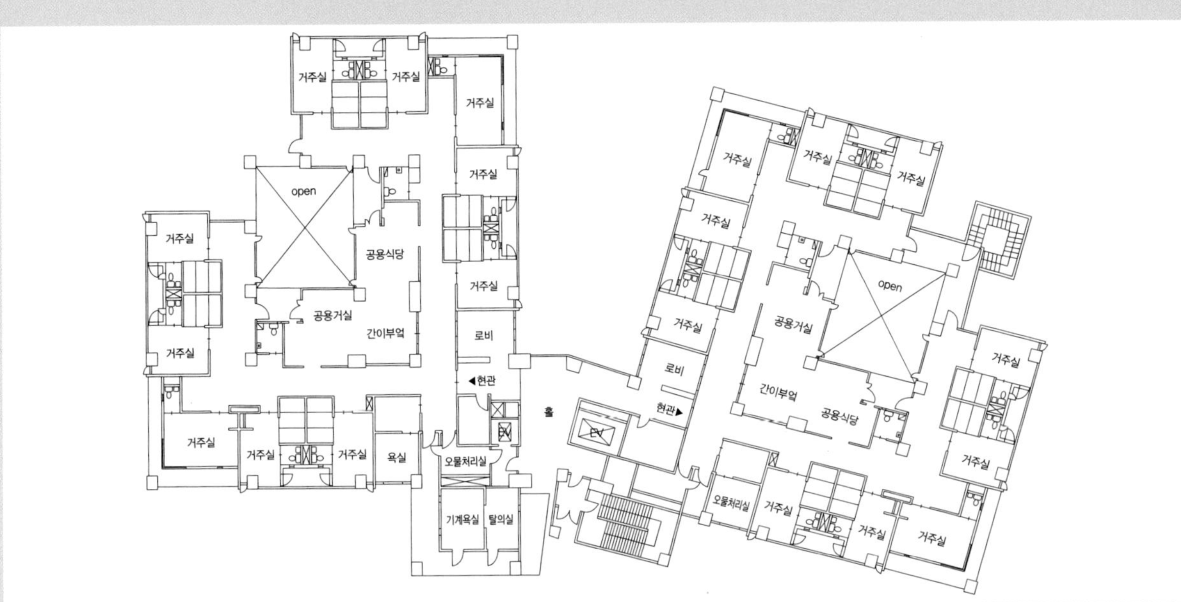

히노에노사토, 일본 7

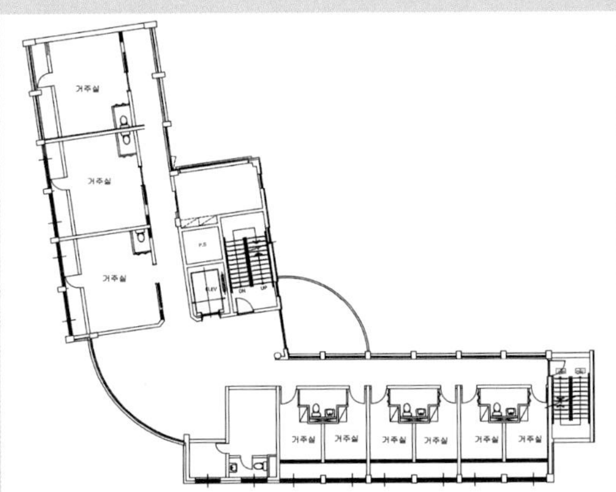

초도노인요양원, 인천 8

7 중앙홀을 중심으로 거주단위가 양쪽으로 배치되었으며, 각각 현관이 있어 두 거주단위가 다른 공간으로 느껴지도록 하였다. 거주단위의 중심부에 공용거실, 공용식당, 간이부엌을 두어 간이부엌에서 공용거실과 공용식당을 볼 수 있는 L자형으로 구성되어 있다.

8 2인실과 4인실을 양쪽으로 배치하고 가운데 공용거실과 직원스테이션을 두었다.

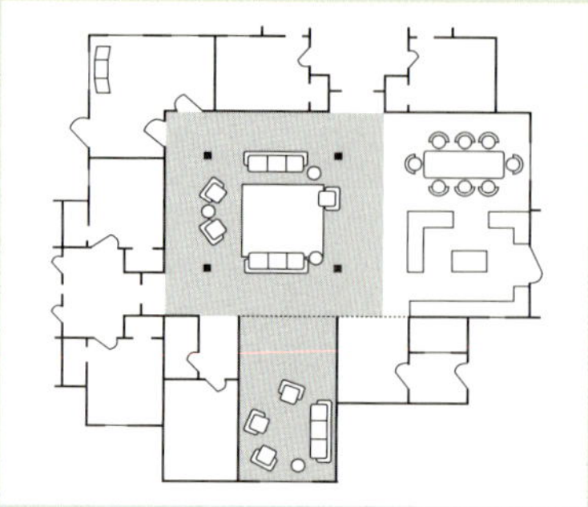

9

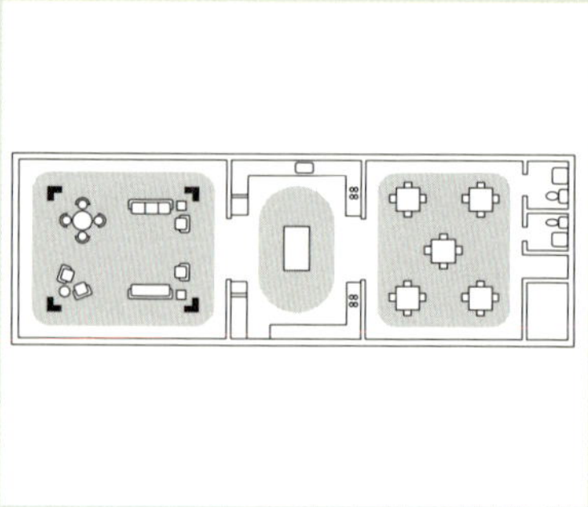

10

토른달스하브, 덴마크 11

비스앵아, 스웨덴 12

린뎅예룬드보디보엔데, 스웨덴 13

엔젤헬프호난, 일본 14

슈쿠토쿠쿄세엥, 일본 15

9 거주단위의 중심부에 공용거실, 공용식당, 간이부엌을 두고 주변으로 개인공간인 거주실이 있는 공간구성이다.

10 공용거실, 공용식당, 부엌이 시각적으로 연결된 공간구성이다.

11 거주실 앞에 소파, 의자 등을 배치하여 공용거실에 가지 않더라도 친한 노인과 만날 수 있으며 공용거실의 활동에 직접 참여하지 않고 관찰할 수 있도록 하였다.

12 노인요양시설과 커뮤니티 센터가 한 건물에 서로 연결되어 있으며, 주 출입구 쪽에 커뮤니티센터를 배치하고 2개의 중정 양쪽으로 3개의 거주단위가 배치되어 있다. 각 거주단위는 독립된 출입구를 가지고 있다.

13 각 거주단위들을 독립된 날개형태로 배치하고 물리치료실, 사무실, 직원실 등의 공용공간을 시설 중심부에 배치하여 거주단위를 연결시켰다.

14 그룹홈과 단기거주 및 주간보호센터를 독립된 하나의 건물로 배치하여 각 건물의 이용자들을 적절히 분리하면서 광장이나 마당에서 자연스럽게 만날 수 있도록 하였다.

15 준공적 공간인 담화실을 엘리베이터 앞에 배치시켜 다른 거주단위의 노인들과 자연스럽게 만날 수 있도록 하였다.

3. 동선 · 연결통로 · 조망

2 동선 및 연결통로는 노인요양시설의 거주노인이 방향감을 상실하여 배회하는 일이 없도록 디자인하여야 한다. 특히 연결통로에 충분한 단서들을 제공하여 물리적 환경에 대한 이해력과 방향감을 최대화할 수 있도록 한다. 적절한 조망은 거주노인의 공간과 시간에 대한 인지력 및 방향감을 향상시키고, 긍정적인 사회활동을 촉진하는 데 큰 도움이 된다.

(1) 일반적 사항

노인요양시설의 통로는 연속성을 갖도록 계획해야 한다. 막다른 통로는 거주노인에게 좌절과 흥분을 유발시킬 수 있으므로 피하도록 한다. 통로를 연속된 고리 형태로 디자인하면 막다른 길이나 가로막힌 길을 만들지 않게 된다. 노인들이 쉽게 이해할 수 있도록 통로가 너무 길거나 복잡하지 않게 디자인하며, 너무 많은 공간들을 지나지 않도록 한다.

노인요양시설의 거주노인에게 무엇을 본다는 행위는 중요한 개인활동 또는 소집단활동 중의 하나이다. 따라서 거주노인이 생활하는 모든 공간은 실내와 실외를 볼 수 있도록 디자인해야 한다. 특히, 공용공간에서 옥외를 내다볼 수 있을 경우 노인의 억류감은 완화되며 유익한 자극과 정보를 얻게 된다. 그러나 거주노인을 위협하거나 분노케 하는 장면, 보아서는 안 되는 장면을 조망하는 일이 없도록 주의해야 한다. 개인의 프라이버시를 보호하기 위해서 거주실 부속화장실이나 침실 등의 개인영역은 공용공간에서 보이지 않도록 한다. 보는 행위가 빈번하게 일어나는 예는 거주실에서 옥외공간 보기, 거주실에서 복도와 공용거실 보기, 복도와 알코브에서 옥외공간 보기, 복도에서 공용거실 · 직원영역 · 프로그램실 · 로비 보기 등이다.

치매노인을 위한 Tip

- 치매노인의 전형적인 행동 특성인 배회를 의미 있는 활동으로 전환시킬 수 있도록 통로를 디자인해야 한다. 즉, 무의미하게 공간을 배회하는 것이 아니라 의미 있는 산책이 되고 하나의 장소로서 인지할 수 있도록 한다.
- 치매의 초기단계에서 본다는 것은 다른 사람들이 하고 있는 활동에 쉽게 참여하게 하고 정상적인 활동의 일부를 느낄 수 있는 기회를 제공해 주며, 말기단계에서는 사물에 더 집중하거나 주변환경에 관심을 갖게 한다. 이와 같이 조망은 인지력을 향상시키고 안전성을 부여하는 데 중대한 역할을 한다.
- 옥외공간을 조망하는 것은 치매노인에게 시간, 장소, 계절에 대한 방향성을 증가시켜 줄 뿐 아니라 시설적인 이미지를 완화시켜 주는 효과가 있다.

(2) 동선 · 연결통로에 관한 디자인 지침

- 노인요양시설에서 옥외공간으로 나가는 통로에는 출입구를 하나만 계획하도록 한다. 만약 거주노인이 자신이 나왔던 출입구와는 다른 곳으로 들어가게 될 경우 방향을 상실하고 혼란에 빠지게 되므로 지금 있는 곳이 실내인지 또는 실외인지를 쉽게 이해할 수 있도록 디자인한다.
- 통로를 따라 기억할 만하고 독특한 이정표를 설치하거나, 통로의 끝부분에 벽난로, 수족관, 거실, 부엌 등을 두어 방향에 대한 단서를 제공한다. 이정표는 기념비와 같이 클 필요는 없으나 특별한 의미나 공간의 정체성을 제공해 줄 수 있어야 한다.
- 통로공간과 연결된 공간들은 색, 가구, 마감재를 다르게 하여 거주노인들이 건물 안의 각 영역들을 쉽게 인지하고 방향감을 가질 수 있도록 한다.
- 통로 쪽으로 나있는 거주실문은 인지하기 쉽게 주변의 벽과 구분되는 색을 사용하며, 자신의 거주실을 쉽게 인지할 수 있도록 여러 가지 단서들을 제공한다.

- 휠체어가 양방향으로 지날 수 있도록 통로의 폭을 확보해야 한다.
- 연결통로의 끝부분에는 잠겨 있는 문을 계획하는 것보다는 앉을 수 있는 공간을 마련하는 것이 바람직하다.

치매노인을 위한 Tip

- 치매노인이 혼자서 시설 밖으로 나가거나 문 앞에서 나가지 못한 채 좌절감을 느끼지 않도록 외부로 나가는 문은 벽과 동일한 색으로 하여 문의 존재를 인지하지 못하도록 한다.
- 배회가 의미없는 단순한 육체활동이 되지 않도록 배회통로에 흥미를 유발할 수 있는 요소들을 담도록 한다. 배회통로와 인접한 곳에 활동 알코브를 둘 경우 치매노인들은 자발적으로 활동에 참여하게 된다.
- 치매노인의 동선은 직원이나 가족구성원의 동선과 분리시켜야 한다.
- 부딪칠 위험이 있는 가구, 플로어램프, 러그 등을 통로에 두지 않는다.
- 치매노인이 갈림길이나 교차로 없이 지나다닐 수 있도록 통로를 계획한다.

(3) 조망에 관한 디자인 지침

- 거주노인의 생활영역인 거주단위와 주 출입구가 가까이 있는 소규모시설에서 로비는 조망이라는 활동의 중심공간이 된다.
- 사람들이 드나드는 것을 보거나, 거리에서 이루어지는 활동들을 볼 수 있도록 로비에는 유리를 많이 사용한다. 그러나 바닥에서 천장까지 나있는 대형창문이나 유리로 된 문은 인지장애를 초래할 수 있으므로 식물로 낮은 경계를 만들어 주거나, 바닥에서 400~600mm에 창문을 설치하고 800mm 높이의 난간을 설치하도록 디자인한다.
- 많은 사람들이 모이는 직원영역과 인접한 곳에 편안하게 서서 또는 앉아서 조망할 수 있는 공간을 계획하여 다른 사람의 통행을 방해하지 않으면서 함께 있다고 느낄 수 있도록 한다.
- 거주실에서 옥외공간을 바라볼 수 있도록 창문을 계획한다.

- 거주노인들이 많은 시간을 보내는 공용거실, 공용식당 등의 공용공간에서 옥외공간을 조망할 수 있도록 창을 계획한다.
- 계단에서, 복도에서, 엘리베이터 앞에서 옥외공간을 볼 수 있도록 하여 시설적인 이미지를 최소화하도록 한다.
- 복도나 공용공간에 알코브를 설치하여 다른 사람의 통행이나 활동을 방해하지 않으면서 다른 사람의 활동을 관찰할 수 있도록 한다.

| 동선 · 연결통로 · 조망의 사례 |

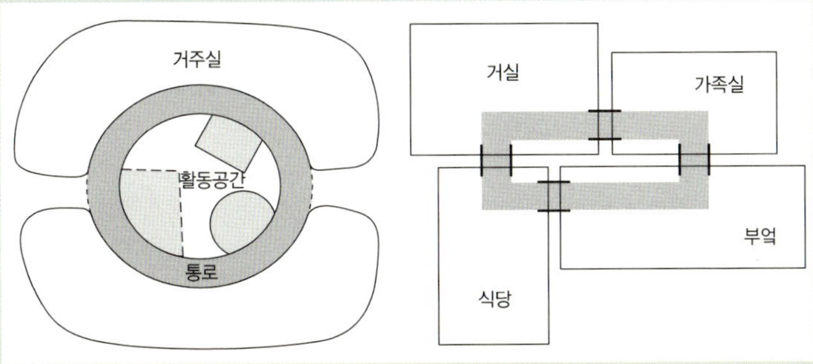

1

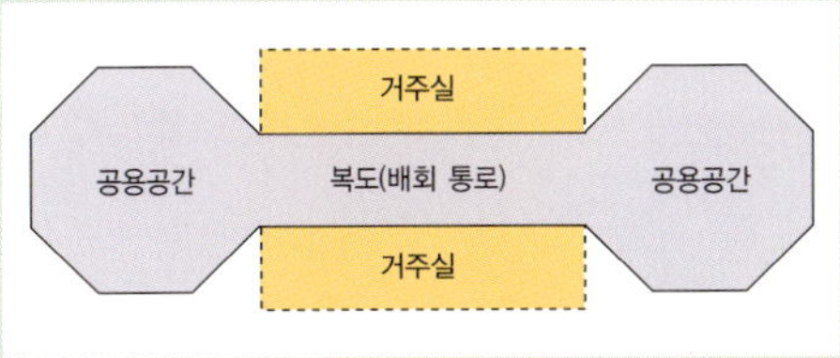

2

히토에노사토, 일본 3

카리타스노오카, 일본 4

선라이프히로미네, 일본 5

스트란드막스하븐, 덴마크 6

1 공공영역을 연결시키는 동선 및 통로공간계획이다.

2 연결통로 양쪽 끝부분에 공용공간을 두어 목적지를 향한 산책이 되도록 하는 통로공간계획이다.

3 거주단위 중앙에 공용거실과 공용식당을 두고 그 주변에 이동할 수 있도록 통로가 계획되었다. 통로공간은 거주실로 인해 요철이 많아 시각적으로 직선이 아니며, 중간마다 적절한 단서를 두어 이동방향에 대한 이정표가 되도록 하였다. 또한 공용공간과 통로공간 사이에 격자문과 창을 설치하여 시각적으로 연결되도록 하였다.

4 거주단위 사이 연결통로에 의자와 테이블을 두어 노인들이 만날 수 있는 장소를 제공하고 있다. 바닥재는 거주단위와 다르게 하여 공간의 변화를 인지할 수 있다.

5 거주단위 내 통로공간에 앉을 수 있는 알코브를 마련하여 통행하는 사람을 방해하지 않으면서 휴식을 취할 수 있도록 하였다.

6 공용공간 주변으로 통로공간을 두어 이동하는 거주노인들이 자연스럽게 활동에 참여할 수 있도록 하였다. 특히 통로공간과 공용공간 사이의 기둥, 바닥의 선과 색, 패턴, 천장모양으로 영역을 구분하고 있다. 통로공간 끝부분에 물리치료실을 두어 막다른 골목이 되지 않도록 배려하였다.

선라이프히로미네, 일본 7

비스앵아, 스웨덴 8

비스앵아, 스웨덴 9

토른달스하브, 덴마크 10

7 통로의 끝부분에 앉을 수 있는 알코브를 두어 통로공간이 막다른 골목이 되지 않도록 하였고, 이동하는 거주노인에게 방향성과 목적성을 부여하고 있다.

8 거주단위 내 통로공간과 공용공간 내 통로공간의 바닥재를 달리 하여 거주노인이 공간의 변화를 쉽게 인지할 수 있도록 하였다.

9 거주실의 출입문을 복도에서 뒤로 물러나도록 하고 그곳에 소파와 의자를 두어 이동하는 다른 거주노인을 방해하지 않으면서 거주실 출입문을 열고 닫거나 거주실 앞에서 휴식을 취할 수 있도록 계획하였다.

10 통로공간에 있는 출입문은 벽과 동일한 흰색으로 하여 문을 쉽게 인지하지 못하도록 하였다.

비스앵아, 스웨덴 11

스트란드센트렛, 덴마크 12

히토에노사토, 일본 13

11 거주실마다 별도로 계획된 옥외정원은 유리창을 통해서 내다볼 수 있다.

12 공용식당 및 공용거실의 벽과 천장을 유리로 마감하여 옥외공간에 대한 조망을 극대화하고 있다. 특히 2층까지 연결된 높은 천장으로 2층 통로공간에서도 쉽게 옥외공간과 아래층 공용공간을 볼 수 있다.

13 공용식당의 창을 통해 옥외공간을 볼 수 있을 뿐 아니라 공용거실과 건너편 복도공간까지 볼 수 있다.

소피에보어케어센터, 덴마크 14

알름고덴, 스웨덴 15

선라이프히로미네, 일본 16

히토에노사토, 일본 17

카에데&메이플리프, 일본 18

14 옥외정원이 내다보이는 공용공간의 창가에 소파와 테이블 등의 휴식용 가구가 배치되어있다. 그리고 간이부엌 가까이에 의자를 두어 거주노인이 직원의 활동을 볼 수 있도록 하였다.

15 거주실에 있는 식탁 옆 복도 쪽으로 큰 창을 두어 거주실과 복도를 시각적으로 연결시키고 있다.

16 일본의 전통 다다미로 된 거주실은 옥외공간 또는 중정으로 출입이 가능하며 옥외공간을 볼 수 있다. 프라이버시를 조절할 수 있도록 출입문은 유리문과 창호지문으로 되어 있다.

17 거주실 부속화장실에 창을 설치하여 환기와 채광이 좋으며 외부를 조망할 수 있다.

18 복도 쪽에 창을 두어 거주실에서 복도를 지나다니는 다른 노인이나 직원의 인기척을 느낄 수 있거나 대화를 나눌 수 있다.

선라이프히로미네, 일본 19

비스앵아, 스웨덴 20

토른달스하브, 덴마크 21

히토에노사토, 일본 22

19 간이부엌의 창을 통해 출입하는 사람들의 상황을 관찰할 수 있다.

20 수영과 보행 연습을 할 수 있는 수영장의 한쪽 벽면 전체에 옥외정원을 볼 수 있도록 창을 설치하였다.

21 사무실의 큰 창을 통해 직원들이 앞마당에 있는 거주노인을 관찰할 수 있다. 또 간이부엌의 가로로 긴 창을 통해서도 정원에 있는 거주노인을 관찰할 수 있다.

22 탈의실과 공용욕실에 창을 설치하여 채광과 환기뿐 아니라 옥외공간을 볼 수 있는 장점이 있다.

Chapter

05 공간 구성요소

1. 벽 · 바닥 · 천장

(1) 벽

1 거주실의 벽은 거주노인의 자아정체감을 표현하기에 적합하며, 실제로도 가장 많이 이용되고 있다. 거주노인은 벽에 좋아하는 그림, 사진 등을 걸고 선호하는 색의 벽지나 페인트를 선택하여 자신의 정체성을 나타내곤 한다.

- 벽은 실내에서 가장 잘 보이는 공간 구성요소이다. 벽에는 그림, 포스터 등의 예술품이나 가족의 사진이 걸려지며, 문 · 창 등의 개구부, 스위치, 콘센트, 비상연락장치 등이 설치된다.
- 거주노인의 안전과 이동의 편의를 위하여 벽에는 안전손잡이가 설치되어야 하며, 하단부에는 휠체어로부터 벽을 보호하기 위하여 킥플레이트를 부착하기도 한다.

- 벽은 거주노인의 옷이나 피부가 닿을 수 있으므로 마찰에 의해서 다치지 않도록 안전한 재료를 사용하고, 모서리는 둥글게 처리한다.
- 노인요양시설의 벽에는 페인트, 벽지, 타일, 목재 무늬가 이용된다. 페인트는 다양한 색을 낼 수 있고 저렴하다는 장점이 있다. 벽지는 친숙한 느낌을 주어 시설생활의 적응에 도움을 주며, 패턴이나 질감이 있는 벽지는 분위기를 흥미 있게 한다. 화장실의 벽에는 타일을 많이 사용하나, 필요에 따라 일부 벽에 목재패널이나 무늬목을 사용하기도 한다.
- 벽의 마감재로 이용되는 직물이나 벽지의 무늬는 거주노인이 다른 사물이나 얼굴, 또는 동물로 오인하지 않도록 쉽게 인지할 수 있는 무늬로 선택한다.
- 소음은 거주노인들을 불편하게 하고 쉽게 피로하게 하므로, 설계의 초기 단계부터 소음을 줄이는 방안을 계획하여 추후에 소요되는 비용을 절감하도록 한다. STC(Sound Transmission Class) 값이 높은 벽 자재를 사용하면 소음차단에 효과적이다. 실내의 적정 소음은 주간에는 50dB 이하이며, 저녁에는 35dB 이하이다.
- 벽을 통한 음의 전달을 줄이기 위해서 TV실, 음악실, 활동실 등 소음이 발생되는 공간의 벽은 이중으로 하고 벽 사이에 50mm의 공간을 두도록 한다.

거주실의 벽

- 모든 거주실을 같은 색으로 하면 시설 같은 느낌을 주므로 피해야 한다. 벽의 색은 거주노인에게 선택권을 줄 수 있는 가장 저렴하고 편리한 방법이다. 거주노인에게 거실, 복도에 어울리는 색을 세 개 정도 주고 선택하도록 하면 노인이 좋아하는 색을 정하기 쉽다. 이런 경우 세 가지 색의 색상, 명도, 채도는 유사하지 않은 것이 좋다.
- 벽지는 페인트보다 가정적인 느낌을 주지만, 장기적으로 보면 비경제적이다.
- 벽에 그림을 걸거나 카드, 사진 등을 붙일 수 있도록 한다.
- 거주실 부속화장실의 벽은 노인들의 인지를 돕기 위해 양변기, 세면대 등과 대비되는 색으로 한다.

치매노인을 위한 Tip

- 치매노인이 불결행위를 하는 경우에 대비하여 세척이 쉬운 벽마감재를 사용한다.
- 벽지는 이음매가 눈에 띄면 치매노인이 뜯어낼 수 있으므로, 매끈하게 마감하여 훼손을 방지한다.

공용욕실의 벽

- 공용욕실의 소음은 치매노인의 문제행동과 상관관계가 많으므로 소음을 줄일 수 있는 벽마감재를 선택한다.
- 공공욕실과 인접해 있는 탈의 · 화장공간에 뒷면이 방수처리된 카펫을 사용하여 세라믹타일로 인한 소음을 감소시키도록 한다.

공용거실 · 공용식당의 벽

- 공용거실이나 공용식당의 소음을 줄이려면 벽의 하단을 두께가 있는 직물로 마감하는 것이 효과적이다. 벽에 직물을 사용하면 흡음효과가 좋을 뿐 아니라 흠집이 잘 보이지 않는다는 이점이 있다. 벽에는 방화법규에 맞게 방화 처리된 직물을 사용해야 한다.
- 공용거실을 개방된 공간으로 디자인하는 방법과 공간별로 구획하여 디자인하는 방법은 각각 장·단점이 있다. 이들의 장점을 모두 살리려면 접을 수 있는 이동식 벽을 설치하여 필요에 따라 조절하는 방법이 있다. 또 아래쪽은 불투명한 재료로 하고 위쪽은 유리로 한 후 블라인드를 설치하는 방법도 있다.
- 공용거실이나 공용식당의 소음을 감소시키기 위해서는 벽에 퀼트, 장식용 직물, 태피스트리를 이용하면 효과적이다.

| 벽의 사례 |

도봉실버센터, 한국 1

케마키라구엔, 일본 2

비스앵아, 스웨덴 3

카리타스노오카, 일본 4

카리타스노오카, 일본 5

1 복도 위쪽에는 페인트, 아래쪽에는 목재무늬로 마감하고 안전손잡이를 설치하였다.

2 공용거실에 개방감 있는 목재 격자벽을 이용하여 개별적인 영역을 형성하였다.

3 벽을 따뜻하고 활기찬 색의 페인트로 마감하였다.

4 화장실의 위쪽은 벽지, 아래쪽은 목재무늬로 마감하여 부드러운 분위기를 조성하였다.

5 공용욕실의 벽과 박닥은 주로 타일로 마감하는데 소음이 문제가 될 수 있다. 방수 처리가 된 러그를 사용하여 소음을 줄일 수 있다.

(2) 바 닥

2 우리나라와 일본의 요양시설은 노인들이 요를 깔고 자거나 바닥에 앉아 생활하는 경우가 많아 바닥과 신체 접촉이 많다.

- 노인요양시설의 바닥은 노인의 안전을 위하여 매우 중요하다. 장애인, 노인, 임산부 등의 편의증진보장에 관한 법률에 의하면, 바닥은 미끄럽지 않은 재질로 평탄하게 마감하고, 넘어졌을 경우 충격이 적은 재료를 사용하여야 한다.
- 바닥재는 기능성, 내구성, 유지관리의 편리성을 고려하여 선택한다.
- 노인요양시설의 바닥은 높이 차이가 없어야 하며, 부득이한 사정으로 높이가 차이나는 경우에는 경사로를 설치하여야 한다.
- 바닥재는 노인의 이동, 균형감, 미끄러짐, 낙상 이외에도 눈부심, 소음, 실내공기의 질에 영향을 미친다. 노인이 보행에 대해 자신감과 편안함을 느낄 수 있는 바닥재를 선택하도록 한다. 지팡이, 보행보조기, 휠체어 사용 노인에게 있어서 바닥재의 선택이 더 중요하나, 보행이 가능하더라도 노인은 발을 끌며 걷는 특성이 있으므로 파일이 높은 카펫, 밟으면 움직이는 모래나 자갈 등의 바닥재는 피한다.

- 광택이 있는 바닥재는 빛이 반사될 경우 눈부심의 우려가 있으므로 피한다.
- 바닥에 벽과 대비되는 색을 사용하면 노인들이 인지하기 쉬워서 균형을 잡는 데 도움이 된다.
- 바닥에는 최대한 이음새를 없앤다. 어쩔 수 없이 접합되는 곳은 바닥재가 뜨지 않게 처리하여 거주노인의 발이나 보행보조기에 걸리는 일이 없도록 한다.
- 다른 종류의 바닥재를 연결하는 경우에는 노인이 넘어지지 않도록 높이를 같게 하고, 걸림이 없게 하며, 색을 비슷하게 하여 시각적 혼란을 줄인다.
- 바닥재에 큰 무늬, 심한 명도차, 그림자가 강한 패턴이 있으면 노인들에게 단차 또는 구멍으로 인식되어 낙상의 문제가 생기고, 이동시간이 오래 소요되므로 피하도록 한다.
- 바닥의 얼룩을 감추거나 공간을 분리하기 위한 패턴을 사용하는 것은 노인에게 위험할 수 있다. 잔잔한 무늬에 중간 정도의 색상과 채도의 바닥재가 권장된다. 바닥의 얼룩이나 닳은 부분은 기존의 색상과 유사한 마감재로 처리한다. 강하고 복잡한 패턴으로 처리하면 깊이에 대한 지각 능력이 떨어진 노인에게 위험하다.
- 노인요양시설의 직원과 자원봉사자들은 장시간 서서 근무하기 때문에 허리와 다리의 피로는 물론, 무릎이나 관절에 문제가 생기기 쉽다. 따라서 딱딱하지 않은 탄력성이 있는 바닥재를 사용해야 한다. 이는 거주노인의 안전과 배회가 심한 노인들의 피로 감소에도 도움이 된다.

바닥의 재료

- 카펫은 미국의 요양시설에서 바닥재로 많이 이용된다. 카펫은 밀도가 높고, 재료가 부드러우며 길이가 짧은 것이 좋다. 밀도가 높을수록 오염물질이 침투하기 어렵다. 1982년 이전에는 미국에서 딱딱한 바닥재를 주로 사용하였으나, 카펫이 병의 전파와 관련이 없다는 사실이 밝혀지면서 카펫의 사용이 증가하였다.
- 카펫은 눈부심이 적고 소음을 감소시키며 발과 다리의 피로를 덜어주어 근육과 관절의 스트레스를 감소시키고, 바닥의 차가움을 막아 준다. 또 카펫은 실내 먼지와 부유 미세생물 복합체를 잡아 두어 공기 중으로 떠오르는 것을 막는다는 장점이 있다. 카펫의 단점은 노인의 요실금과 소변으로 냄새가 난다는 것인데, 카펫 뒷면에 방수처리

가 되어 있으면 청소가 가능하다. 무엇보다 카펫의 가장 큰 단점은 청소기 사용으로 인한 소음이다.

- 합성수지 타일은 저렴하여 국내외 노인요양시설에서 널리 사용되고 있다. 그러나 다른 재료에 비해 내구성이 떨어져 이동이 빈번한 공간에는 사용이 제한된다. 또 이음새가 많기 때문에 요실금 처리에 불편하다. 그러나 손상을 입은 경우 교체하기 쉽다는 장점이 있다.
- 비닐 장판은 우리나라 노인요양시설의 거주실에 주로 사용되는 재료이나, 서구에서는 식당, 부엌, 세탁실에 사용된다. 비닐 장판이 바닥에 완벽하게 접합되지 않으면 휠체어 사용이나 바닥난방에 의하여 들뜨기 쉬우므로 시공을 잘 해야 한다.
- 고무 시트는 미끄럼방지가 필요한 공간에 널리 쓰이는데 물이 묻어도 미끄럽지 않다는 장점이 있다.
- 목재, 세라믹타일, 비닐 합성타일은 매끄럽고 단단하여 청소가 용이하다는 장점이 있다. 그러나 바닥에 물이 묻으면 미끄럽고 걸레로 닦아야 하며 단단하기 때문에 낙상 시 부상당할 위험이 크다.

거주실의 바닥

- 거주실 바닥에 까는 카펫은 밀도가 높아야 휠체어나 보행보조기 사용 시 이동이 용이하다.
- 거주실이 1인실인 복지선진국에서는 거주노인이 같은 방에서 사망 시까지 지내는 경우가 대부분이므로 새로 디자인하거나 개·보수할 때 노인이 바닥재를 선택하게 한다.

거주실 부속화장실 · 공용욕실의 바닥

- 화장실이나 욕실 바닥에는 내수성이 우수하고 위생적인 이유로 타일을 주로 사용한다. 그러나 타일은 소리를 반사하여 소음을 발생하여 노인의 흥분을 야기시키는 경우가 있으므로 탄력이 있는 비닐시트를 부분적으로 사용하여 소리를 흡수하고, 노인의 부상을 막으며 관리도 용이하게 하도록 한다.
- 물을 사용하는 욕실공간에서 바닥의 배수는 매우 중요하다. 욕실 바닥은 물이 잘 빠

지도록 적절한 구배와 배수구를 갖추어야 한다. 욕실의 배수구는 노인들이 작은 물건을 넣을 수 없도록 아주 작게 한다.

- 화장실과 욕실은 인접공간과 단차가 없도록 하고, 긴 형태의 바닥 트렌치를 설치하여 인접공간으로 물이 넘치는 것을 방지한다.

공용거실 · 공용식당의 바닥

- 공용거실과 공용식당의 소음을 줄이려면 바닥에 카펫을 사용한다. 특히 식당에 카펫을 사용하면 한 테이블에서 다른 테이블로 소음이 전달되는 것을 감소시킨다. 카펫은 발자국 소리 등을 바닥에서 약 900mm 높이까지 흡수한다.
- 목재 바닥은 미관이 아름답고 청소가 쉬우나, 소리가 울려 소음으로 분위기가 산만해진다는 단점이 있다.

| 바닥의 사례 |

린뎅예룬드보드보엔데, 스웨덴 1

청운노인요양원, 서울 2

동부노인전문요양센터, 서울 3

사쿠라신미야, 일본 4

1 바닥재의 재료와 색상의 대비로 공간을 확실히 구별하였으나 색의 강한 대비는 거주노인을 혼란스럽게 할 수 있다.

2 거주실과 복도의 바닥에 단차가 없다. 우측 사진은 연결 부위의 마감재가 들뜨는 것을 방지하기 위해 스트립을 사용한 것이다.

3 거주실 부속화장실 바닥에 트렌치를 사용하여 거주실로 물이 흘러가는 것을 방지하였다.

4 노인의 생활방식에 맞추어 바닥을 다다미로 마감한 거주실과 단차 없이 신발을 벗는 부분을 색상과 재료로 구분한 현관이 눈에 띈다.

(3) 천 장

3 천장에는 쾌적하고 안전한 실내환경을 유지시킬 수 있는 각종 설비들이 설치된다.

- 천장은 바닥이나 벽에 비해서 가구배치로 인한 방해를 받지 않으나 각종 조명등, 급기/배기구, 스피커, 스프링클러 등이 설치된다.
- 거주노인의 이동을 용이하게 하기 위한 리프트가 천장에 설치될 경우를 대비하여 건축계획 시에 구조적인 보강이 필요하다.
- 실내의 냄새를 제거하기 위하여 압력을 이용할 수 있다. 복도나 공용거실의 천장에는 급기장치를 설치하고, 거주실의 천장에 배기장치를 하면 거주실의 냄새가 공용공간에 유입되지 않고 배출된다.

천장의 재료

- 거주공간의 천장에는 텍스타일이나 석고보드가 주로 사용되고 욕실의 천장에는 텍스타일이나 플라스틱이 주로 사용된다.
- 텍스타일은 흡음효과가 높고, 설비에 문제가 생겼을 때 수리하기 쉽지만 시설적인 분위기를 낸다는 단점이 있다.
- 노인요양시설의 천장에는 소음감소계수(noise reduction coefficient)가 높은 재료가

적합하다. 또 층간 소음 전달 정도를 나타내는 CAC(Ceiling Attenuation Class) 값이 45~49인 재료를 사용하도록 한다.

- 소음이 심한 공용거실, 공용 식당의 천장에는 텍스타일을 사용하여 안정된 분위기를 제공한다.
- 천장에 석고보드를 사용하면 가정적인 분위기를 주지만 음을 반사하여 시끄러워지기 쉬우므로 가구, 창 등에 소음을 흡수하는 직물 등을 사용한다.
- 공용욕실의 천장에 플라스틱 대신 방습텍스타일을 사용하면 욕실의 소음을 현저히 줄일 수 있다. 방습텍스타일은 곰팡이, 물곰팡이, 박테리아를 막는다.

치매노인을 위한 Tip

- 공용욕실은 소음이 많이 나기 때문에 치매노인들의 문제행동을 촉발할 수 있으므로 천장에 흡음성이 있는 텍스타일을 사용한다.

| 천장의 사례 |

도봉실버센터, 서울 1

스트란드센트렛, 덴마크 2

카에데앤메이플리프, 일본 3

스트란드막스하븐, 덴마크 4

1 석고보드와 벽지로 마감된 거주실의 천장에 에어컨, 조명등, 스피커, 스프링클러, CCTV 카메라 등이 설치되었다.

2 거주실 부속화장실까지 연결되는 리프트가 천장에 설치되었다.

3 상담실의 천장을 일본의 전통적 분위기로 마감하였다.

4 거주실 부속화장실의 천장에 방습텍스타일을 사용하여 소음을 줄였으며, 샤워커튼 레일을 천장과 벽에 부착하였다.

2. 출입구 · 창

(1) 출입구

4 출입구는 다양한 공간에서 그 공간이 어떠한 공간인지 암시해 주고, 출입을 조절하는 역할을 한다.

- 출입구는 문, 손잡이와 잠금장치, 시각적 단서를 주기 위한 안내표식으로 구성된다.
- 노인요양시설의 출입문은 열고 닫기가 쉽도록 무게와 크기가 적절하여야 한다.
- 문 주위의 바닥은 단차가 없어야 하며, 문턱이 없어야 한다.
- 장애인 · 노인 · 임산부 등의 편의증진보장에 관한 법률 시행규칙에 의하면 출입문의 통과 유효폭은 800mm 이상이고, 출입구의 전면 유효거리는 1,200mm 이상이다.
- 출입문의 옆에는 600m 이상의 활동공간이 필요하다.
- 출입문에는 공간의 종류를 나타내는 안내표식을 하도록 한다.
- 노인의 출입을 원하지 않는 출입문에는 잠금장치를 설치한다. 잠금장치에는 버튼이

나 열쇠로 작동하는 형태, 위아래 손잡이를 같이 잡아당기는 형태 등이 있다.

- 출입문의 재료는 빛이 반사되지 않도록 광택이 없는 질감이어야 한다.
- 출입문의 색상은 주변의 벽체나 문손잡이와 대비되는 색상으로 하여 시력이 약하거나 인지 능력이 저하된 노인이 문을 쉽게 인지하도록 한다.
- 노인의 안전을 위하여 거주실문의 일부에 관찰창을 설치할 수 있으나 프라이버시 침해 문제가 있다. 거주실 부속화장실문에는 반투명한 관찰창을 설치하여 프라이버시를 유지하면서도 이용자가 있는지 알 수 있게 한다. 문에 이용되는 유리는 충격에 강하고, 깨졌을 경우에 날카로운 조각이 나지 않는 것이어야 한다.

문의 종류

- 미닫이문이 여닫이문보다 휠체어 사용자에게 사용하기 편리하며, 확보해야 하는 공간이 작고 가구 배치가 쉽다. 벽의 일부에 겹쳐지는 형태의 미닫이문은 포켓형보다 설치와 수리가 용이하나, 노인이 여닫이문으로 착각하여 당겨서 열기 때문에 고장 나기 쉽다.
- 화장실문이 여닫이일 경우에는 바깥쪽으로 열리게 하여, 안에서 노인이 쓰러졌을 때 문이 막히지 않도록 한다. 화장실문이 미닫이문일 경우에는 겹쳐지는 벽이 화장실 쪽이든 거주실 쪽이든 상관이 없다.

문의 손잡이

- 출입문의 손잡이는 중앙지점이 바닥면으로부터 800~900mm에 위치하도록 설치한다. 문의 손잡이 형태는 레버형(여닫이문), ㄷ자형(미닫이문)이 바람직하다. 원형이나 홈형은 중풍, 관절염 등으로 쥐는 동작이 어렵거나 악력이 약해진 노인들이 사용하기 어려우므로 피한다.

레버형(O)

ㄷ자형(O)

홈형(×)

원형(×)

5 | 문 손잡이의 종류

치매노인을 위한 Tip

- 치매노인이 사용하는 출입문은 방의 기능에 따라서 색상을 다르게 한다.
- 치매노인의 출입이 금지된 공간의 문은 주위의 색과 비슷하게 하여 잘 보이지 않도록 한다.
- 치매노인이 배회하다가 다른 사람의 거주실에 들어가 방해하는 것을 막으려면 위아래를 따로 여닫을 수 있는 2단 더치 도어(dutch door)를 설치한다. 위쪽 문은 열어두어서 시각적 연결과 방향감각을 제공하며, 아래쪽 문은 닫아두어서 들어오지 못하게 한다.
- 치매노인의 공간 인지를 돕기 위하여 거주실 출입문에 노인의 사진이나 물건 등을 배치한다.

| 출입구의 사례 |

동부노인전문요양센터, 서울 1

휴매니스타스아크로폴리스, 네덜란드 2

린뎅예룬드보드보엔데, 스웨덴 3

사쿠라신미야, 일본 4

1 관찰창이 설치된 거주실(1.1)과 거주실 부속 화장실(1.2)의 문. 우리나라 시설의 경우 4인실이 기준이므로 프라이버시보다 노인의 안전을 우선하여 거주실 문에 관찰창이 있는 경우가 많다.

2 문에 포스터를 붙여, 거주자의 개성을 나타내었다.

3 문을 쉽게 인지할 수 있도록 문틀과 문앞 바닥에 대비 색상을 사용하였다.

4 1인용 거주실에 반투명 관찰창을 설치하여 거주노인의 프라이버시를 유지하면서 안에 사람이 있는지 알 수 있도록 하였다. 거주노인의 이름이 있는 문패와 ㄷ자형 문손잡이가 있다.

(2) 창

6 창은 이동이 자유롭지 못한 거주노인들에게 계절감과 신선한 바람을 선사하고, 외부 세계와 연결시켜 준다.

- 창은 채광, 환기의 기능적 목적뿐만 아니라, 자연요소의 유입을 통하여 마음을 안정시키는 심리적 역할을 한다.
- 거주노인이 계절감과 하루 중의 시간을 느낄 수 있도록 가능한 모든 공간에 창을 설치하는 것이 좋다.
- 측벽에 창을 내기 어려운 경우 천창, 고창 등을 설치한다. 측창보다 천창, 고창이 채광효율이 좋으나 관리와 채광량 조절이 어렵다.
- 거주노인이 원할 때 창문을 열기 쉽도록 한다. 안쪽으로 열리는 여닫이창의 경우 모서리를 노인이 다치지 않도록 디자인한다.
- 실내에 거주하는 노인들이 자연광을 충분히 쬐면 야간에 숙면하기 쉬우며, 치매노인의 경우에는 야간의 문제행동이 줄어들므로 충분한 크기의 창을 확보하도록 한다.
- 채광량을 조절하고 실내공간을 부드럽게 하기 위하여 창에 드레이퍼리, 쉐이드 등을 설치한다.

- 창틀의 그림자가 바닥에 강한 패턴을 형성하면 시각이나 인지 능력이 약화된 거주노인들이 바닥에 구멍이나 장애물이 있는 것으로 착각하여 혼란을 일으킬 수 있다.

거주실의 창

- 충분한 크기를 확보하여 자연광을 확보하도록 한다. 노인복지법 시행규칙에 의하면 거주실의 창면적은 바닥면적의 1/7 이상으로 하여 바깥 공기에 접하도록 하며, 개폐가 가능해야 한다.
- 창의 높이가 낮아야 침대에 누워서도 외부 경관을 조망할 수 있다. 창턱 높이는 침대를 사용하는 경우 350~600mm이나, 요를 사용하는 경우 더 낮아야 한다.
- 가능하다면, 모든 거주노인에게 동일한 크기와 접근이 가능한 창을 제공한다.
- 창은 거주노인이 열 수 있어야 하며, 개폐조절장치 등의 안전장치가 있어야 한다.
- 창의 처리는 블라인드보다 커튼, 쉐이드 등 가정에서 사용하는 방법으로 하며, 1인실의 경우에는 거주노인이 좋아하는 커튼을 선택하게 한다.
- 창의 유리는 잘 깨지지 않아야 하며, 깨지더라도 날카로운 조각이 생기지 않아야 한다.

공용욕실의 창

- 공용욕실에는 창이나 천창을 반드시 설치한다.
- 드레이퍼리, 쉐이드 등의 부드러운 요소들은 공용욕실에 활기를 주고 소음을 감소시키는 효과가 크다.

미나미카제, 일본 1

도봉실버센터, 서울 2

3.1

3.2

소피엔보어케어센터, 덴마크 3

1 거실에 큰 창을 두어 조망, 환기를 원활하게 하였다.

2 거주실에서 요를 사용하기 때문에 창턱이 높아 외부 조망이 어렵다.

3 창턱이 낮아서 어떤 높이에서도 조망이 용이하다.

3. 가구 · 조명 · 장식물

(1) 가 구

7 노인요양시설의 가구는 가정적인 느낌을 주면서 각 공간의 개성을 표현할 수 있는 것이 좋다. 가정적이며 친근한 환경을 조성하는 데 있어서 가구의 디자인 및 배치계획의 비중이 크다.

- 노인요양시설의 모든 가구는 튼튼하고, 안전성을 고려하여 날카로운 모서리가 없어야 하며, 적절한 치수이어야 한다.
- 노인용 의자의 적절한 치수는 의자 좌판 높이 400~430mm, 의자 깊이최대 500mm, 팔걸이 높이 580~610mm이다. 팔걸이는 의자 앞쪽까지 연결되어야 노인들이 혼자 앉거나 일어서기에 편하다.
- 노인용 의자의 마감재료는 요실금 때문에 방오, 방습 가공이 되어 있으면서 가죽 같은 느낌의 직물을 사용하는 것이 좋다. 또한 의자의 쿠션은 노인의 무릎 높이보다 낮아지지 않도록 탄탄해야 한다.
- 사용하지 않을 때 쌓아놓는 의자는 가벼워야 하며, 거주노인이 앉기에 안전하고 안정

적이어야 한다. 접이식 테이블은 접거나 편 다리가 안전하게 고정되는 기능이 있어야 한다.

- 흔들의자는 거주노인의 생활에 긍정적이고 건강에 좋으나 일어설 때 앞으로 넘어지거나 다른 사람의 발을 다치게 하지 않도록 안정적이어야 한다.

거주실의 가구

- 미국 각 주의 보건법규에 의하면, 노인요양시설 거주실의 최소한의 가구는 침대, 옷장, 의자 스탠드, 게시판이다.
- 거주실의 침대는 높이 조절이 가능해야 하며, 옷장/붙박이장은 1인당 900mm의 폭을 확보해야 한다. 서랍장은 잠글 수 있고, 스탠드는 조절이 가능해야 하며, 의자는 팔걸이와 등받이가 높고 편안해야 한다.
- 개인의 물건을 보관하는 수납장은 개인의 자리임을 알 수 있게 하며, 노인이 전에 사용하던 가구들은 노인을 편안하게 하고 개인의 정체성을 유지할 수 있도록 해준다. 노인이 사용하던 가구를 가지고 오는 것은 시설마다 정책이 다르나, 가구를 가져오는 것은 노인이 새로운 환경에 적응하는 데 도움이 된다. 직원은 노인이 가져온 가구가 튼튼하고 안전한지 점검하고, 노인이 원하는 위치에 놓도록 한다.
- 직물을 씌운 흔들의자, 독서를 위한 편안한 의자, 알아보기 쉽게 확대한 가족사진은 노인에게 안도감을 준다.
- 거주실은 온돌식과 침대식 중에서 노인이 선택할 수 있도록 한다.
- 여럿이 사용하는 거주실 부속화장실의 경우 거주노인 각각의 타올걸이와 수납장을

치매노인을 위한 Tip

- 치매노인용 개인 옷장은 잠금장치와 문이 있어야 하며, 노인의 이름표를 부착하고 선반을 설치한다.
- 거주실 출입구에 선반, 사진, 알림판을 두어 자신의 방을 쉽게 찾을 수 있도록 한다. 거주실에도 과거를 회상할 수 있는 개인소장품을 둘 수 있는 선반을 설치한다.

설치한다. 세면대는 세면도구로 놓을 수 있는 평평한 형태가 좋으며 세면대 하부는 여유공간을 확보하여 휠체어를 탄 채로 사용할 수 있게 한다.

- 거주실 부속화장실의 수납공간은 치매노인의 안전을 위하여 간단한 잠금장치를 설치한다.

공용거실의 가구

- 소파의 배치는 일자형보다 병렬형, ㄷ자형으로 배치하여 거주노인의 교류를 증진시키도록 한다.
- 가구는 그룹을 지어 배치하여 거주노인들의 상호작용을 증진시킨다. 의자는 일반 가정에서 사용하는 것같이 편안해야 한다. 의자의 덮개는 단색의 비닐마감이 사용되었으나 근래에는 비닐 코팅이 된 다양한 직물이 많이 사용되고 있다.
- 의자와 소파의 좌판은 너무 넓지 않게 하고(최대 500mm), 등을 잘 지지해 주어야 하며, 노인이 일어나기 쉽도록 팔걸이가 있어야 한다.

치매노인을 위한 Tip

- 가구는 치매노인의 사회성을 위해 상황에 따라 배치형태를 바꿀 수 있는 것으로 선택한다.
- 복도에는 알코브 형태의 휴게공간을 계획하여 치매노인의 배회를 차단하도록 한다.

공용식당의 가구

- 노인들은 2~6인 정도의 작은 그룹으로 식사하는 것에 익숙하다. 4~6인용 식탁은 자극을 적절히 유지할 수 있으며 2인용 식탁도 제공되어야 한다. 직선면이 있는 4각, 6각, 8각의 식탁들은 영역을 명확하게 해주어 원탁보다 좋다. 휠체어 사용자를 위해 식탁 간의 간격이 충분히 확보되어야 한다.
- 음식이 어떤 형태로 서비스되는가에 따라 식탁의 크기가 달라지며, 1인당 면적이 결정된다. 음식이 쟁반에 제공되는 4인용 식탁은 크기가 1,220×1,220mm 이상 되어야

한다. 또 2, 4, 6인용의 식탁을 구비하여 거주노인이 선택할 수 있도록 하며, 식탁들을 붙여서 여러 조합을 만들 수 있도록 처음부터 크기를 조절하는 것이 좋다. 식탁의 높이는 휠체어가 들어갈 수 있는 정도로 한다.

- 노인이 식탁에 가까이 앉을 수 있도록 의자의 팔걸이는 식탁 아래로 들어갈 수 있어야 한다.
- 식당 가구는 밀고 당기는 힘에 견디도록 지지대가 필요하다. 앞쪽 다리에 바퀴를 달면 밀거나 당길 때 가구에 힘을 덜 받으며, 사용하기에도 편리하다.
- 공용식당의 개방형 수납공간이나 식탁은 직원이 거주노인을 수발할 수 있도록 충분한 넓이를 확보하여야 한다.

치매노인을 위한 Tip

- 치매노인은 음식의 식별이 어려우므로 식탁보나 플레이스 매트는 무늬가 없는 것으로 한다.

- 공용식당 한쪽에 있는 간이부엌의 작업대는 노인의 키를 고려하여 일반 높이보다 50~75mm 정도 낮게 하며, 작업대의 모서리는 둥글게 한다. 간이부엌에 테이블이 있으면 작업면적을 넓힐 수 있다. 간이부엌의 수납장은 작업대 아래에 두거나 벽에 부착시킨다. 상부수납장이 높으면 노인이 접근하기 어렵고, 잘 보이지 않아 위험하다. 설거지를 좋아하는 노인을 위해서 개수대를 2조식으로 하는데, 개수대는 팔꿈치의 동작이 자유롭도록 850mm 이하로 한다. 길이조절이 가능한 수전은 사용하지 않는다. 이유는 수전을 당겨서 거주노인이 작업대, 창문, 바닥 등을 청소하려고 하기 때문이다.

공용욕실의 가구

- 공용욕실에 수납장이나 테이블을 두어 샴푸, 비누, 로션, 꽃 등을 올려놓을 수 있게 한다.
- 목욕수건을 보관하는 수납장을 두어 비누, 샴푸, 로션, 과자나 사탕통, CD 플레이어, CD 등을 수납한다.

직원공간의 가구

- 직원공간에는 프로그램실이나 물리치료실에서 치료 중 개인이 가지고 있던 물건이나 옷을 보관할 수 있는 선반이나 서랍을 설치한다.
- 카운터 형식으로 된 개방형 간호사실에는 충분한 수납공간과 잠금장치를 설치하도록 한다.

기타 공간의 가구

- 배회통로에는 노인이 그린 그림, 노인과 친척의 사진, 알림판을 걸어둔다.
- 이 · 미용실에는 표면을 덮을 수 있는 거울이 필요하다.
- 정원에는 고정식 또는 이동식 의자와 벤치, 일인용 또는 다인용 의자, 고정식 또는 이동식 테이블, 원두막, 분수, 애완동물 보관소, 원예치료를 위한 꽃밭, 옷보관용 선반 등을 설치한다.
- 온실에는 의자, 테이블, 원예치료를 위한 꽃밭, 선반 등을 설치한다.

수납공간의 가구

- 노인요양시설은 수납해야 하는 물품의 종류가 다양하고 그 양이 많다. 수납물품을 보면, 노인의 거주공간에는 노인의 일상생활용품, 소모품, 휠체어, 보행보조기 등이 있고, 직원공간에는 각종 서류, 프로그램을 위한 물품, 주방용품, 의료장비, 약품, 소모품 등이 있다. 따라서 적절한 장소에 충분한 수납공간을 계획하여 물품을 효율적으로 수납하고, 물품의 이용과 반납을 위한 동선을 단축하도록 한다.
- 일상생활에 필요한 공용물품은 리넨실, 붙박이장 등의 중앙 수납공간에, 거주노인 개인의 물품은 거주실의 수납공간에 보관된다. 중앙 수납공간에는 이불, 시트 등의 침

구류, 공용으로 사용되는 의류, 성인용 기저귀, 물티슈 등의 소모품이 수납되어 부피가 큰 물품들이 많다. 노인장기요양보험제도가 시행되기 전에는 실비시설의 경우 소모품을 거주노인 개인이 구입하여 개인수납장에 수납하였으나, 노인장기요양보험제도 시행 이후에는 시설에서 소모품을 일괄 구입하여 지급하므로 중앙 수납공간에 저장해야 하는 물품의 양이 증가하게 되었다.

- 리넨 수납장 이외에 다른 물품용 붙박이수납장을 복도에 설치하면 직원의 동선을 줄일 수 있다.
- 스웨터, 솜이불 등 계절용품은 거주단위별 또는 층별로 수납해야 물품의 이동경로를 단축하고 물품이 손상되지 않게 관리할 수 있다.
- 다인 거주실의 경우, 거주노인 개인의 수납장은 침대 가까이에 개인별로 제공하는 것이 노인은 물론 케어 직원에게 편리하다.
- 수납장은 거주노인의 손이 쉽게 닿을 수 있도록 동작범위를 고려하여 바닥으로부터 600~1,200mm의 범위에 놓이도록 설치한다. 수납장의 형태는 선반보다 서랍이 물건을 꺼내기 쉬우며 허리를 구부리지 않아도 되므로 편리하다. 선반은 높이를 조절할 수 있도록 해야 한다. 공간이 좁은 경우 수납장의 문은 접이문으로 교체한다. 휠체어 거주노인의 수납장은 하부를 비워두어야 사용하기 편리하다.
- 휠체어는 거주실에 수납하여 휠체어 사용 노인이 심리적 안정감을 느끼고, 필요한 경우 쉽게 이용할 수 있게 한다. 보행보조기는 휠체어보다 높이가 높다는 사실을 고려하여 수납공간을 계획한다.
- 거주노인과 관련된 서류는 직원의 이용이 편리하도록 거주단위별로 보관되어야 하며, 서류보관을 위한 수납장이 충분히 제공되어야 한다. 각종 문서는 공개자료와 비공개자료로 분리하며, 비공개자료의 수납장에는 노인의 프라이버시 유지와 분실방지를 위하여 잠금장치를 설치하여야 한다.
- 프로그램 도구를 위한 수납공간을 마련해야 한다.
- 의료장비, 약품, 소모품은 전문 의료수납장을 설치하여 공간의 효율적 이용과 함께 편의성을 높이도록 한다.

| 가구의 사례 |

스트란드막스하븐, 덴마크 1

스트란드막스하븐, 덴마크 2

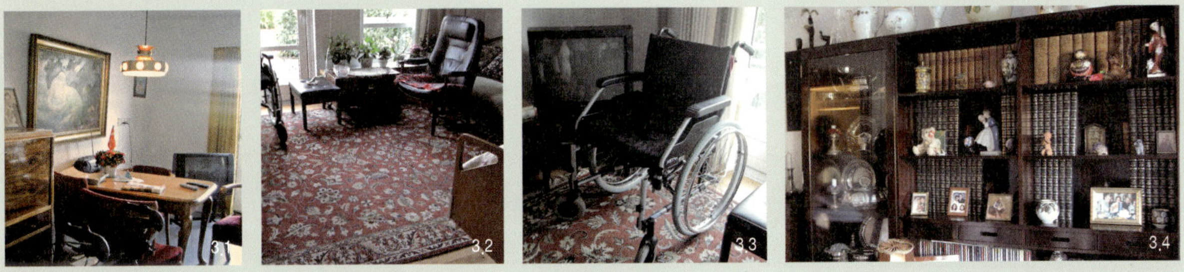

스트란드막스하븐, 덴마크 3

호산노인건강센터, 한국 4

안나노인건강센터, 한국 5

1 거주실에는 다양한 형태의 의자들이 있다. 나무로 된 테이블들과 코발트색의 다양한 의자들이 거실을 밝고 경쾌하게 한다.

2 복도에 의자와 테이블을 배치하여 앉을 수 있게 하였다. 그러나 안전손잡이 앞에 가구를 배치하여 이동하는 노인들에게는 장애물이 된다.

3 거주실의 거실영역에는 개인 가구와 물품들을 두어 개성 있는 공간을 연출하고 있다. TV, 의자, 테이블, 소파, 오디오, 수납장, 체스테이블, 조명 등은 거주노인이 예전에 사용하던 것이며 노인의 기호에 따라 다양하게 설치되어 있다. 노인의 옛 모습이 담긴 사진, 가족사진, 장식품, 그림 등을 전시하여 노인의 정체성을 표현하고 있다.

4 자원봉사자실에 소파, 테이블, 사물함, 플라스틱 서랍장, 냉장고, 옷걸이, 선반 등이 설치되어 있다.

5 공용거실은 시청각실, 운동, 작업실 등 다목적공간으로 이용되고 있으며, 다양한 운동기구, 벽면 전체에 설치된 수납장 및 작업테이블, 의자, TV, 프로젝터 등 다양한 설비들이 설치되어 있다.

늘푸른노인전문요양원, 한국 6

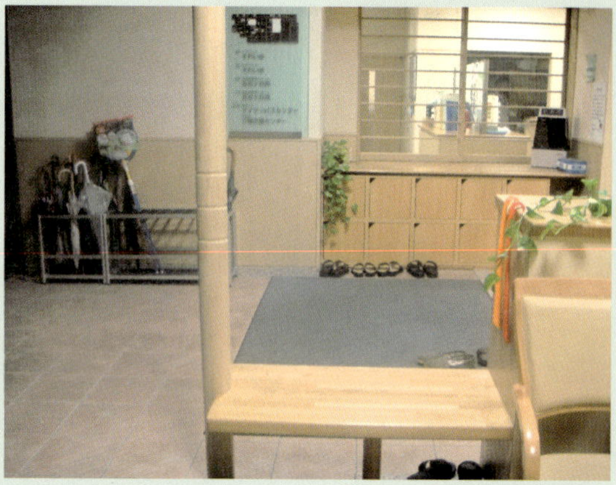

카리타스노오카, 일본 7

사쿠라신미야, 일본 8

미나미카제, 일본 9

스트란드센트렛, 덴마크 10

6 거주실 벽면에 부착된 수납장과 전통가구로 된 개인수납장이 있어서 한국적인 이미지를 준다.

7 출입구 옆에 있는 작은 벤치는 거동이 불편한 거주노인들이 신발을 벗고 신을 때 사용하기에 좋으며 기둥과 연결되어있어서 힘을 지탱하는 지지대역할도 한다.

8 거주실 앞에 나무로 만든 벤치식 의자를 설치하여 복도를 지나는 다른 거주노인과 자연스럽게 이야기를 나눌 수 있도록 하였다. 의자 밑에는 리넨 등을 수납할 수도 있다.

9 공용거실 겸 식당에 2개의 식탁과 소파 등의 가구와 세면대 등이 비치되어 있다. 식탁은 휠체어 사용노인들이 사용하기에 편리하도록 다리부분이 간단한 형태이며 모서리가 부드럽게 처리되어 있다.

10 옥외활동이 이루어지는 정원에는 파라솔, 정원용 의자와 테이블, 목재로 된 흔들그네 등이 배치되어 있다.

린텡예룬드보드보엔데, 스웨덴 11

알름고덴, 스웨덴 12

선라이프히로미네, 일본 13

14.1

14.2

스트란드막스하븐, 덴마크 14

11 식탁의자와 테이블은 목재이며, 모서리는 모두 둥글게 처리되어 안전하다. 또, 바퀴가 있어서 이동이 쉬우며, 고정이 가능하고 방향전환이 용이하다.

12 책장과 스크린으로 공간을 구분한 독서 공간이다. 가구는 필요에 따라 넓은 공간을 분리하는 역할도 한다.

13 거주실 부속화장실의 양변기 위에 수납장 선반을 설치하고 문대신 블라인드를 설치하여 치매노인이 인식하지 못하도록 하였다.

14 다실에 있는 간이부엌의 작업대 높이를 조절할 수 있도록 하였다.

15.1

15.2

15.3

히토에노사토, 일본 15

동부노인전문요양센터, 서울 16

카리타스노오카, 일본 17

스트란드막스하븐, 덴마크 18

15 리넨 등의 물품을 중앙 수납공간에 모아두지 않고, 복도의 여러 곳에 분산 설치하여 직원 동선을 단축하였다.

16 거주단위 내 공용거실 벽면 전체에 공용물품을 보관하기 위한 붙박이장을 설치하였다.

17 거주실 앞 복도의 벽에 리넨 수납을 위한 붙박이장을 설치하여 수납공간을 충분히 확보하였다.

18 거주실 부속화장실에 수납장을 두어 물품을 정리할 수 있게 하였다.

(2) 조 명

8 노인요양시설의 조명은 에너지 효율, 내구성, 친환경성, 가정적인 분위기 등을 고려하여 디자인한다. 연령이 증가할수록 시력이 저하되므로 일반 주거시설보다 조도가 높은 것을 사용한다. 자연광을 실내로 유입하는 것은 에너지 효율에 효과적일 뿐 아니라 하루 중의 시간변화에 대한 강한 단서를 제공하여 바람직하다.

개 요

적절한 조도는 나이에 따라 달라진다. 60세 노인은 20세의 3배, 75세 노인은 5배의 빛을 필요로 하며, 눈부심에는 더 큰 고통을 느낀다. 따라서 공간을 충분히 밝게 하고, 눈부심을 줄여야 하므로 천장이나 벽에서 빛이 반사되어 전체를 밝히는 간접조명의 형태가 노인에게 편안하다.

조명방법

- 간접조명을 사용할 경우, 천장은 밝은 색으로 하여 빛 반사율을 80% 이상으로 하고, 상부 벽은 65~85%로 한다. 바닥은 30~40%의 빛을 반사하는 재료로 마감한다.
- 노인의 거주공간에는 간접조명을 사용하는 것이 바람직하다. 간접조명은 눈에 편안하면서도, 눈부심 없이 실내를 밝게 할 수 있다. 노인요양시설에는 빛의 조절이 가능한, 안정기가 달린 형광등이 가장 좋다. 안정기는 바로 켜지는 것(instant-start)보다 프

로그램 되어 켜지는 것(programmed-start)이 형광등이 타버리는 것을 방지하고, 동작을 감지하지 못하면 자동적으로 어두워지기 때문에 좋다.

- 복도에는 간접조명과 함께 벽부형 백열등이나 촛대모양의 작은 형광등을 같이 설치하는 것이 바람직하다. 밤에는 조도를 낮출 수 있는 것이 좋다. 중복도형의 건물은 채광이 되지 않아서 조도가 낮기 때문에 조명계획 시 더욱 신경써야 한다.
- 작업을 위한 부분조명을 필요한 곳에 계획하는 것이 중요하다. 독서나 공작을 위한 부분조명은 위치 조절이 가능한 형태의 형광등이 뜨거워지는 백열등이나 할로겐보다 낫다. 옷장 내부나 샤워공간에 조명을 설치하면 안전성을 높일 수 있다.
- 백열등이나 할로겐 등이 초기비용은 더 저렴하지만 유지비가 비싸고 자주 교체해야 하므로 관리비가 증가한다. 환경을 고려하여 저수은 형광등이 이용되기도 한다.
- 시설 전체적으로 균등한 조도를 유지하는 눈부심 없는 조명등을 설치하되, 공간의 필요에 따라 조도를 다르게 한다. 부엌 조리대와 세탁실과 같은 작업영역에는 부분적으로 매입식 일자형 형광등을 설치하도록 한다.
- 조도에 점진적 변화를 제공하는 것이 좋다. 노인이 되면 빛의 변화에 적응하는 데 많은 시간이 소요되므로, 밝은 공간과 어두운 공간 사이에 전이 공간을 제공한다. 예를 들어 현관과 로비 사이에 앉는 공간을 만들면 전이공간의 역할을 할 수 있다.
- 노인은 색인지 능력이 떨어지므로, 연색지수(Color Rendering Index : CRI) 값이 80 이상인 조명으로 조명의 질을 높이고 노인의 색인지를 극대화하도록 한다.
- 다인 거주실은 여러 사람이 사용하므로 개인이 조절할 수 있는 개인조명이 필요하다.

치매노인을 위한 Tip

- 치매노인의 활동에 맞는 조도를 제공해 주기 위해서 거실, 식당, 복도의 조도를 달리 하는 것이 바람직하다. 또 아침부터 밤늦도록 조도의 차이가 없을 경우 활기가 없는 환경을 만들게 되므로 밤에 조도를 낮출 수 있는 장치를 하도록 한다.

| 조명의 사례 |

토른달스하브, 덴마크 1

스트란드막스하븐, 덴마크 2

스트란드막스하븐, 덴마크 3

스트란드막스하븐, 덴마크 4

소피엔보어케어센터, 덴마크 5

1 거실 겸 식당에 넓은 창이 있어 자연광이 유입되어 매우 밝다. 천장 전체 조명은 없으며 벽부등, 펜던트, 플로어 스탠드, 테이블 스탠드 등 다양한 종류, 크기의 조명기구들이 있다.

2 천장에 직부등을 설치하였으나 간접조명방식으로 되어 있어서 은은한 빛을 낸다.

3 복도에 천장직부등이 반직접조명으로 설치되어 있다. 옥외정원과 면한 곳은 넓은 창을 두어 자연광의 유입이 매우 많다.

4 테이블마다 부분조명으로 펜던트를 설치하였다.

5 복도 천장에 펜던트를 설치하였다. 전체적으로 밝은 톤의 마감재를 사용하고 창을 설치하여 밝다.

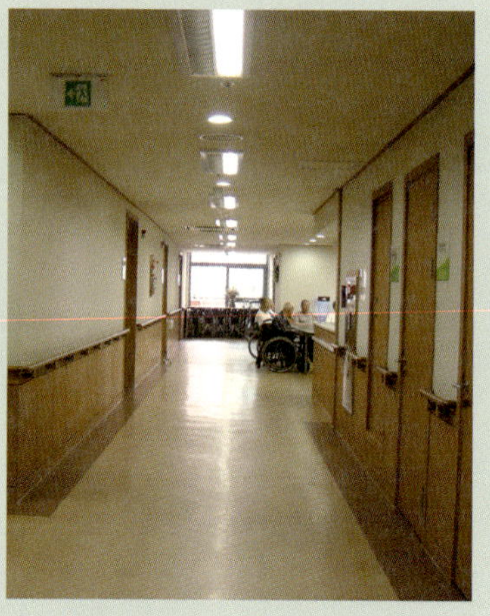

도봉실버센터, 한국 6

청운요양원, 한국 7

하피네스아다치, 일본 8

알름고덴, 스웨덴 9

6 중복도 전체에 반사판이 있는 형광등을 사용하였다. 조명 효율은 높지만 노인의 눈부심이 우려된다. 또한 단조롭고 야간조명이 없어서 야간에 안전성과 에너지 효율성이 떨어질 것으로 보인다.

7 프로그램실과 휴게실로 사용되는 넓은 홀에는 천창이 있어 밝으며 천장등을 같이 사용하여 야간사용에 대응하고 있다.

8 천장에 온화하고 따뜻한 느낌을 주는 가정용 분위기의 조명기구를 설치하였다.

9 주 출입구에 조명등이 설치되어 있어서 야간 사용 시에 편리하다.

성요셉요양원, 한국 10

알름고덴, 스웨덴 11

슈쿠토쿠쿄세엔, 일본 12

알름고덴, 스웨덴 13

알름고덴, 스웨덴 14

10 창이 많아 밝은 편이나 넓은 로비의 경우 조명등을 켜지 않으면 낮에도 어둡다. 공용거실에 가구와 조명 기구 등이 적어서 허전한 느낌이 든다.

11 공용식당의 벽면에 걸려진 대형 그림에 트랙조명이 설치되어 있다.

12 눈부심이 적은 확산조명을 펜던트로 설치하여 가정적인 분위기가 연출되었다.

13 카페테리아의 커피 테이블 상부에 일자형 형광등이 조도가 필요한 부분을 밝히고 있다.

14 남쪽면 창가에 휴식공간을 배치하여 자연광을 활용하고 있다.

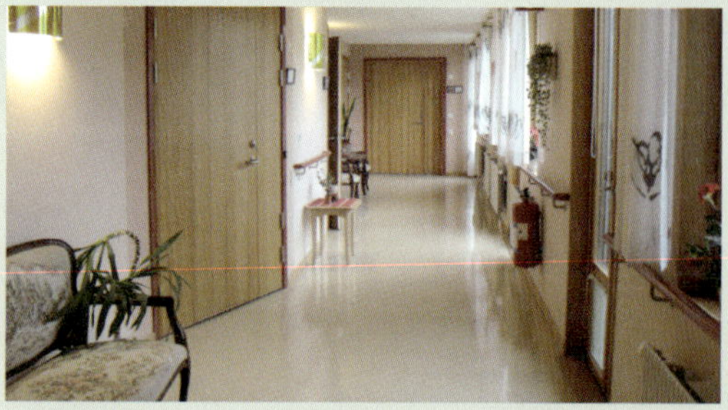

린뎅예룬드보드보엔데, 스웨덴 16

린덴예룬드보드보엔데, 스웨덴 15

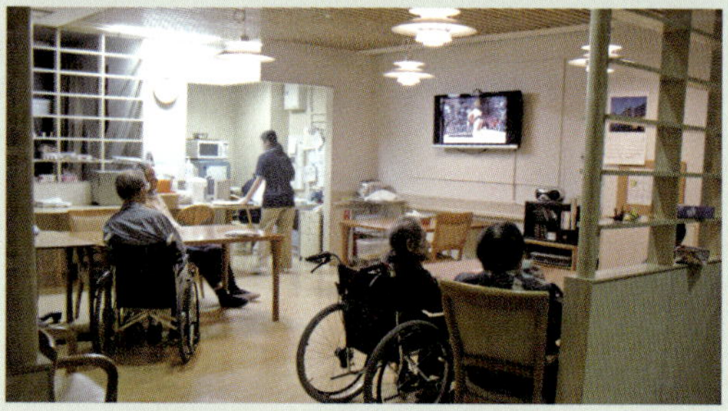

카리타스노오카, 일본 17

선라이프히로미네, 일본 18

19.1

19.2

카리타스노오카, 일본 19

15 공용거실과 직원스테이션, 간이부엌이 있는 공간등로 서로 다른 조명기구를 이용하여 영역 분리를 해주며 직원 작업면과 씽크대 작업면 위에는 부분조명이 계획되어있다. 모두 간접조명을 사용하여 눈부심을 최소화하였다.

16 복도에 창과 커튼, 벽부등을 사용하여 지루하지 않은 공간을 연출하고 있다.

17 공용거실과 직원스테이션이 한 공간에 있지만 조명기구와 조도를 다르게 하여 영역구분이 되고 있다.

18 엘리베이터의 천장에 간접조명을 설치하였다.

19 거주실에 천장등과 팬던트를 사용하였고 거주실 입구에는 벽부등을 설치하였다.

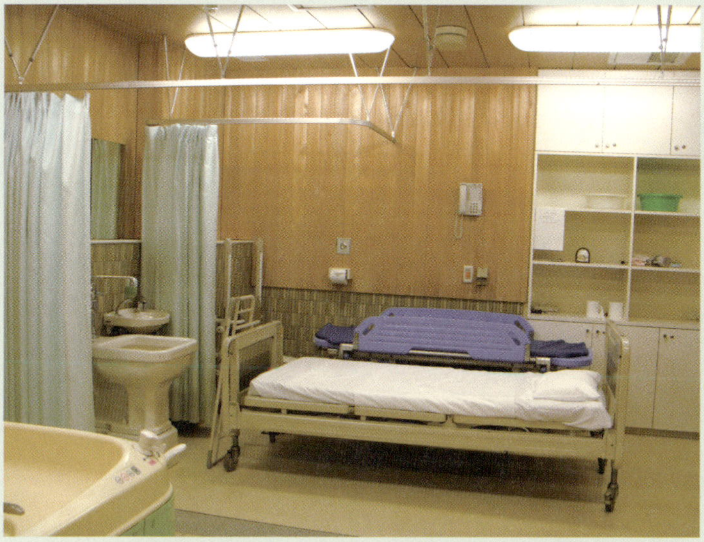

미나미카제, 일본 20

카리타스노오카, 일본 21

미나미카제, 일본 22

20 탈의실에 반직접 천장조명을 설치하여 필요한 조도를 제공함과 동시에 눈부심이 없도록 하였다.

21 엘리베이터 입구에 다운라이트가 설치되어 밝다. 단, 치매노인의 거주층에는 엘리베이터가 강조되어 시선을 끌 수 있으므로 별도의 안전시스템을 갖추어야 한다.

22 자칫 어두울 수 있는 북향의 거실에 천창을 두어 인공조명과 자연채광을 적절히 활용하고 있다.

(3) 장식물

9 노인요양시설에서 장식은 환경을 단순히 미적으로 꾸민다는 의미 이상을 가지고 있다. 장식은 길찾기를 도와주고 집과 같은 분위기를 만들어줌으로써 거주노인의 삶의 질과 잔존 능력을 향상시켜 줄 수 있다.

- 거주실에 비치된 특별한 추억이 담긴 개인 물품의 장식물은 개인적 영역 형성 외에 자신의 방임을 인지시킬 수 있는 실마리를 제공한다. 또 장식물은 유니트의 정체성을 뚜렷하게 해주며 직원들의 사기진작에도 도움이 된다.
- 그림, 사진, 포스터 등은 장식을 위해 사용될 수 있는 물품들이다. 내용은 거주노인들의 생활양식, 지역사회, 자연, 노인들에게 친숙하고 실제로 있었던 일들과 관계되어야 한다. 그러나 벽화는 사실성(현실성)을 정확하게 인지할 수 없기 때문에 사용하지 않는 것이 좋다.
- 장식은 2차원의 그림 이외에도 레이스, 자수품, 퀼트, 러그 등의 직물류를 이용할 수 있다. 장식은 거주노인이 사용하던 것이나 만든 것을 사용하는 것이 좋다. 예를 들어 노인들이 수공예프로그램에서 함께 만든 퀼트나 직물을 공동생활영역의 벽에 걸어둘 수 있다.

- 거울은 공간에 환영을 만들어내어 거주노인에게 혼란과 방향감각의 상실을 가져올 수 있으므로 사용을 제한하는 것이 좋다.
- 거주노인들의 사진, 집에서 가져온 벽 장식품, 거주노인이 만든 예술품 등은 공용거실을 흥미있고 즐겁게 만들며 거주노인들을 가족처럼 느끼게 한다.
- 복도에는 사회적인 교류를 증진시키기 위해 거주노인들의 사진을 붙여 둘 수 있다. 포스터 형태로 현재의 활동이나 사진 등을 붙이는데 게시판, 달력, 이벤트 보드 등도 공용영역에 부착할 수 있다. 만약 거주노인들이 부착물을 떼는 경우가 생기면 투명필름 등을 붙인다.

치매노인을 위한 Tip

- 거실에는 사계절을 나타내는 그림들, 치매노인이 그린 그림, 행사 예정을 알리는 그림이나 포스터, 치매노인과 친척의 사진을 붙여 둔다.

| 장식물의 사례 |

소피엔보어케어센터, 덴마크 1

붓다의집, 한국 2

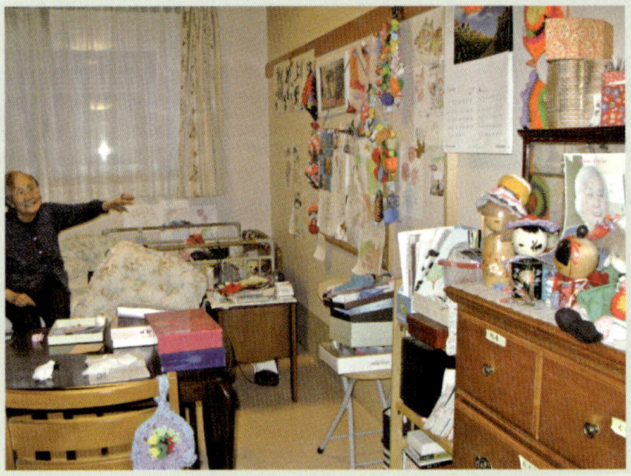

미나미카제, 일본 3

1 거주실의 장식물은 가족사진 액자가 가장 많고, 그림, 자수 작품 등이 큰 비중을 차지하고 있다.

2 로비에는 시설 소개, 층별 안내, 직원 소개, 행사 안내 등이 있는 게시판과 거주노인들의 활동 내용 전시물 등이 있어 각종 정보교환 및 교류통로로서의 역할을 하고 있다.

3 거주노인의 취미활동으로 만든 작품을 거주실에 장식하도록 벽에 목재 걸이를 설치할 수 있도록 배려하였다.

4.1

4.2

은혜의집, 한국 4

스트란드센트렛, 덴마크 5

신생전문요양원, 한국 6

안나노인건강센터, 한국 7

안나노인건강센터, 한국 8

늘푸른노인전문요양원, 한국 9

4 거주실마다 다른 직원이 환경미화를 별도로 담당하여 출입구부터 내부까지 개성 있게 꾸미고 있다.

5 거주노인이 선호하는 나비모양의 장식물, 그림 등이 촛대, 모자, 램프 등과 함께 가정적인 분위기를 연출하고 있다.

6 거주실 입구의 표식 위를 조화로 장식하였다.

7 추억의 농산물로 벽을 장식하고 있다.

8 벽장식과 그림이 시선을 끈다. 그림의 높이는 노인의 신장을 고려하여 눈높이로 낮게 하는 것이 좋다.

9 실내에서 키우는 식물이 벽과 천장을 따라 뻗어나가도록 하여 공간에 생명력과 활력을 불어넣고 있다.

Chapter

06 부착설비

1. 안전손잡이

- 안전손잡이는 각 공간의 벽, 계단, 화장실 등에 설치된 손잡이로서, 균형감각이 떨어지거나 보행 능력이 감퇴된 노인들이 넘어지지 않고 안전하게 생활할 수 있도록 지원해 준다.
- 노인요양시설에는 거주노인의 이동과 안전을 위하여 복도 등의 이동공간, 공용거실과 공용식당 등의 공용공간, 거주실 부속화장실, 공용화장실, 공용욕실 등의 위생공간에 안전손잡이를 설치해야 한다. 거주실의 경우 가구를 벽에 부착시켜 배치하기 때문에 안전손잡이를 설치하지 않는 경우가 많다.
- 노인요양시설의 안전손잡이 설치 시에는 장애인전용시설에 대한 규정을 참조할 수

1 노인요양시설의 안전손잡이는 근력과 균형 감각이 감퇴된 노인들이 넘어지지 않고 안전하게 이동하고, 자세를 쉽게 바꿀 수 있도록 하는 데 큰 도움이 된다.

있다. 즉, 복도 벽에 안전손잡이가 끊기지 않도록 연속하여 설치하여야 하며, 방화문의 설치로 안전손잡이를 연속하여 설치할 수 없는 경우에는 방화문 설치에 소요되는 부분에 한하여 설치하지 않을 수 있다.

- 안전손잡이의 형태는 수평일자형, 수직일자형, ㄷ자형, ㄴ자형, 접이형 등으로 다양하다.
- 시각장애 노인을 배려하여 안전손잡이의 양끝 및 굴절 부분에 점자표지판을 부착해야 한다.
- 안전손잡이를 많이 설치할 경우 가구를 배치하기 힘들 뿐만 아니라 시설적인 인상을 주므로 창틀이나 가구를 안전손잡이로 대용하는 방안을 검토할 필요가 있다.

안전손잡이의 높이와 크기 및 재료

- 2007년 장애인, 노인, 임산부 등의 편의증진보장에 관한 법률에서는 안전손잡이의 높이를 바닥면으로부터 800~900mm로 규정하고 있으며, 2007년 노인가구 주택개조 매뉴얼에서는 750~850mm로 규정하고 있다. 노년층의 신장이 우리나라 전체의 평균 신장보다 작으며, 노화됨에 따라 키가 줄어든다는 사실을 고려하면 후자에서 제시한 750~850mm가 노인요양시설의 안전손잡이 높이 기준으로 적절하다.
- 안전손잡이를 이중으로 설치하는 경우 위쪽 손잡이는 850mm 내외, 아래쪽 손잡이는 650mm 내외로 한다.
- 안전손잡이의 지름은 30~40mm로 하며, 벽에 설치하는 경우 안전손잡이와 벽의 간격은 50mm 내외로 한다.
- 안전손잡이의 재료는 촉감이 좋고 가정적인 분위기를 조성하며, 튼튼한 것으로 선택한다. 안전손잡이의 재료에는 목재, 플라스틱, 스테인리스스틸, 철제 등이 있으나 미관이 좋고 차갑지 않은 목재나 플라스틱이 좋으며, 화장실/욕실에는 위생적인 금속재료가 권장된다.
- 이동공간이나 화장실의 안전손잡이는 균형을 잃었을 때 잡기 쉽도록 벽의 색상과 대비되는 색상을 선택한다.

| 안전손잡이의 사례 |

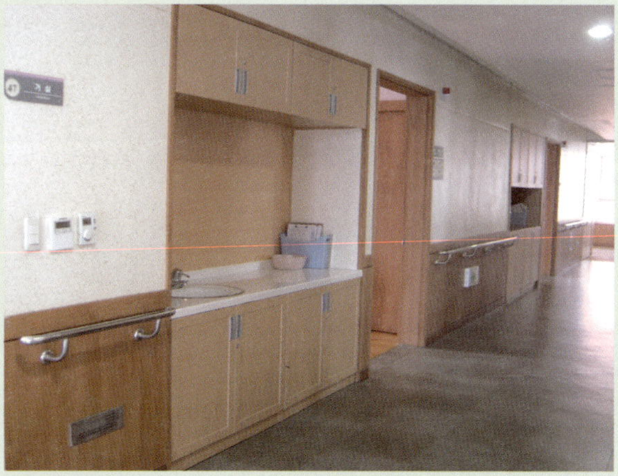

동부노인전문요양센터, 서울 1

린뎅예룬드보디보엔데, 스웨덴 2

초도노인요양원, 인천 3

하피네스아다치, 일본 4

1 스테인리스스틸의 안전손잡이는 시설적인 분위기를 조성한다. 안전손잡이가 중간에서 끊어졌으나, 세면대와 수납장의 상판이 안전손잡이 역할을 한다.

2 복도 벽에 안전손잡이가 설치되었으나, 한쪽에만 설치되어 양방향 통행이 어렵고 불연속적이다.

3 공용화장실의 소변기(3.1)와 양변기 주위(3.2)에 안전손잡이가 설치되어 있다.

4 거주실문 오른쪽 벽에 문과 조화되는 색의 안전손잡이를 설치하여 시설적인 분위기가 감소되고 있다.

카리타스노오카, 일본 5

늘푸른노인전문요양원, 한국 6

5 시설의 주 출입구에 설치된 수직 안전손잡이(5.1)로서 벤치와 일체화되어 신발을 신고 벗을 때 편리하며, 양방향에서 사용(5.2)할 수 있다.

6 계단에 설치된 안전손잡이(6.1)와 설비용 붙박이장문에 설치된 안전손잡이(6.2)는 거주노인의 이동 시 균형을 잡는 데 중요한 역할을 한다.

2. 비상연락장치

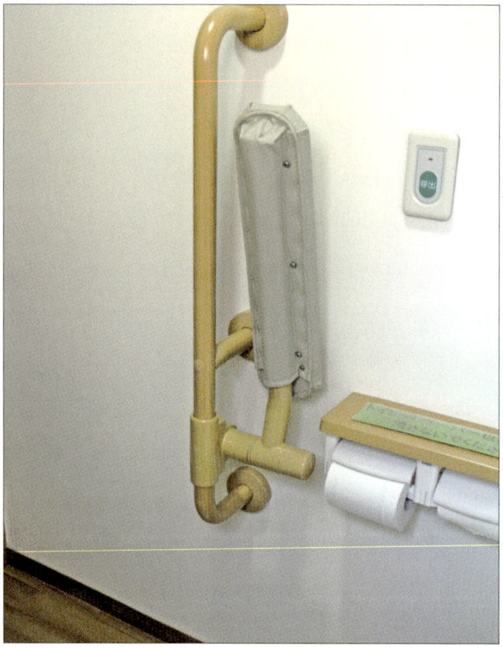

2 거주실이나 화장실 등 거주노인의 안정성과 관련된 공간에는 직원이나 거주노인이 쉽게 찾을 수 있고 조작하기 쉬운 적절한 곳에 비상연락장치를 설치한다.

- 응급 시 또는 타인의 도움이 필요할 때 호출 또는 경보를 울릴 수 있도록 거주실, 화장실, 복도 등에 비상연락장치를 설치한다.
- 비상연락장치는 가구배치에 따라 적절한 위치에 둘 수 있도록 융통성 있게 계획해야 한다.
- 팔찌나 목걸이 형태의 개인경보기를 시설이탈증상이 심한 노인에게 부착하기도 한다. 그러나 노인들은 이런 형태의 개인경보기를 거추장스럽게 생각하고 벗어버릴 수 있으므로 주의해야 한다.

치매노인을 위한 Tip

- 치매노인은 비상연락장치의 사용방법을 모르거나 장치를 훼손시킬 수 있으며 끊임 없이 직원을 호출할 가능성이 있으므로 유의하여야 한다.

- 직원용 비상연락장치를 설치하여 취침 또는 화장실 사용 시 도움을 줄 수 있도록 한다.
- 욕실이나 화장실에는 거주노인이 일정 시간 이상 머무르는 경우나 쓰러질 경우 움직임 감지 경보가 울리도록 한다.
- 문이 열릴 때마다 경보장치가 울리는 것은 바람직하지 않다. 그리고 경보음은 거주노인이 불안해하거나 동요하지 않을 정도로 지나치지 않아야 한다.

| 비상연락장치의 사례 |

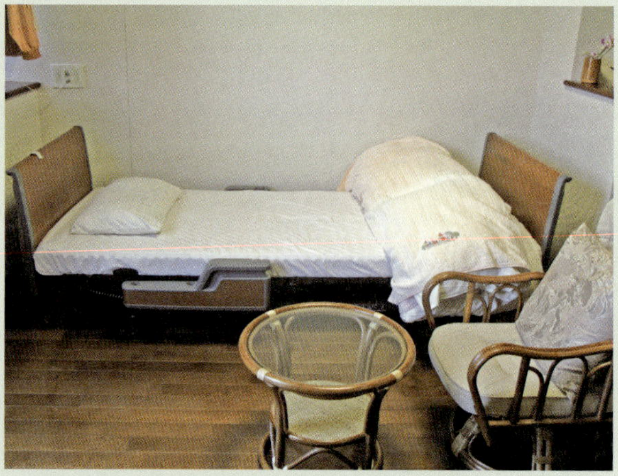

히토에노사토, 일본 1

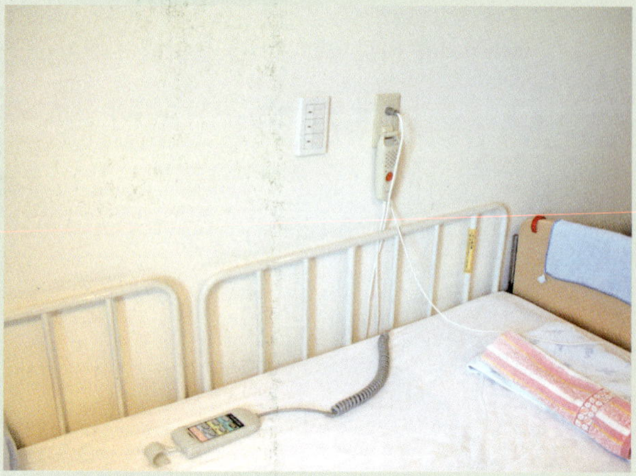

케마키라쿠엔, 일본 2

스트란드막스하븐, 덴마크 3

슈쿠토쿠쿄세엥, 일본 4

1 침대와 가까이에 비상연락장치가 설치되어 있다.

2 거주실 침대에 누워서도 쉽게 사용할 수 있도록 줄 형태의 비상연락장치가 설치되어 있다.

3 거주실 천장에 줄 형태의 비상연락장치가 설치되어 있는데 거주노인이 바닥에서도 쉽게 사용할 수 있도록 줄을 덧붙여 놓았다.

4 화장실 양변기 옆 벽면에 비상연락장치가 설치되어 있으며 쉽게 알아볼 수 있도록 붉은 색으로 되어 있다.

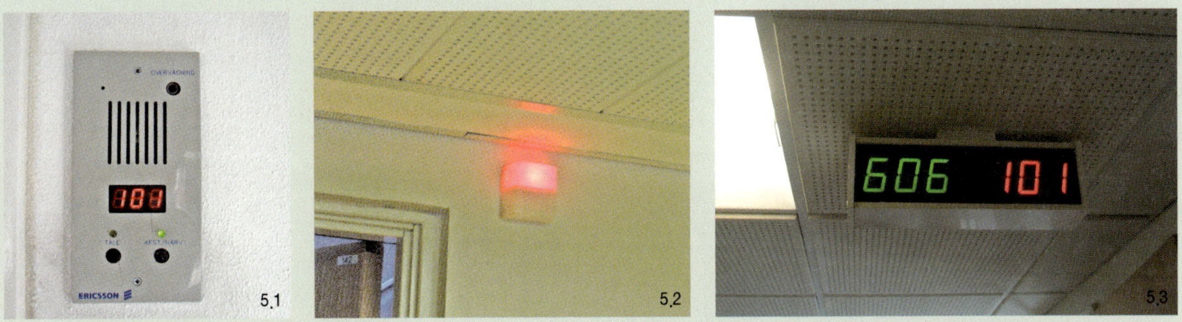

스트란드막스하븐, 덴마크 5

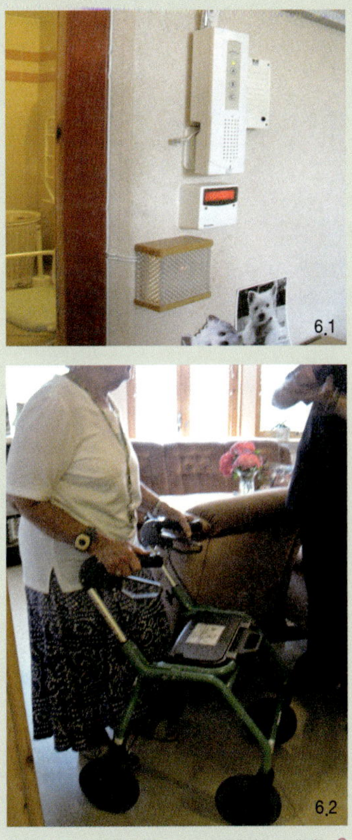

린뎅예룬드보드보엔데, 스웨덴 6

하피네스아다치, 일본 7

하피네스아다치, 일본 8

5 거주실 내 비상연락장치(5.1)를 누르면 거주실 바깥쪽 벽에 부착된 등(5.2)이 켜지고 표지판(5.3)에 번호가 표시된다.

6 거주실 내 벽면에 비상연락장치를 설치하였고(6.1) 거주노인들은 팔찌형태의 GPS를 하고 있다(6.2).

7 비상연락장치가 스위치, 난방조절장치 등과 함께 설치되어 있어 복잡하여 쉽게 알아보기 어려우나 비상연락장치의 색과 글자크기를 달리 하여 다른 기기들과 식별되도록 하였다.

8 전화기 형태의 비상연락장치가 거주노인과 직원 모두 사용할 수 있도록 설치되어 있다.

3. 스위치와 콘센트

3 스위치는 쉽게 알아볼 수 있고 조작할 수 있는 것으로 설치하여 거주노인이 스스로 환경을 조절할 수 있도록 함으로써 자율성과 존중감을 유지할 수 있도록 한다. 또한 가구, 조명기구, TV 등을 배치하고 사용하는 데 편리하도록 콘센트를 다양한 위치에 분산 설치하는 것이 바람직하다.

- 스위치와 콘센트는 눈에 잘 띄고 사용하기 쉬운 곳에 설치하는 것이 바람직하나, 노인의 불필요한 조작이나 감전사고를 방지하기 위하여 높게 설치하기도 한다. 이때 거주노인의 자율성을 침해하지 않도록 주의한다.
- 콘센트는 안전덮개가 있는 것으로 설치한다.
- 안전을 위하여 중앙에 직원이 가전제품과 콘센트를 끄고 켤 수 있는 중앙 스위치를 설치하는데, 중앙 스위치에는 잠금장치가 있어야 한다.
- 특별거주실(9장의 4 참조)에는 스위치나 콘센트 등의 위험요소를 거주실 바깥에 설치하도록 한다.
- 스위치는 알아보기 쉽고 조작이 쉬운 기능과 형태의 디자인을 선택하고, 쉽게 찾을 수 있고 조작할 수 있는 위치에 설치한다.
- 조명 스위치는 환풍기나 난방조절장치 등의 스위치와 떨어진 곳에 설치한다.

치매노인을 위한 Tip

- 치매노인의 안전을 위하여 스위치와 콘센트를 바닥에서 1600mm 이상의 높이에 설치하거나 벽 속에 감추어 직원들만 사용할 수 있도록 한다. 특히 콘센트는 안전덮개가 있는 것을 사용해야 한다.

- 여러 개의 스위치가 가까이 있는 것은 바람직하지 않다.
- 에너지절약 차원에서 6개 이하의 조명등을 하나의 스위치로 조절할 수 있는 것이 좋으며, 스위치 높이는 바닥에서 1,200mm에 설치하고, 실내는 격등제어가 가능하도록 한다.
- 보조 조명기구, TV 등의 전기제품을 사용하는 거주실이나 공용거실, 공용식당에는 조명기구나 TV 등의 위치를 자유롭게 바꿀 수 있도록 충분한 수의 콘센트를 설치한다.
- 일반 상점 등에서 판매되지 않는 특수램프의 사용은 피한다. 특수 램프를 사용할 경우에는 여유분을 준비해야 한다.

| 스위치와 콘센트의 사례 |

히토에노사토, 일본 1

휴매니타스아크로폴리스, 네덜란드 2

히토에노사토,

1 거주실 내 스위치는 거주노인의 특성을 고려하여 890㎜로 낮게 설치되어 있다.

2 거주실의 콘센트가 가구에 가려지지 않도록 설치되어 있다.

3 거주노인이 TV나 조명기구 등을 사용할 수 있도록 거주실 내 다양한 위치에 콘센트들을 설치하였으며, 콘센트가 가구에 가려지지 않도록 하였다.

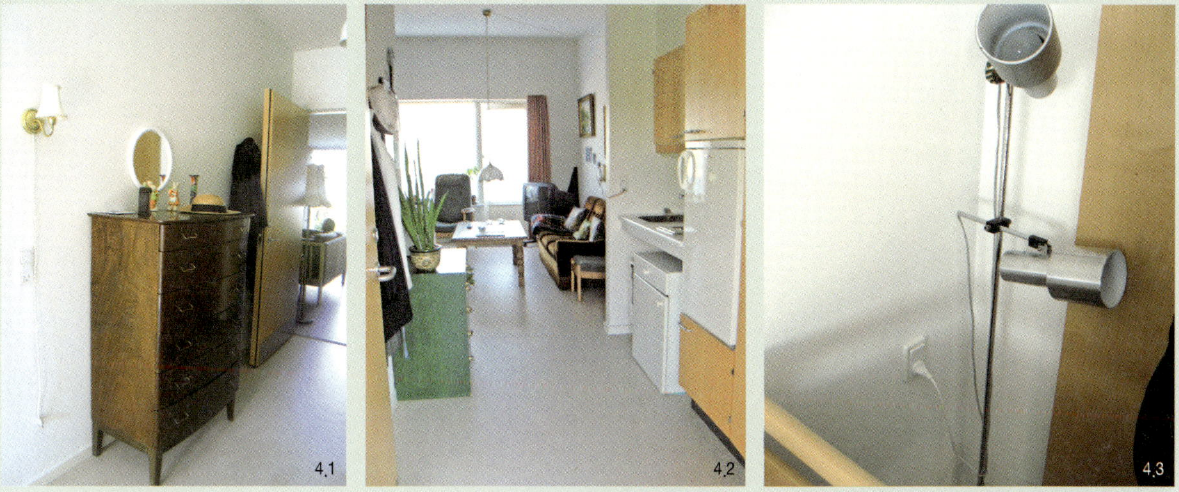

토른달스하브, 덴마크 4

히토에노사토, 일본 5

히토에노사토, 일본 6

4 거주실의 다양한 위치와 높이에 콘센트를 설치하여 조명기구, 스토브 등을 원하는 위치에 설치할 수 있다.

5 거주실의 침대와 세면대 사이의 칸막이벽에 콘센트가 설치되어 있어 편리하게 사용할 수 있다.

6 거주실 부속화장실 문 상부 벽에 콘센트를 설치하여 에어컨을 상부 벽이나 천장에 설치할 경우를 고려하고 있다.

4. 안내표식

4 안내표식은 길찾기를 유도하는 도구이다. 길찾기는 단순한 안내수준을 넘어서, 공간을 암시하는 기능을 해야 한다. 바람직한 안내표식은 거주노인이 방향감을 갖게 하여 자신의 거주실, 공용화장실, 기타 공간들을 찾아가기 쉽게 한다.

- 노인요양시설에서 안내표식은 계획 초기단계부터 고려해야 한다. 안내표식은 조명, 마감재, 예술품, 선반, 가구 등 건축 및 실내 디자인에서 이용되는 다양한 도구들을 조합하여 계획한다.
- 안내표식에 이용되는 포스터, 사진, 그림 같은 시각적 단서들은 쉽게 알아볼 수 있고 개성 있는 것이어야 한다. 그 공간에서 행해지는 활동과 관련된 그림을 시각적 단서로 사용하는 것이 바람직하다. 예를 들어 식당 입구에 접시, 숟가락, 과일 등의 단순한 그림을 안내표식으로 이용할 경우 거주노인은 식당이라는 사실을 쉽게 인지할 수 있다.
- 미술작품도 정보를 주는 표식으로 이용될 수 있다. 거주단위가 여러 개인 경우 각 거주단위는 각각의 주제를 가지고 미술작품으로 안내표식을 할 수 있다. 예를 들면 나무, 꽃, 자동차, 보트, 동물 등이다.
- 새소리나 음식냄새 등의 잠재적인 단서, 랜드마크도 길찾기에 도움을 주는 안내표식의 역할을 한다.

치매노인을 위한 Tip

- 좋은 안내표식시스템은 치매노인이 방향감을 갖도록 해준다. 치매 중기와 말기의 노인은 글자를 읽을 수 없기 때문에 안내표식시스템에 다양한 단서들이 사용되어야 한다. 치매노인이 자신의 거주실을 인지할 수 있도록 문을 색으로 표시하거나 방 번호와 거주자 이름은 문 근처의 벽에 부착하며, 그림을 문에 부착하는 것이 그러한 예이다.
- 치매초기의 노인은 글을 읽을 수 있기 때문에 문자로 된 표식을 추가로 사용할 수 있다. 표식에 있는 글자의 높이는 최소한 25mm 이상이어야 하며, 검은색 바탕에 흰색 글자를 사용하는 것이 좋다. 그리고 글자는 단순하고 쉽게 읽을 수 있는 용어를 사용한다.

거주실의 안내표식

- 거주실 바깥쪽 벽에 거주노인의 이름과 사진을 보기 쉬운 크기로 걸어두면 자신의 방을 쉽게 찾을 수 있다. 거주노인의 관심을 끌 수 있는 그림을 걸어둘 수도 있다. 가족들은 거주노인이 쉽게 알아볼 수 있거나 노인에게 의미 있는 것이 무엇인지를 시설에 알려주는 것이 중요하다.
- 노인들은 자신의 사진에 반응하는데, 노인에 따라서 최근의 사진 또는 젊었을 때의 사진을 더 잘 인식한다. 직원은 노인이 어떤 사진에 잘 반응하는지 판단하여 개인적인 의미가 있는 결혼, 생일 사진들을 잘 보이는 곳에 두어 방향에 대한 단서로 사용하도록 한다. 노인에 따라서는 자신의 사진은 인식하지 못하지만 자신의 집, 애완동물 등을 인식할 수 있기 때문에 가족과 상의하여 적절한 사진을 찾는 것이 필요하다.
- 미술치료시간에 자신이 만든 것을 인식하는 노인도 있으므로 이것을 활용할 수도 있다. 이러한 것들은 거주노인이 잘 볼 수 있는 위치에 부착하며, 다른 사람이 가져가지 못하도록 고정시킨다.
- 휠체어 사용 거주노인을 위해서는 안내표식을 바닥에서 1,000~1,120mm 높이에 걸어 두도록 한다.
- 직원은 노인의 시선이 닿는 위치를 알아야 하며, 특히 자기 거주실을 잘 찾지 못하는 노인의 경우는 더욱 배려해야 한다.

- 복도에 설치된 1,600~1,700mm 높이의 선반은 거주노인의 개인 물품이나 기념물들을 전시하는 데 사용할 수 있으며, 노인이 자신의 거주실을 찾는 데 도움을 준다.
- 거주단위 근처에 배치된, 개인물품을 넣는 메모리 박스(기억을 상기시킬 수 있는 물건을 넣은 상자)는 거주노인이 자기 거주실을 인지하는 데 도움을 준다.

치매노인을 위한 Tip

- 치매시설의 거주실 출입구의 메모리 박스가 너무 작거나, 조명이 어둡거나, 노인에게 특별한 의미가 없는 물건들로 채워지면 길찾기의 단서되지 못한다. 그러나 큼직하고 조명이 잘 되는 진열코너를 배치하면 길찾기의 단서가 될 수 있다. 식당 앞에 아름다운 식기들을 전시하면 치매노인이 관심을 갖고 대화하는 사이에 그들이 식당에 와 있다는 것을 알게 된다.

공용식당의 안내표식

- 공용식당은 글자나 그림 등의 안내표식을 설치하기보다 일반 가정의 식당과 같은 분위기로 계획하여 거주노인의 길찾기를 돕도록 한다.
- 공용식당이 공용거실과 개방되어 연결된 경우에는 공용식당을 시각적·음향적으로 분리되도록 계획해야 한다. 공용식당이 활동실로도 사용된다면 식사시간에는 밝은 플레이스매트나 식탁보를 까는 등 방의 성격을 다르게 하는 것이 도움이 된다.

공용화장실의 안내표식

- 남녀 화장실이 인접한 경우, 안내표식은 시각적으로 확실하게 구별되어야 한다.

복도의 안내표식

- 안내표식에 글자와 그래픽이 동시에 사용되는 것이 효과적이다. 50~80mm 크기의 진한 글자나 진한 그림이 연한 배경색 위에 있는 것이 노인들이 인지하기 가장 쉽다. 그림은 추상적인 것보다는 사실적인 것이 좋다.

| 안내표식의 사례 |

린뎅예룬드보드보엔데, 스웨덴 1

호산노인건강센터, 한국 2

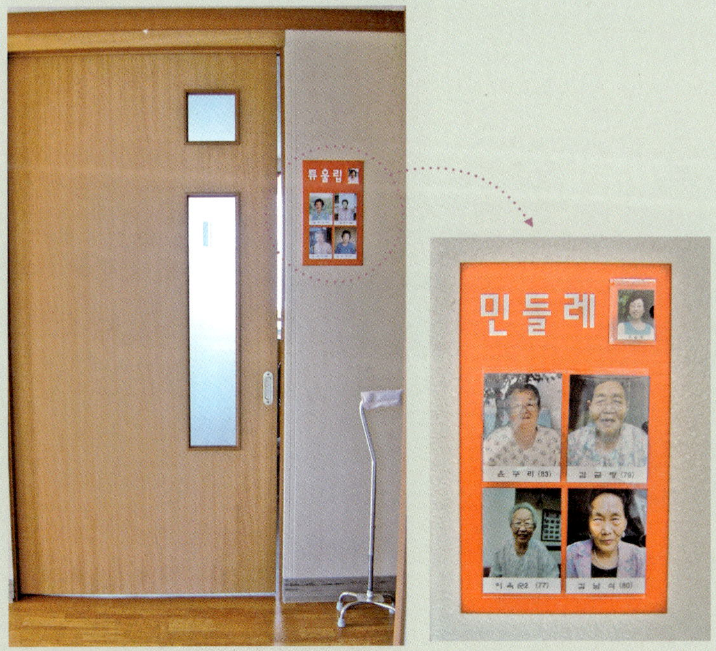

청운요양원, 한국 3

1 거주실 출입문은 나무문에 테두리를 붉은 색으로 강조하였다. 문에는 거주노인의 사진과 이름을 안내표식으로 부착하여 거주실을 쉽게 인지할 수 있도록 하였다.

2 다인 거주실에 거주노인의 개인영역을 표시하기 위하여 이름표를 벽면에 부착하였다.

3 4인 거주실 명칭에 꽃 이름을 사용하고 문 오른쪽에 방 명칭, 거주노인의 이름과 사진, 담당직원사진으로 된 표식이 있다. 표식은 짙은 원색인 빨강을 사용하여 주의를 끈다.

도봉실버센터, 한국 4

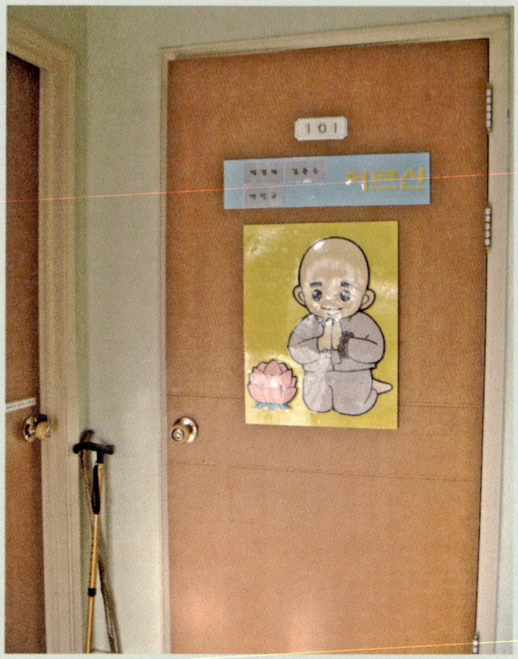

붓다의집, 한국 5

초도노인요양원, 한국 6

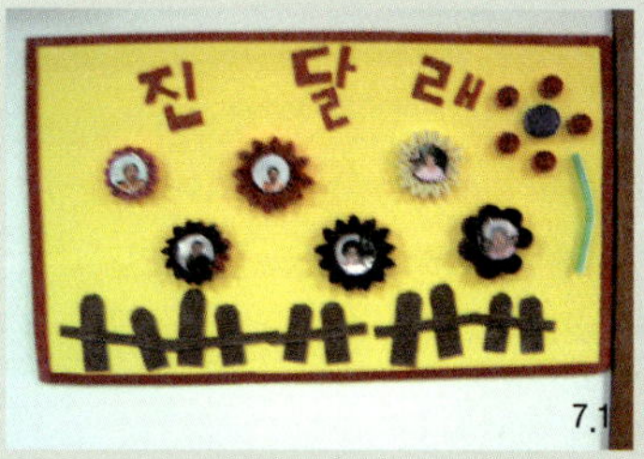

7.1

7.2

늘푸른노인전문요양원, 한국 7

4 거주실 표식으로 문 왼쪽에 꽃사진이 부착되어 있다. 그러나 직원들은 그 효과에 의해 회의적이었으며, 거주노인도 자신의 방을 방번호로 칭하지, 무슨 꽃이 있는 방이라고 말하는 일은 없었다.

5 거주실 문에 방 번호가 적힌 판이 있고, 그 아래에 거주노인의 이름과 각 실 마다 다른 그림을 붙여놓아 노인이 쉽게 식별하도록 했다. 시설운영단체의 성격에 맞는 불교 이미지를 도안화한 동자승, 연꽃 그림 등을 사용하였다.

6 거주실의 위치를 알리는 표식으로 시설적인 느낌이 강하다.

7 거주실 문 옆에 거주실 명칭과 거주노인의 사진이 있는 표식이 설치되어 있으나 크기가 작아서 알아보기가 쉽지 않다. 거주노인들에게는 보다 크고 뚜렷한 표식이 필요하다.

호산노인건강센터, 한국 8

초도노인요양원, 한국 9

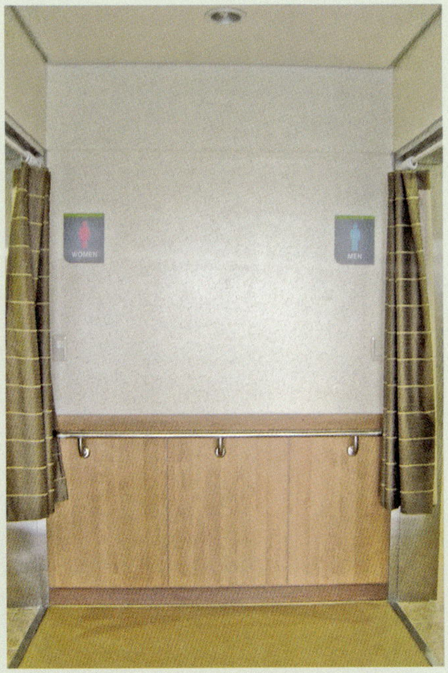

동부노인전문요양센터, 한국 10

11.1 11.2

슈쿠도쿠쿄세엥, 일본 11

8 샤워기 그림과 글씨가 이용된 샤워실 표식으로 글씨가 크고 대비색이 이용되어 식별하기 쉽다.

9 2인 거주실 표식으로 거주실 번호와 거주노인의 이름만을 표식하여 시설적인 분위기를 주고 있다.

10 화장실 표식이 출입구 벽에 그림과 글자로 표시되어 있는데 거주노인의 키높이에 비해 높다. 커튼의 색 또는 패턴을 다르게 하여 남·녀 화장실을 구분한다면 더 효과적일 것이다.

11 남·녀 화장실의 구분을 쉽게 할 수 있도록 바탕색을 대비시켰다(11.1). 일본의 시설은 화장실 표식으로 그림 이외에 일본어로 '토일렛' 이라고 쓰는 예가 많다(11.2). 화장실은 빈번하게 사용하는 곳이며, 거주노인이 잘못 들어갈 수 있는 공간이므로 글과 그림으로 표시하여 길찾기에 도움을 주어야 한다.

Part | Three

3

공간별 건축 · 실내환경 디자인 지침

본 장에서는 노인요양시설의 공간을 외부공간, 거주공간, 치유공간, 운영관리공간, 직원공간, 이동공간의 6가지로 분류하고, 각 공간에 적용되는 건축 · 실내공간계획요소, 실내공간 구성요소, 실내 디자인에 대한 내용을 다루었다. 또 실제 노인요양시설의 구체적인 사례들을 사진으로 제시하고 디자인과 관련된 내용을 설명하였다.

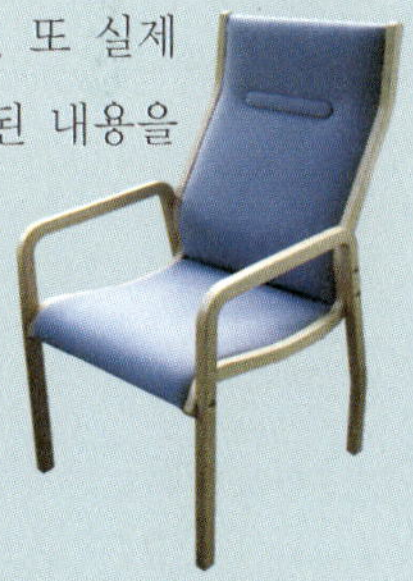

Chapter

07 외부공간

외부공간은 노인요양시설의 옥외공간으로, 주 출입구와 정원을 말한다. 외부공간은 노인요양시설의 외관과 인근 주변과의 관계를 형성하는 요소로서 실내에서 거의 대부분의 시간을 보내는 거주노인들에게 외부활동의 기회를 제공하는 장소로 활용된다.

1. 주 출입구

1 노인요양시설의 주 출입구는 거주노인, 주간보호센터의 프로그램에 참여하는 재택노인, 직원, 주변의 이웃, 거주노인의 가족 등 여러 사람들이 오고가는 곳으로 시설의 이미지를 좌우하는 중요한 요소이다.

개 요

노인요양시설의 주 출입구는 규모에 상관 없이 시설적인 분위기를 풍기지 않도록 디자인 하여야 한다. 주 출입구 내 · 외부는 일반주택의 현관과 같이 밝고 환영하는 분위기를 주도록 하는 것이 좋다. 노인요양시설에서 처음 생활을 시작하는 노인은 오랫동안 살아 왔던 자신의 집을 떠나 새로운 환경에 접하게 되는 것이므로 익숙하지 못한 장소나 분위기에 큰 저항을 갖게 된다. 따라서 주 출입구를 일반주택의 이미지로 디자인하는 것은 아주 중요하며, 이는 거주노인뿐만 아니라 직원, 인근주민, 방문객 모두에게 친숙한 이미지를 제공하게 된다.

주 출입구의 건축공간계획

- 건물의 규모와 마찬가지로 노인요양시설의 첫 인상을 주는 주 출입구와 그 주변은 거주노인에게 중요한 공간이므로 경직된 분위기를 내는 디자인 및 재료를 피하고 부드러우며 아늑하게 계획한다.
- 주 출입구의 포치는 노인들을 외부로 유인하는 수단이 된다. 많은 노인들은 부상 등이 걱정되어 외부로 나가는 것을 꺼리는데, 포치는 외부공간의 경계를 희미하게 함으로써 노인들이 편안히 나갈 수 있도록 돕는다. 포치에 테이블과 의자가 있으면 쉬거나 책을 읽는 데, 또는 특별한 점심식사나 공작 프로젝트를 하는 데 좋은 공간이 된다.
- 주간보호센터나 지역교류센터를 사용하는 사람의 출입구와 거주노인의 주 출입구를 별도로 계획하는 것이 바람직하다.

치매노인을 위한 Tip

- 치매노인용 출입구는 하나로 제한하고 모니터링시스템을 갖추어 접근제한과 출입에 대한 감독이 이루어지도록 한다.

주 출입구의 공간 구성요소

- 주 출입구는 주차공간의 바닥과 단차가 없이 자연스럽게 연결되도록 계획한다. 또 안전을 위하여 눈, 비가 오는 날이나 밤에도 출입하기 편리하도록 캐노피를 설치하며 조명 설비를 갖추어야 한다.
- 주 출입구의 형태 및 외관은 일반주택과 같은 이미지로 계획하는 것이 좋다.

> **치매노인을 위한 Tip**
>
> - 작은 규모의 치매노인시설은 출입구가 거주층과 연결되어 있는 경우가 많아서 거주노인이 출입문을 통해 실외로 나갈 수 있다. 이를 대비하여 출입문은 유리문으로 하여 외부를 관찰할 수 있도록 하며 안전성을 고려하여 단차나 문턱이 없도록 한다.
> - 여닫이문은 내·외부의 색과 문손잡이 위치를 다르게 하여 실내에서는 문이라는 것을 잘 인식하지 못하게 한다. 문의 외부는 외벽과 같은 목재로 안쪽은 벽과 같은 색으로 처리한다. 외부쪽의 문손잡이는 문의 중앙에 두어 쉽게 사용할 수 있게 하고 실내 쪽의 문손잡이는 노인의 키보다 높은 위치에 설치한다.

주 출입구의 디자인요소

- 출입구가 여러 개인 경우, 거주동마다 주 출입구의 외관이나 설치하는 의자, 테이블, 벤치, 파라솔, 화분 등을 다르게 하여 노인 자신이 사는 집을 쉽게 인지할 수 있게 한다.
- 조명은 다운라이트, 팬던트 조명 등을 사용하여 환영하는 느낌의 따뜻한 분위기를 조성한다. 그리고 야간의 안전한 사용을 고려하여 조명계획을 한다.
- 주 출입구에는 알림판, 식물, 의자, 신발장, 그림, 선반, 우편함, 공중전화기, 화분, 우산꽂이, 휠체어 보관장소 등을 마련한다.
- 신발장 앞에는 거동이 불편한 노인이 앉아서 신을 신고 벗을 수 있는 의자나 벤치를 배치한다.

| 주 출입구의 사례 |

동부노인전문요양센터, 한국 1

부다의집, 한국 2

미나미카제, 일본 3

미나미카제, 일본 4

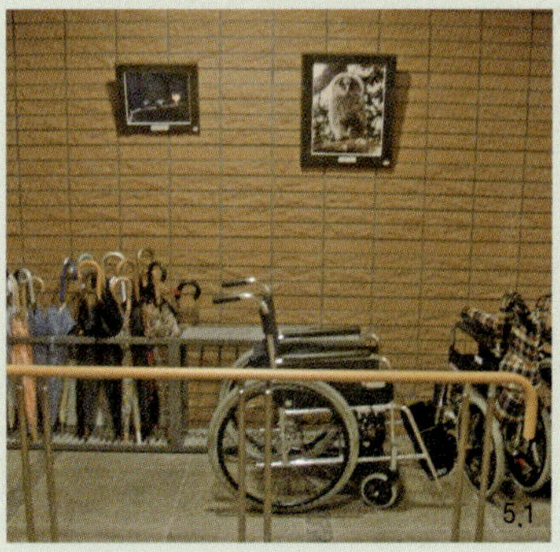

미나미카제, 일본 5

1 거대한 느낌의 캐노피가 있는 주 출입구는 시설적인 느낌이 강하다.

2 남향을 바라보는 주 출입구 주변에 의자를 두어 거주노인들이 햇볕을 쬐며, 다른 노인과 대화를 나누는 공간으로 사용하고 있다.

3 주 출입구에는 야간의 안전한 사용을 고려하여 조명계획을 하여야 한다.

4 직원사무실에서 외부 관찰이 용이하도록 주 출입구의 문 일부를 유리로 하였고, 신발장 앞에는 앉을 수 있는 벤치가 있다.

5 출입구 방풍공간에 우산꽂이, 휠체어 보관장소(5.1)를 두고 화분과 액자, 수납가구 등(5.2)을 두어 편안하고 밝은 분위기이다.

슈쿠토큐쿄세엥, 일본 6

히토에노사토, 일본 7

히토에노사토, 일본 8

히토에노사토, 일본 9

6 부드러운 곡선의 처마, 반복되는 차양 가로부재, 기둥과 바닥패턴 등을 통해 대규모의 요양시설 주 출입구에 리듬감과 경쾌한 분위기를 주고 있다.

7 주 출입구가 외부에 직접 노출되지 않으며 안뜰로 연결되어 동선을 자연스럽게 유도하고 있다. 현관은 두 군데로, 유도블록이 깔려 있는 우측이 거주노인이 사용하는 현관이며 좌측은 방문객이 사용하는 현관이다. 주 출입구의 동선을 따라 천장구조가 있어 눈, 비 등 외부 날씨 변화에도 편리하게 사용할 수 있다.

8 거주노인이 사용하는 현관은 유리창과 유리문을 통해 외부관찰이 용이하다.

9 지역주민, 방문객, 거주노인의 가족이 사용하는 현관 주변에 소규모 정원을 계획하여 인상적이며 부드러운 분위기를 조성하고 있다. 거주노인이 이 출입구를 통해 바깥으로 나가기도 하여 차단장치를 출입문에 설치하고 있다.

사쿠라신미야, 일본 10

알름고덴, 스웨덴 11

12.1 12.2 12.3

토른달스하브, 덴마크 12

10 일반 주택과 유사한 그룹홈 형태의 노인요양시설 주 출입구이다.

11 경사각이 큰 지붕형태를 한 북유럽의 전형적인 출입구로서, 가정적인 분위기를 위해서 지역적 특성을 살려 디자인하였다.

12 앞마당으로 나가는 두 짝의 여닫이문은 안과 바깥의 색을 다르게 하여 안에서는 문이라는 것을 잘 인식 못한다. 그리고 바깥쪽의 레버형 문손잡이(12.1)는 문의 중앙에 위치하여 쉽게 사용할 수 있도록 하고 문 안쪽의 레버형 문손잡이(12.2)는 노인의 키보다 높은 위치에 설치하여 치매노인이 출입문을 잘 인식하지 못하여 열 수도 없다. 출입문 옆은 유리벽이어서 내부에서 외부를 볼 수 있다(12.3).

스트란드막스하븐, 덴마크 13

스트란드막스하븐, 덴마크 14

스트란드막스하븐, 덴마크 15

스트란드막스하븐, 덴마크 16

13 출입구 포치에 비, 바람을 피할 수 있는 지붕이 있고 벤치, 의자, 테이블, 벽부등, 파라솔 등을 두어 휴식공간으로 사용한다. 주 출입구는 거주동마다 조금씩 다른 형태로 되어 있다.

14 주 출입구의 연결통로 겸 방풍공간은 비교적 넓고 천장이 높다. 이곳에는 우편함, 공중전화기, 의자, 안내표식, 그림, 화분 등이 있으며 높은 천장에 여러 개의 펜던트가 설치되어 있다.

15 미세기문에는 단차나 문턱이 전혀 없어 안전하다.

16 신발의 흙을 터는 발판은 바닥에 매입시켜 안전사고를 방지하였다.

2. 정 원

2 노인요양시설 거주하는 노인들은 쉽고 안전하게 외부공간으로 접근할 수 있어야 한다. 외부로 쉽게 나갈 수 있으면 불안감, 좌절감이 줄어들고 걷는 공간이 제공됨으로써 거주노인의 신체적 건강이 좋아진다. 따라서 정원은 거주노인이 편안하고 안전하게 느낄 수 있도록 계획되어야 한다.

개 요

여러 사람이 함께 생활하는 노인요양시설에서 답답하지 않게 지내려면 인간관계의 조정이 필요할 뿐 아니라 피신처의 역할을 하는 옥외환경의 계획이 중요하다. 노인요양시설에서는 대부분의 실내공간을 다른 사람과 함께 사용하도록 되어 있고 개인이 혼자 있을 수 있는 공간을 찾기 어려우므로 외부정원을 제공할 필요가 있다.

거주노인의 활동공간을 내부공간으로 한정할 때에는 공간이 부족하기 쉬우므로 정원을 활용하여 많은 활동들을 외부에서 할 수 있게 한다. 즉, 정원에서는 피크닉이나 바비큐를 할 수 있으며 오락활동, 새나 다람쥐에게 먹이 주기, 공 던지기 등이 가능하다.

정원은 거주노인과 가족뿐 아니라 직원이 점심식사나 휴식 시 이용할 수도 있다.

치매노인을 위한 Tip

- 자연과 옥외는 모든 사람들에게 치유적 특성을 가지고 있다. 자유를 느낄 수 있는 안전한 정원은 치매노인에게 계절, 날씨, 시간을 느끼게 해준다. 모든 치매노인은 바깥에 있다는 것을 즐기고, 실내에서 느끼는 억류감에서 벗어남으로써 편하게 쉴 수 있다. 이런 장소를 만들기가 어렵다면, 치매노인들이 직원과 함께 규칙적으로 근처에 있는 옥외영역을 이용하는 방법도 있다. 이런 경우, 배회통로는 안전성을 해치거나 흥분을 유발하지 않도록 주의 깊게 계획해야 한다.

정원의 공간계획

- 노인요양시설의 정원을 계획할 때에는 안전한 환경, 치유적 환경, 쾌적한 환경, 보조적 환경, 지남력 강화환경, 사회적 환경 등을 고려하도록 한다.
- 노인요양시설의 정원계획은 설계 초기단계에서 실행되어야 한다. 잘 디자인된 정원과 외부공간은 사람, 장소, 프로그램에 강한 영향력을 미친다. 정원에는 큰 그룹의 활동을 위한 공간, 작은 그룹의 사회적 공간, 프라이버시가 확보되는 다양한 공간 등이 포함되도록 한다.
- 정원의 크기는 노인이 길을 잃지 않도록 지나치게 넓지 않아야 한다.
- 정원으로 직접 접근할 수 있다는 것은 노인에게 매우 중요하다. 정원에서는 능동적·수동적 활동이 모두 가능하도록 한다. 안전을 위하여 주 출입구를 제외한 모든 출입구가 정원으로 향하게 했을 때 화재경보가 울리면, 탈출하기 익숙한 공간으로 나가게 될 것이다. 또 응급상황에 대비하여 정원에서 밖으로 직접 나가는 문이 필요하다.
- 정원이 있어도 노인들이 사용하지 않는 이유는 노인, 직원, 가족이 정원이 안전하다고 인식하지 않기 때문이다. 따라서 정원은 실내에서 잘 보이도록 해야 하며, 최대한 안전하게 설계해야 한다.

치매노인을 위한 Tip

- 정원을 계획할 때는 큰 나무의 그림자(사람으로 오해함)가 생기지 않도록 방향을 잘 잡는다. 정원에는 지붕이 있는 곳과 없는 곳을 모두 계획하여 치매노인이 계절이나 날씨에 관계없이 사용하도록 한다. 공용공간을 통해서 정원으로 나갈 수 있게 하고, 정원 주변에 있는 문이나 담이 보이지 않게 계획한다.

정원의 공간 구성요소

- 노인요양시설의 정원에는 적어도 1,800mm 높이의 울타리를 설치하되, 울타리를 위장하여 감옥 같은 느낌이 느껴지지 않도록 하고 거주노인의 관심을 끌지 않도록 디자인 한다. 가로로 놓여지는 요소를 없애서 거주노인이 딛고 올라가지 못하도록 한다.
- 산책길이나 벤치를 따라 화단을 높게 설치하면 거주노인이 원예활동에 쉽게 참여할 수 있다. 300×600mm 크기의 분리된 화단은 노인이 자신의 공간을 가지고 원예를 즐길 수 있도록 해준다. 구부리지 않고 볼 수 있는 높은 화단은 휠체어 사용 노인에게도 꽃이나 식물을 가까이 할 수 있게 해준다.
- 정원의 산책로는 일정하고, 평평하며, 미끄럽지 않고 눈부심이 없게 하여 낙상의 위험을 최소화하도록 한다. 산책로는 휠체어 사용과 지나가는 사람들을 고려하여 넓어야 하며, 양쪽 가장자리는 턱이 없이 자연스럽게 곡선으로 연결하여 걷기 쉽게 한다. 포장된 산책로와 주변 바닥의 색채나 재료가 대조를 이루도록 하면 시각적으로 잘 보여 걷기도 쉬워진다.
- 산책로는 계속 이어져 건물의 출발점으로 돌아오도록 디자인하고, 서로 걸려 넘어지지 않도록 두 명이 나란히 걸을 수 있는 크기로 하며, 편안하게 앉을 수 있는 공간을 마련한다.

정원의 디자인요소

- 산책로에 사용되는 재료는 안전성을 고려하여 선택한다. 노인의 눈은 밝은 빛에 빨리 적응하지 못하므로 산책로에 눈부심이 없도록 밝은 색보다는 중간이나 어두운 색으로 마감한다. 정원에 설치할 야외용 가구도 반사되지 않는 재료로 마감하여 눈부심을 줄인다.
- 정원에 파라솔이 달린 테이블을 두어 강한 직사광선을 피할 수 있도록 한다. 그리고 지붕이 있는 파티오가 있으면 그늘을 제공할 뿐 아니라 비가 오는 날도 노인들이 밖에서 앉아 지낼 수 있다.
- 야간에도 정원을 사용할 수 있으므로 안전을 위해 조명등을 설치한다.
- 정원에는 고정식 또는 이동식 의자와 벤치, 일인용 또는 다인용 의자, 고정식 또는 이동식 테이블, 원두막, 분수, 애완동물 보관소, 원예치료를 위한 높은 꽃밭, 옷보관용 선반을 둔다. 또 관개시스템을 갖추고 개수대와 길 안내판을 설치한다.
- 밝은 색의 가구는 눈에 잘 띄어 시각적 흥미를 유발한다. 그네나 정자는 보기에도 흥미로우며 정원으로 나오도록 유도하는 역할도 한다.

기타 사항

- 노인요양시설의 정원에 안전손잡이를 설치하여 노인들이 편하게 이동할 수 있도록 한다. 안전손잡이는 거주노인들에게 돌아오는 길을 안내하는 역할도 한다.
- 정원의 나무는 가시나 독이 없는 것으로 선택하여 식재한다.
- 정원에서 나는 좋은 향기, 소리, 아름다운 경치는 거주노인에게 과거의 즐거운 기억을 떠올리게 한다. 정원에 향기로운 꽃들을 심어 아름다운 나비와 벌들이 날아오고 새소리가 들리면 새를 관찰하는 동안 거주노인은 생동감을 느끼게 된다.

| 정원의 사례 |

토른달스하브, 덴마크 1

토른달스하브, 덴마크 2

린뎅예룬드보드보엔데, 스웨덴 3

토른달스하브, 덴마크 4

1 거주노인들은 자유롭게 외부공간으로 나가며 거동이 불편한 노인은 직원의 도움을 받아 정원으로 나갈 수 있다. 현관 앞의 안락의자나 정원에 있는 벤치에 나와 쉬거나, 개와 산책하면서 과거에 자신의 집에서의 생활을 계속 유지할 수 있다.

2 낮은 울타리는 시각적 연결뿐 아니라 이웃과의 교류를 촉진한다(2.1). 출입문에는 잠금장치를 두어 치매노인의 외부 출입을 통제하고 있다(2.2).

3 공용거실과 복도에서 정원으로 쉽게 나갈 수 있도록 단차가 없으며, 유도블록이 갖추어져 있다(3.2). 정원에 캐노피, 파라솔이 있어서 비, 눈, 햇빛을 피할 수 있으며, 테이블과 의자를 배치하여 앉아서 쉴 수 있다(3.1).

4 간이부엌에 창이 있어 앞마당(4.1)과 뒤뜰(4.2)을 관찰할 수 있어서 노인을 보호하기 좋다.

토른달스하브, 덴마크 5

동부노인전문요양센터, 한국 6

소피엔보어케어센터, 덴마크 7

동부노인전문요양센터, 한국 8

5 거주실마다 연결되는 마당은 크기는 작지만 낮은 나무로 울타리를 치고 정원용 테이블과 의자를 설치하여 프라이버시가 유지된다.

6 한국적 이미지의 오두막이 있어 정겨운 쉼터가 되며, 텃밭이 있어 화초나 채소를 가꿀 수 있다. 안전손잡이가 설치되어 있으나 철재마감이어서 차가운 느낌이 들며, 정원의 전체적인 분위기와 어울리지 않는다.

7 거주실에서 곧바로 정원으로 나와 산책을 즐기거나 야외에 앉아 휴식을 취할 수 있다(7.1). 정원의 외부 출입문은 통제되며 맞은편에는 연못과 담을 두었다(7.2).

8 안전한 재질의 고무바닥과 나무 벤치가 있다. 정원은 노인요양시설 내부와 시각적으로 연결되어 있어 실내에 조망과 빛을 제공하며 실내외 거주노인, 직원들 간의 사회적 교류도 가능하다.

선라이프히로미네, 일본 10

엔젤헬프호난, 일본 9

엔젤헬프호난, 일본 11

슈쿠토쿠쿄세엥, 일본 12

슈쿠토쿠쿄세엥, 일본 13

9 소규모 그룹홈의 건물 모퉁이에 지역주민이 걸터앉을 수 있는 벤치가 마련되어 있다.

10 거실(10.1)과 거주실 앞 정원(10.2)에 각종 나무를 심어 시설내에서 많은 시간을 보내는 거주자에게 계절감을 느낄 수 있도록 하였다.

11 광장 앞 화단은 인근 유치원생들이 가꾸기도 하며, 노인과 어린이들의 교류도 자연스럽게 이루어지고 있다.

12 주 출입구 옆에는 방문한 사람을 맞이하는 정원이 있다.

13 1층 주간보호시설에는 공간의 연속성을 갖게 하는 데크와 정자로 이루어진 정원이 있다. 데크에 놓인 목재 테이블과 의자는 친밀감을 준다.

Chapter

08 거주공간

거주공간은 노인요양시설에 입주한 노인들의 생활공간으로 거주실과 부속화장실, 공용거실, 공용식당, 간이부엌, 공용화장실, 현관(거주단위의 현관), 로비/라운지, 중정/옥상정원 등으로 구성된다. 이들 공간들은 노인요양시설에서 생활하는 거주 노인들에게 있어서 의미가 크고 중요한 공간이므로 잘 계획하여야 한다.

1. 거주실 · 부속화장실

(1) 거주실

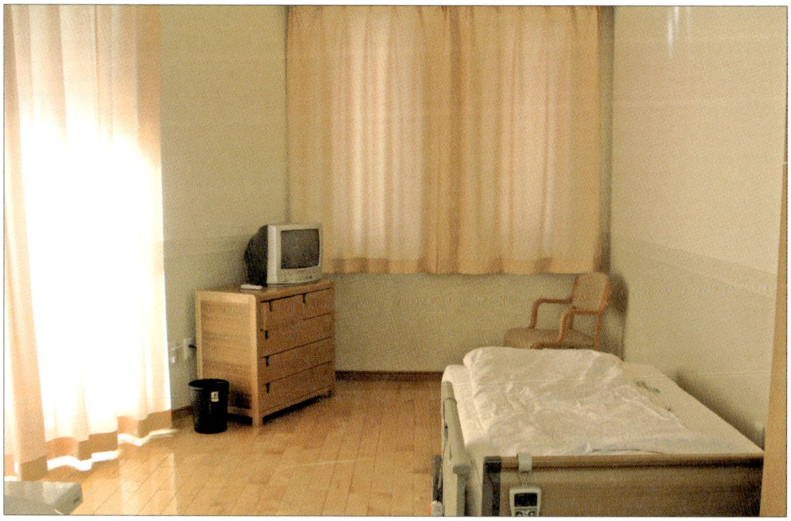

1 노인요양시설 거주노인에게 거주실은 자기 소유의 장소라는 의미를 지니며 취침, 휴식, 식사, 대화 등의 일상생활이 이루어지는 개인적 공간이다. 거주실은 거주노인의 정체성, 프라이버시, 안전성, 개인화, 사회화, 존엄성에 대한 요구를 지원해 줄 수 있어야 하며, 노인의 능력과 요구에 맞도록 융통성 있게 조절할 수 있어야 한다.

개 요

노인요양시설의 거주실은 취침, 휴식, 옷입기와 몸치장, 위생행위, 식사, TV 보기, 취미활동 등의 개인생활뿐 아니라 가족이나 친구와 대화를 나누는 등의 사회생활을 포함하는 일상생활활동이 이루어지는 공간이다. 거주실은 노인요양시설의 여러 공간 중에서 가장 개인적인 공간으로 거주노인에게 의미 있고 중요한 공간이므로 자기 소유의 장소라는 의미를 가질 수 있도록 시설이 아닌 집과 같은 환경이 되도록 디자인해야 한다.

거주실 내에서도 수면, 용변, 몸치장 등의 개인활동은 가장 안전하고 개인적인 영역에서 행해지며 독서, 가족 및 친구와의 교류 등의 활동은 반개인적 영역에서 이루어질 수 있도록 계획한다. 일반 가정에서는 개인활동이 침실에서, 반개인활동이 거실이나 가족실 또는 서재에서 이루어지지만, 노인요양시설에서는 거주실과 공용거실을 일상생활의 연속선상에서 자연스럽게 연결하여 사용하기 어려우므로 거주실에서 개인활동과 반개인활동을 모두 할 수 있도록 하는 것이 중요하다. 거주실이 넓으면 성격이 다른 침실공간과 거실공간을 독립된 공간으로 분리하거나 한 공간 안에 침실영역과 거실영역을 둘 수 있다. 이런 경우에는 마감재, 색채, 가구 등을 이용하여 공간의 성격을 명확하게 규정하여 사회적 상호작용을 방해하지 않도록 한다. 유럽의 노인요양시설에서는 거주실이 침실영역과 거실영역으로 구분되어 있으며, 거실영역의 바닥에 카펫을 깔아 침실영역과 분리하고 있다.

거주실은 거주노인의 능력에 따라서 일상생활을 할 수 있도록 계획하며 거주노인의 요구에 맞도록 융통성 있게 조절할 수 있어야 한다. 이를 위해 공간의 사용뿐 아니라 마감재, 색채, 가구 등을 거주노인이 선택하고 조절할 수 있도록 한다. 개인화된 공간인 거주실에는 거주노인의 개인 소장품과 가구를 설치하여 노인의 삶을 연결하고 추억을 간직할 수 있게 하여 자신의 방으로 인식하게 하고 애착을 갖도록 하는 것이 바람직하다. 거주노인이 가구를 선택하고, 원하는 위치에 가구를 배치하도록 함으로써 거주실에 대한 소유감과 통제감을 증가시킬 수 있다. 거주노인이 좋아하는 커튼과 침대보, 의자, 조명기구, 서랍장, 사진이나 그림을 거주실에 배치하거나 벽에 걸어두면 더욱 친숙하고 기분 좋은 장소가 될 수 있다.

노인요양시설의 거주실 구성형태는 문화와 사회상황에 따라 상당한 차이를 나타내고 있다. 유럽의 경우 거주노인과 가족들은 1인실을 선호하며 실제로 대부분의 시설들이 1인실로 계획되고 있다. 일본의 경우 1인실, 2인실, 4인실로 구성되어 있으나 최근에 계획된 시설들은 거주노인의 개인생활을 존중하고 프라이버시를 보호하며 시설로서의 의미보다는 주거의 의미를 중요시하면서 1인실을 강조하는 경향이다. 우리나라 노인요양시설의 경우 1인실보다는 4인실과 6인실이 차지하는 비율이 매우 높으나, 2008년 노인복지법 개정안의 노인의료복지시설의 시설기준에서는 거주실 정원을 4인 이하로 규정하고 있다. 거주실을 여러 명이 함께 사용할 경우 개인의 요구가 제한되고 침해되는 단점이 있으나, 거주노인의 건강상태, 성향, 사회 · 문화적 배경, 경제적 상황에 따라서 2~3명의 노인이 함께 생활하는 경우가 더 유리할 수도 있다.

치매노인을 위한 Tip

- 치매노인은 밤에 취침시간이 짧아지고 활동시간이 길어지며 육체적 · 정신적으로 항상 깨어 있어 '취침시간' 이라는 것에 반응을 보이지 않는다. 대신에 휴식을 취하기 위해서 낮잠을 자게 된다.
- 치매노인 역시 혼자 지내는 시간을 필요로 하고 다른 사람들에게서 벗어나고자 한다. 치매노인은 거주실에서 다른 사람이 자신을 방해할 경우, 직원이 해결해 주기를 원한다. 치매노인의 안전을 위해서는 직원은 취침이나 휴식을 방해하지 않으면서 치매노인을 24시간 감독할 수 있어야 하며, 밤에 일어나 활동하는 치매노인에게 직원은 주의를 기울여야 한다.

거주실의 건축 · 실내공간계획

- 노인요양시설의 거주실은 다인실보다는 1인실로 계획하여 거주노인 자신의 생활거점을 갖도록 하여 개인활동을 촉진하고 개인의 프라이버시를 보호하도록 한다.
- 노인요양시설의 거주실은 개인적 영역인 침실영역과 반개인적 영역인 거실영역으로 구성되며, 여기에 간이부엌, 식사공간, 부속화장실을 함께 두기도 한다. 1인실인 경우 개인영역과 반개인적 영역이 어느 정도 독립성을 유지할 수 있도록 한다.
- 1인 거주실인 경우 개인영역은 출입문에서 보이지 않도록 하며, 반개인적 영역은 출입문 근처나 거주실과 복도 사이의 공간에 두도록 한다. 복도나 공용거실 등의 공용공간과 개인영역인 거주실 사이의 전이공간으로 포치와 같은 공간을 조성하여 거주

실의 프라이버시를 보호하는 것이 바람직하다.

- 여러 명이 함께 사용하는 다인거주실에는 각 거주노인을 위한 개인공간을 두어 휴식 등의 개인활동과 프라이버시를 유지하면서 다른 거주자와 친밀한 관계를 형성할 수 있도록 한다.
- 다인실에서는 거주노인의 프라이버시를 위해서 침대 사이에 스크린 등을 설치한다.
- 다인실의 경우 침대와 침대 사이에 휠체어 사용공간을 확보해야 하며, 직원이 원활하게 드나들 수 있도록 충분한 통로공간을 두어야 한다.
- 거주실은 직원영역에서 잘 보이도록 배치한다.
- 거주실에 세면대, 가구, 물품을 두어 거주노인의 다양한 행동을 유발하도록 한다.
- 거주실은 거주노인이 혼자 있을 수 있는 공간과 필요한 가구 및 설비를 둘 수 있는 공간을 확보해야 한다. 특히 1인실의 경우 한 곳 이상에 침대를 놓을 수 있고 방문객을 위한 공간을 둘 수 있는 크기여야 한다. 가족이 묵을 수 있는 방이 시설 내에 따로 마련되어 있지 않은 경우에는 간이침대를 둘 공간이 필요하다.
- 1인 거주실에 휠체어, 침대, 사이드 테이블, 서랍장, 의자, 옷장 등을 배치하려면 최소한 3,600×3,600mm(13.0m^2)의 크기이어야 한다. 우리나라 노인요양시설의 거주실 크기는 대체로 2인실의 경우 7.7~8.8m^2/인, 다인실의 경우 3.9~6.5m^2/인이다. 2008년 노인의료복지시설의 시설기준 개정안에서는 거주실 정원을 4인 이하, 거주실 면적을 6.6m^2/인 이상으로 규정하고 있다.
- 거주노인이 전에 사용하던 가구와 침대를 배치하려면 거주실은 26.0~32.5m^{2}정도의 크기가 필요하다.

치매노인을 위한 Tip

- 치매노인은 자신의 거주실보다는 공용거실에서 보내는 시간이 많다. 따라서 치매노인의 거주실은 다른 노인의 거주실보다 작아도 된다. 그러나 이러한 경우 후에 치매노인이 아닌 사람이 사용하기에 불편하게 될 수 있다.
- 거주실이 작은 경우, 가족과 치매노인이 만날 수 있는 공간이 시설 내에 따로 마련되어야 한다.

거주실의 실내공간 구성요소

- 노인요양시설의 거주실 벽면은 그림이나 카드를 손쉽게 걸 수 있도록 계획한다.
- 벽의 마감재는 벽지를 사용하여 집과 같이 부드럽게 만든다. 벽지는 유지관리를 위해서 방염처리된 것을 사용하는 것이 경제적이다.
- 바닥에는 거주노인의 안전을 위하여 탄력성 있는 재료를 사용하고, 날카로운 모서리나 피부 부상 가능성이 없는 마감재를 사용한다.
- 거주노인이 바닥재를 선택할 수 있게 한다. 일본의 경우 다다미와 목재 중에서 거주노인의 취향에 따라 선택할 수 있도록 하고 있다.
- 각 거주실의 출입문은 가능한 한 멀리 떨어져 있도록 해야 거주노인이 자신의 방을 쉽게 알아볼 수 있으며 복도 벽면에 안전손잡이를 설치할 수 있는 공간을 확보할 수 있다.
- 출입문 앞에 여유공간을 두어 거주실의 프라이버시를 유지하면서 문을 열고 공용공간이나 복도의 상황을 둘러볼 수 있도록 한다.
- 출입문에 문패나 친근감 있는 물건, 가구, 메모리 박스 등을 두어 거주노인이 자신의 방임을 알기 쉽게 한다. 메모리 박스의 물건들은 거주노인에게 의미 있는 것들이어야 하며 눈에 띄는 조명, 색상 등으로 계획한다.
- 가능하다면 모든 거주실에 창을 설치한다.
- 2,700mm 높이의 천장과 큰 창문이 있으면 거주실이 넓어 보이며, 자연광도 충분히 유입된다. 창의 최소 크기는 1,800×1,800mm지만 클수록 더 좋다. 창틀 높이는 바닥으로부터 350~610mm로 하여 침대에 누워서 정원을 조망할 수 있게 한다. 이때 창문

은 거주노인이 열 수 있어야 한다. 2009년 의료노인복지시설의 시설기준에 의하면, 창은 거주실 바닥면적의 1/7 이상의 크기이며, 직접 바깥 공기와 접하고 개폐가 가능해야 한다.

- 돌출창은 화분을 올려놓거나 개인 물품을 진열해 놓을 수 있어 좋으나, 깊을 경우 거주노인이 창문까지 손을 뻗기가 어렵고 커튼을 열고 닫기 힘드므로 주의해야 한다.
- 일반 창문에는 화분, 개인물품 등을 진열할 넓은 창턱을 설치한다. 또는 창턱에 선반을 설치하는 것도 좋다.
- 커튼은 거주노인이 선택할 수 있게 한다. 시설 전체의 조화를 이루기 위해서는 색과 패턴이 유사한 것으로 3~4개의 샘플을 제시하고 이 중에서 거주노인이 선택하도록 한다.

치매노인을 위한 Tip

- 거주실의 출입문은 치매노인이 쉽게 찾을 수 있도록 독특하고 명확하게 구별되는 색으로 한다.
- 출입문은 아래 · 위가 분리된 두 짝 여닫이문으로 하여 다른 사람의 출입을 통제하면서 복도 쪽 상황을 볼 수 있도록 하고, 밖에서 거주실이 보여 자신의 방을 쉽게 찾을 수 있게 한다.
- 육체적 · 인지적 능력에 맞는 치매노인의 창을 설치하여 열고 닫을 수 있도록 하되, 안전성을 위해서 약간만 열리는 창을 설치하거나 열리는 정도를 조절할 수 있는 장치를 설치한다.
- 치매노인이 창을 계속 열어두거나 창 밖으로 물건을 던지는 경우, 창을 잠글 수 있어야 한다.
- 치매노인이 창문을 깰 수도 있으므로 안쪽은 폴리카보네이트(polycarbonate), 바깥쪽은 유리를 사용하는 것이 안전하다.
- 치매노인이 갑자기 잡아당기지 않도록 커튼은 부드럽게 여닫을 수 있게 하며, 베네시안 블라인드는 치매노인이 지각하기 어렵기 때문에 사용하지 않는다.

거주실의 실내 디자인요소

- 거주노인이 이전부터 사용하던 개인 가구나 물품을 가져와 자신만의 방을 꾸밀 수 있게 함으로써 개인의 리듬에 맞는 일상생활이나 활동을 가능하게 하고 새로운 환경에 잘 적응할 수 있도록 한다. 이때 직원은 가구가 튼튼하고 안전한지 점검하고 거주노인이 원하는 위치에 놓도록 한다.

- 특별한 추억이 담긴 개인 물품은 개인영역을 만들 뿐 아니라 자신의 방임을 인지시킬 수 있는 단서를 제공한다.
- 거주실은 밝고 선명하며 따뜻한 느낌의 색으로 한다.
- 거주실은 거주노인이 좋아하는 색을 선택하도록 한다. 색의 선택 범위를 다양하게 제시하여 거주노인이 선호하는 색을 고를 수 있도록 한다.
- 문, 문틀, 거주실의 표식에는 벽과 대비되는 색을 사용한다.
- 밤에도 거주실 출입문을 쉽게 알아볼 수 있는 마감재와 색을 선택한다. 벽은 밝은 색, 문은 어두운 색으로 하면 밝기가 대비되어 찾기 쉽다.
- 거주실에 거울을 두어 자신의 모습을 볼 수 있도록 한다. 거주노인이 휠체어를 사용하는 경우 15° 경사진 거울을 설치한다.
- 거주실에 라디오나 TV를 설치할 수 있으나, TV는 노인에게 혼란을 줄 수 있으므로 직원의 감독이 필요하다.
- 침대보는 거주노인이 집에서 사용하던 것을 가져오도록 한다. 그러나 방화 직물이 아닌 경우 방화 처리를 해야 한다.
- 거주실의 의자, 침대 등에 사용되는 직물은 방수, 방화, 방염 처리된 것을 사용한다.
- 거주실에 가구를 배치할 때 침대 위치를 가장 먼저 고려한다.
- 침대는 떨어져도 크게 다치지 않는 낮은 것을 사용하며, 높이를 조절할 수 있는 것이야 한다.
- 직원의 건강과 노인의 독립성 증진을 위하여 전동형 침대를 사용하는 것이 좋다.
- 거주실에는 튼튼한 안락의자와 노인이 양말이나 신 신는 것을 도와주는 직원용 의자가 있어야 한다. 이때 의자를 안전하게 수납할 수 있는 공간이 필요하다.
- 모든 문과 서랍에는 크고 명확하고 쉽게 조작할 수 있는 손잡이를 설치하여 거주노인이 사용하기 쉽게 한다. 수납장은 사용하기 좋은 위치에 설치하며, 수납장의 문은 화장실문과 구별되도록 한다.
- 개인물품을 보관하는 수납장은 간단하고 쉽게 사용할 수 있어야 한다. 서서 또는 앉아

서 사용할 수 있도록 높이 조절이 가능한 선반이나 옷걸이를 사용하고, 잡기 쉬운 막대형 손잡이를 사용한다.

- 옷장문을 열고 닫을 때 자동으로 켜지고 꺼지는 조명을 설치한다.
- 붙박이수납장은 식별력이 떨어지고 시설적 특성을 증가시킬 수 있으므로 주의해야 한다.
- 침대 밑에 제철이 아닌 옷들을 저장할 수 있도록 잠금장치가 있는 수납박스를 둔다.
- 노인들은 스웨터같은 부피 큰 물건들이 필요하므로 수납공간을 충분히 계획한다.
- 옷장 한쪽에는 제철이 아닌 옷이나 여벌의 옷들을 넣어 잠그고, 다른 쪽은 필요에 따라 옷을 선택할 수 있도록 한다. 철망 서랍장은 양말, 속옷 등이 보여서 식별하기 좋다.
- 다인실의 경우, 한 곳에 붙박이장 형태로 설치된 수납장보다 거주노인별로 침대 부근에 수납장을 두면 직원과 거주노인이 편리하게 사용할 수 있다.
- 수납장은 직원이 침대에서 노인을 돌볼 때 쉽게 손이 닿을 수 있는 위치와 높이에 설치해야 하며, 휠체어를 탄 거주노인의 동작 범위도 함께 고려해야 한다.
- 휠체어와 보행보조기의 수납공간은 거주실 내, 거주실 출입문, 또는 거주단위의 한 곳에 둔다. 이때 보행보조기는 휠체어보다 높이가 높고 종류가 다양하다는 것을 고려해야 한다.
- 개인 소지품이나 친숙한 귀중품을 진열할 수 있는 선반이나 진열박스를 설치한다.
- 거주실에 의자와 작은 테이블을 두어 앉을 수 있는 공간을 마련하고 친구나 가족이 방문할 때 사용할 수 있도록 한다.
- 작은 사진은 알아보기 어려우므로 확대하여 액자에 넣는다.

치매노인을 위한 Tip

- 치매가 진행될수록 색의 인지 능력이 저하되므로 문과 벽의 색을 대비시켜 알아보기 쉽게 한다.
- 치매노인은 침대보, 바닥, 가구에 무늬가 있거나 표면이 번들거리면 구별하기 어렵다.
- 치매노인의 안전과 직원들의 노인 돌보기에 지장이 없도록 야간조명을 설치한다.

- 거주실에는 밝기를 조절할 수 있는 조명등을 설치한다.
- 조명은 거주노인의 침대에서 조절이 가능해야 하며, 탁자와 의자 옆에는 별도의 조명기구를 설치한다. 이동이 가능한 조명기구를 벽에 부착하여 침대의 위치를 바꿀 때 옮길 수 있게 한다.
- 천장등은 노인에게 충분한 빛을 제공하지 못하므로 침대 옆이나 테이블에 보조등을 두어 밝기도 조절하고 분위기를 내도록 한다. 천장이 2700mm라면, 간접조명이 더 효과적이다.

기타 사항

- 거주실을 2인 이상이 사용하는 경우, 개인별 수납이 가능하도록 의류 및 개인 소지품을 위한 수납공간을 분리한다. 개인 소지품은 구별하기 쉽게 하여 다른 사람의 소지품을 뒤지는 일이 없도록 한다.
- 감염 방지를 위해서 거주실의 문손잡이는 몸으로 밀어서 열 수 있는 레버식이 바람직하다. 직원이 노인의 피부 처치나 기저귀 교환 후 오염된 장갑으로 손잡이를 만져서는 안 되며, 손잡이를 만지지 않으려고 문을 닫지 않아서 노인 프라이버시를 침해하는 일도 없어야 한다.
- 거주실에 비상연락장치나 움직임 감지장치를 설치하는 것이 좋으나 이러한 장치들로 인해 거주실이 시설처럼 보이지 않도록 주의한다.

치매노인을 위한 Tip

- 침대에 내장된 압력감지장치, 침대 옆의 적외선 모니터를 통해서 치매노인이 침대에서 떨어지거나 밤에 배회하고 있는가를 살피도록 한다.
- 치매노인은 자신의 사진에 반응하는데, 직원은 노인이 어떤 사진에 잘 반응하는지 판단하여(개인적으로 중요하게 여기는 약혼, 결혼, 생일 사진) 이러한 사진들을 잘 보이는 곳에 두어 방향에 대한 단서를 제공한다.
- 치매노인에 따라 자기 사진은 인식하지 못하지만 자신의 집, 애완동물, 물건을 인식할 수도 있으므로 가족과 상의하여 적절한 대상을 찾도록 한다. 미술치료시간에 자신이 만든 것을 활용할 수도 있다.

- 스위치와 콘센트는 한 군데에 설치하는 것보다 벽 아래쪽 또는 문 위쪽 등 다양한 위치에 설치하는 것이 편리하다. 외부로 노출되고 손이 닿기 쉬운 곳에 있는 콘센트는 안전덮개를 설치한다.
- 거주실의 표식은 거주노인이 잘 볼 수 있는 위치에 부착하며, 휠체어를 사용하는 거주노인이 있을 경우 바닥에서 1,000~1,120mm 높이에 부착한다.
- 거주실에 개별 온도조절장치를 설치하는 것이 바람직하다. 이러한 장치는 방 외부에 설치하거나 판으로 가리는 것이 좋다.
- 배수용 관과 양변기는 방음재를 이용하여 소음을 줄인다.

| 거주실의 사례 |

엔젤헬프호난, 일본 1

케마키라쿠엔 그룹홈, 일본 2

미나미카제, 일본 3

히토에노사토, 일본 4

1 일본 전통의 다다미방인 거주실로, 침대는 원하는 경우에만 시설에서 제공한다. 전통적인 생활을 기본으로 하고 있어 거주실 부속화장실이 없으며 거주노인은 복도에 있는 공용화장실과 세면대를 사용한다. 거주실에는 전통 붙박이장과 낮은 수납장, 이전에 사용하던 가구, 장식품이 있다. 거주실별로 개별 냉방이 가능하나 바닥 난방이 되지 않기 때문에 전기장판을 사용하기도 한다.

2 거주노인이 침대를 원하는 경우에는 바닥재를 목재로 하고 침대를 시설에서 제공한다. 거주실에는 붙박이장과 세면대가 있으며, 화장실은 없다. 이전부터 사용하던 가구와 물품들을 가져와서 거주노인과 가족이 자유롭게 배치하였다.

3 거주노인이 사용하던 가구로 거주실을 꾸몄다. 특히 벽면에 목재걸이를 설치하여 거주노인이 취미활동으로 만든 작품들을 장식하였다.

4 거주실은 취침영역과(4.1) 가족의 방문과 숙박을 고려하여 취침공간과 별도의 다다미방을 계획하였다(4.2). 다다미방을 복도측에 배치하고 장지창을 두어 직원이 복도에서 거주노인의 기척을 느낄 수 있으나 프라이버시는 침해하지 않는다.

카에데 & 메이플리프, 일본 5

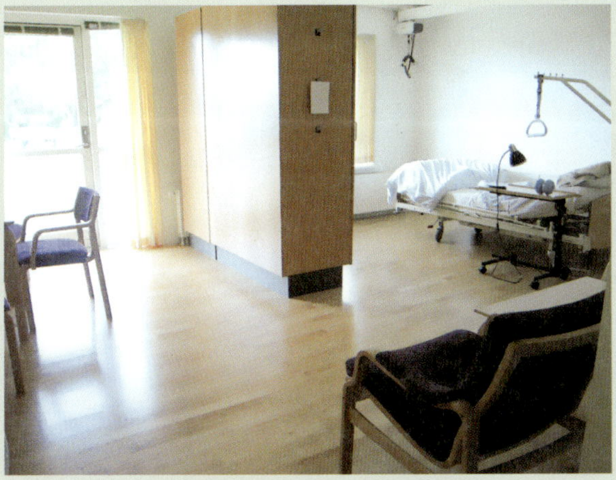

소피에룬드케어센터, 덴마크 6

하피네스아다치, 일본 7

5 거주실 앞에 전실공간을 두어 개인영역을 확보하면서 개방적인 느낌을 준다. 전실공간은 툇마루로 되어 있고 신을 벗고 올라가며 신발장도 있다(5.1). 일본 전통주택의 형태로 되어 있어 각 거주실이 작은 주택이 되도록 하였다(5.2).

6 거주실 중앙의 붙박이장은 거주실을 취침공간과 거실공간으로 분리하고 있다. 천장에 리프트가 설치되어 있어 와상상태의 거주노인인 경우 욕실까지 이동이 용이하다. 그러나 리프트가 욕실 안까지 연결되지 않아 다소 불편하다.

7 직사각형의 거주실은 한쪽 벽면 전체를 창으로 하여 통풍이 잘 된다. 거주실은 노인이 사용하던 가구와 물품들을 놓고 작은 거실로 꾸몄는데 1인실이므로 자신의 집처럼 연출할 수 있다. 각 거주실에는 화장실과 세면대가 설치되어 있고 침대와 옷장이 시설에서 제공된다.

히토에노사토, 일본 8

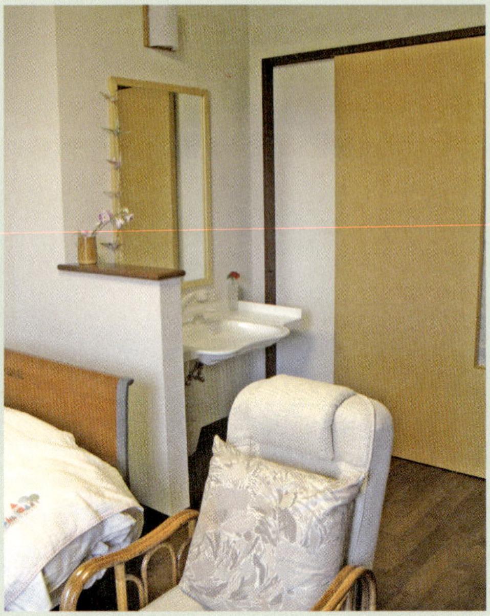

히토에노사토, 일본 9

린뎅에쿤드보드보앤테, 스웨덴 10

8 미세기문 옆에 작은 여닫이문을 두어 침대나 가구 등 부피가 큰 물건을 옮길 때 여닫이문을 열어 출입문 폭을 넓힐 수 있다. 특히, 작은 여닫이문에 우편물투입구를 두어 거주실로 직접 신문이나 우편물을 배달하고 있다.

9 출입문 옆에 유선형으로 된 세면대가 있고 아래공간이 비어 있어 휠체어를 사용하는 경우에도 편리하다. 뜨거운 물이 나오지 않도록 수전에는 온도조절장치가 설치되어 있다. 취침공간과 세면대 사이에 낮은 칸막이벽이 설치되어 있다.

10 거주실에 취침공간, 거실공간, 간이부엌이 있다. 침대를 제외하고 의자, 테이블, 소파, 수납장, 조명등, 그림, 이불 등은 거주노인이 사용하던 것들이며 거주노인과 가족이 가구를 배치하고 커튼과 러그 등을 선택하므로 거주실마다 다른 분위기를 연출하고 있다(10.1). 출입문 가까이의 전이공간은 침대나 휠체어가 지나갈 수 있을 만큼 넓으며, 보행보조기나 휠체어를 보관할 수 있는 여유공간으로 이용된다. 간이부엌 상부 수납장은 높낮이를 조절할 수 있다. 출입문은 목재 여닫이문이며, 문의 테두리를 붉은 색으로 강조하였고, 레버식 손잡이가 설치되어 있다(10.2).

스트란드센트넷, 덴마크 11

12.1

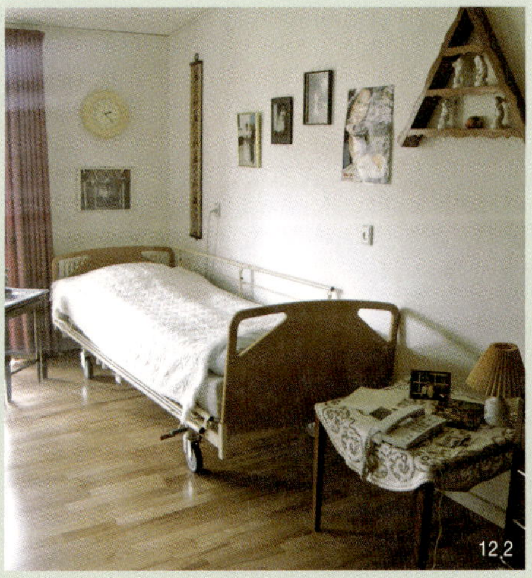

12.2

12.3

소피에보어케어센터, 덴마크 12

11 출입문에 초인종, 거주노인의 이름이 있는 명패, 호수, 브라켓이 설치되어 있다. 흰색, 출입문을 둘러싸고 있는 벽면은 짙은 청색으로 되어 있어 색상과 명암대비가 뚜렷하여 출입문을 쉽게 인지할 수 있다.

12 침대를 제외한 모든 가구와 물품들은 거주노인이 집에서 사용하던 것이기 때문에 가정적인 분위기이다. 가구는 거주자마다 약간의 차이는 있지만 소파, 의자, 간이책상, 장식장, 텔레비전, 사이드 테이블 등이 있으며, 피아노를 배치한 거주자실도 있다(12.1, 12.2). 장식품은 가족사진, 그림, 자수, 텍스타일이 큰 비중을 차지하고 있다(12.3). 자연 채광을 최대한 활용하기 위해 창을 크게 하였고, 빛의 양을 조절하고 보온효과를 위하여 두꺼운 커튼을 설치했다. 조명은 전체조명 없이 다양한 국부조명으로 원룸 안에서 심리적 구획을 이루는 요소로 활용되고 있다.

(2) 거주실 부속화장실

2 화장실은 인간의 중요한 일상생활공간이다. 노인의 자존심과 존엄성은 화장실을 자율적으로 사용할 수 있는지의 여부에 따라 영향을 받는다. 따라서 거주실 부속화장실은 노인이 독립적으로 사용할 수 있고 집과 같은 친숙한 형태로 계획해야 한다. 노인의 프라이버시를 침해하거나 사용방법을 모호하게 하는 화장실 디자인은 피해야 한다.

개 요

혼자서 용변을 본다는 것은 인간의 존엄성을 지키는 기본적인 자기통제 능력이 있다는 것을 의미한다. 화장실을 사용할 때 타인의 도움을 받는 노인은 무기력해지고 수치심을 느끼게 된다. 따라서 거주노인이 가능한 한 오랫동안 독립적으로 용변을 볼 수 있도록 건축·실내환경을 지원해야 한다.

화장실을 거주실에 부속시키면 다른 사람의 도움 없이도 독립적으로 사용할 가능성이 높아진다. 거주실에 부속시킬 수 없는 경우, 화장실은 거주실과 아주 인접한 곳에 설치한다. 화장실을 노인의 거주공간과 인접시키면 노인문제의 하나인 요실금을 줄일 수 있다.

거주노인이 화장실 안에 갇히지 않도록 화장실문에 잠금장치를 설치하지 않는 것이 좋으나, 프라이버시를 침해할 수 있으므로 잠금장치를 설치하되 위급시에는 밖에서 열 수 있도록 한다. 휠체어 사용노인을 위해서 양변기를 조금 높게 설치하여 혼자서 양변기에 옮겨 앉을 수 있게 한다.

거주실 부속화장실은 직원이 노인과 함께 들어가거나, 전동 휠체어가 이동할 수 있도록 충분히 넓어야 한다.

치매노인을 위한 Tip

- 치매의 중간단계에서 나타나는 자기보호 기능은 친숙한 자신의 집에서 시설로 이동할 경우 상실되는 속도가 빨라진다. 치매노인은 요양시설에서 각 공간의 위치와 일상생활을 배우기 어려우며, 혼자서 용변을 볼 수 있더라도 화장실을 찾지 못해 실수할 수 있다. 치매가 진행될수록 옷을 벗고 닦고, 다시 옷을 입은 후 기구를 조작하는 활동을 연결해서 할 수가 없으며 의사소통의 장애로 적절한 도움을 요칭할 수도 없나.
- 화장실 사용으로 인해 발생되는 스트레스는 치매노인에게 치명적인 반응을 일으킬 수 있으며, 양변기가 여러 개 있는 경우 특히 혼란스러워 하고 양변기나 소변기를 식별하지 못하는 경우도 있다. 또 양변기의 물을 식수로 알고 마시는 경우가 있으므로 지속적인 관찰이 요구된다. 화장실문의 자동닫힘 장치가 지나치게 빠르면 치매노인은 사용하기 어렵다.

거주실 부속화장실의 건축 · 실내공간계획

- 거주실 부속화장실은 찾기 쉽고, 가기 쉬운 위치에 계획하여 거주노인이 쉽게 사용할 수 있도록 한다.
- 거주실 부속화장실에는 양변기와 세면대를 설치한다.
- 양변기를 2개 이상 설치하는 경우, 칸막이와 조명등을 설치하여 프라이버시를 확보하도록 한다.
- 세면대는 거주실마다 설치해야 하지만 경제성을 고려하여 2실당 1개의 세면대를 계획할 수 있다.
- 거주실 부속화장실에는 채광과 환기를 위한 창문을 내도록 한다.
- 중풍인 경우, 좌편 마비인지 우편 마비인지에 따라서 화장실문의 손잡이 위치가 달라야 하므로 왼쪽 또는 오른쪽에 설치할 수 있는 것을 선택한다.
- 우리나라 노인요양시설과 같이 다인 거주실인 경우에는 부속화장실 하나에 세면대, 양변기, 샤워기를 모두 설치하는 유형(W/T/S형)보다는 세면대와 양변기를 한 공간에

설치하고 샤워기는 없는 유형(W/T형) 양변기와 샤워기를 한 공간에 설치하고 세면대를 다른 공간에 설치하는 유형(W/T-S형)이 더 적합하다. 다인 거주실의 부속화장실은 2인 이상이 동시에 사용할 수 있도록 내부를 2~3개 영역으로 분리시켜 프라이버시를 유지하게 한다.

치매노인을 위한 Tip

- 치매노인은 새로운 설비의 사용법을 잘 이해하지 못하므로 화장실 설비는 가정적이며 노인에게 친숙한 것으로 선택한다.
- 치매노인은 거울에 비친 자신의 모습을 보면 혼란스러워하므로 거울에 스크린을 설치하여 가릴 수 있도록 한다.
- 치매노인은 화장실을 잘 인지하지 못하므로 동선을 줄이고, 화장실까지 이어지는 선을 벽면 눈높이에 그리도록 한다.

거주실 부속화장실의 실내공간 구성요소

- 거주실 부속화장실의 스위치와 콘센트는 적정 높이에 설치하며, 조작판이 넓은 램프스위치와 안전덮개가 있는 콘센트를 선택한다.
- 거주실 부속화장실의 벽과 바닥은 거주노인이 쉽게 구별할 수 있도록 양변기와 대비되는 색상으로 선택한다.
- 화장실 바닥에 타일처럼 단단한 마감재를 사용하면 소리를 반사하여 시끄러우므로 소리를 흡수하고, 넘어졌을 때 부상이 적으며, 관리가 용이한 패드가 들어간 비닐깔개를 사용한다.
- 화장실 바닥은 배수가 잘 되도록 하며, 배수구는 노인들이 작은 물건을 넣지 못하도록 아주 작게 한다.
- 화장실문은 밖으로 열리는 여닫이문으로 하여 노인이 쓰러졌을 때 구조하기 쉽게 한다. 미세기문은 유효폭을 확보하고 작동이 쉬우며 세면대와 변기를 배치하기 쉬우나, 힘이 약한 노인의 경우 열기가 힘들 수도 있다.

- 화장실문은 850mm 이상의 유효폭을 확보한다. 유효폭을 확보하기 어려운 경우 두 짝 미세기문 대신에 세 짝 미세기문을 설치한다. 화장실 내부에 1,500mm 지름의 휠체어 회전공간을 확보하도록 한다. 일부 전동 휠체어는 더 넓은 공간이 필요하다.
- 인접공간과의 단차를 제거하며 단차가 있는 경우 15mm 이하로 한다.
- 화장실 내부는 단차가 없어야 하며, 바닥면 기울기는 1/30 이하로 한다.
- 화장실문의 문턱은 제거하거나 문턱이 필요한 경우 바닥에 매입시킨다.
- 화장실문의 색상은 거주노인이 인지하기 쉽도록 다른 문과 차별화시킨다. 시설에 있는 모든 화장실문은 같은 색상으로 한다.

> **치매노인을 위한 Tip**
>
> - 치매노인의 경우 거주실 부속화장실에 샤워기가 함께 있는 W/T/S형이 더 편리하다. 또 침대에서 변기가 직접 보이면 시각적 암시효과가 있어서 요실금이나 대소변을 실수하는 비율을 줄일 수 있다.
> - 거주실 부속화장실의 문은 출입문이나 옷장문과 구별되는 색으로 한다. 접이문과 미세기문은 치매노인들이 사용하기 어려우므로 일반 문을 사용하되 쉽게 열 수 있어야 한다.

거주실 부속화장실의 실내 디자인요소

세면대

- 거주실 부속화장실의 세면대는 상단높이가 바닥에서 650~850mm 이하, 하단 높이가 650mm 이상이 되도록 설치한다.
- 세면대 하부에 여유공간을 두어 휠체어에 앉아서 이용할 수 있도록 한다.
- 세면대 하부의 급수관은 단열재로 피복하거나 덮개로 씌워 화상을 방지하도록 한다.
- 세면대 위에 수납장을 설치하고, 세면대에 물품을 놓을 수 있는 공간을 확보한다.
- 휠체어 사용노인을 고려하여 세면대 상부의 거울은 15° 경사지게 부착하거나, 전신거울을 설치한다.

- 세면대 양 옆에 안전손잡이를 설치하여 다리가 약한 노인들이 사용할 수 있게 한다.
- 세면 볼을 세면대 상판과 대비되는 색상으로 하여 시각장애가 있는 노인들이 인지하기 쉽게 한다.
- 세면대의 수전은 온도조절장치가 달린 레버형 손잡이로 하거나, 센서형 수전으로 하여 관절염이 있거나 쥐는 힘이 약한 노인도 사용하기 쉽게 한다.
- 수건걸이는 안전손잡이 대신 사용되기도 하므로, 노인의 안전을 위해서 안전손잡이 기준에 맞게 설치한다. 수건걸이는 미끄럽지 않고 쉽게 잡을 수 있는 부드러운 질감이 좋다.

양변기

- 양변기는 가정적인 분위기를 지닌 디자인으로 선택한다. 벽 부착식 양변기는 바닥을 청소하기는 편리하나 시설적인 느낌을 준다.
- 양변기 좌판의 높이는 400~450mm로 한다. 키가 작아서 앉았을 때 발이 바닥에 닿지 않는 경우 380mm 높이로 하거나, 보조발판을 사용한다. 양변기는 중심에서 벽까지 450mm 떨어지도록 설치한다. 휠체어 사용노인의 경우, 양변기 중심에서 벽까지 900mm 떨어지도록 설치하여 직원이 도울 수 있는 공간을 제공한다.
- 양변기는 거주노인이 쉽게 인지할 수 있도록 바닥이나 벽과 대비되는 색상으로 한다.
- 양변기 커버는 벽이나 바닥과 대비되는 밝은 색상으로 한다.
- 안전하게 용변을 볼 수 있도록 양변기 주변에 안전손잡이를 설치한다. 안전손잡이는 직경 32~38mm의 원형이나 타원형으로 하며, 벽에서 50mm정도 떨어지도록 설치한다.
- 안전손잡이는 노인 혼자 또는 직원의 도움을 받으며 화장실을 이용할 때 노인들이 사용할 수 있다. 안전손잡이를 적절히 설치하면 안전사고를 방지할 수 있다. 안전손잡이는 양변기의 어느 쪽이든 설치할 수 있다. L자형 안전손잡이는 변기 중심선에서 450mm 떨어진 위치에, 바닥에서 700mm 높이, 750mm 길이로 하며, 수직 길이는 800mm로 설치한다.
- 양변기의 색상은 노인의 기억을 자극할 수 있어 좋으며, 양변기의 앉는 부분을 천으로 된 덮개를 씌우면 차고 매끄러운 양변기의 불쾌감을 줄여줄 수 있다.

- 양변기의 세정장치는 쉽게 찾을 수 있는 형태로 선택한다.
- 비상연락장치는 양변기에 앉아서 손이 닿기 쉬운 위치에, 바닥으로부터 800mm 높이에 설치한다.
- 휴지걸이는 양변기에 앉아서 쉽게 사용할 수 있는 적절한 높이에 설치한다. 그리고 노인의 용변을 도와주는 직원이 쉽게 사용할 수 있도록 양변기에서 떨어진 높은 위치에 설치하기도 하며, 최근에는 안전손잡이와 휴지걸이를 일체형으로 디자인하기도 한다.
- 양변기 가까이에 더러워진 옷이나 기저귀 버릴 용기를 비치한다.

샤워실

- 샤워용 의자는 이동식 또는 벤치식 의자가 사용하지 않을 때 접어놓는 벽 부착식 의자보다 직원이 샤워를 돕기에 편하다.
- 샤워기는 높이 조절이 가능하고 탈부착이 쉬우며 손으로 잡을 수 있는 것이 편리하다.
- 샤워기 걸이는 바닥으로부터 1,000~1,900mm, 벽 모서리에서 350mm 떨어진 곳에 설치한다.
- 샤워실은 배수가 될 수 있도록 바닥에 경사를 둔다.
- 샤워기와 욕조 중 어느 쪽이 노인에게 더 나은지는 아직 판명되지 않은 상태이므로 두 가지를 모두 구비하는 것이 좋다. 샤워실은 직원이 도울 수 있도록 최소 900×1,100mm의 크기를 확보해야 하며, 욕조는 적어도 두 면에서 접근이 가능해야 한다.
- 샤워기 주변에는 수평 안전손잡이와 함께, 샤워실 바깥쪽 모서리에 600mm 길이의 수직 안전손잡이가 설치해야 한다. 수평 안전손잡이는 바닥으로부터 900mm 높이에 설치한다. 안전손잡이는 인지하기 쉽도록 벽과 대비되는 색상을 사용한다.
- 샤워기를 부적절하게 사용하는 것을 막기 위해서 별도로 물을 잠그는 밸브를 설치할 수 있다.
- 샤워실에는 천장매입등을 설치하며, 밤에 화장실 사용 후 다시 잠들기 쉽도록 노란색이나 빨간색 야간등이 필요하다. 불필요한 소음을 없애기 위해서 조명등과 환기팬의 스위치는 별도로 한다.

치매노인을 위한 Tip

- 치매노인이 어두운 화장실에서 방향을 잃고 실수하지 않도록 화장실문을 열면 자동으로 불이 켜지는 조명을 설치한다. 조명기구는 눈부심을 방지할 수 있도록 광원이 직접 눈에 들어오지 않는 습기에 강한 것을 선택하며, 세면대 거울 상부 벽면에 부착한다.

기타 사항

- 거주실 부속화장실에는 수납공간이 많이 필요하다. 거주노인의 개인 소유물과 직원용 물품 이외에도 타월, 화장지, 처치물품들을 보관할 수 있도록 잠금장치가 있는 서랍이나 수납장을 설치한다.
- 비누, 빗, 수건, 칫솔은 찾기 쉽고 잘 보이는 곳에 두어 노인이 독립적으로 사용하도록 한다. 화장실을 공동으로 사용하더라도 거주노인은 각자의 수납장이 있어야 한다. 항상 접근이 가능해야 하지만, 다른 사람이 '빌리는' 것을 막기 위해 잠금장치가 필요할 수도 있다.
- 욕실의 난방은 바닥건조가 동시에 해결되는 바닥난방을 한다. 바닥난방이 안 되는 경우 라디에이터를 설치하는데 벽 부착용 난방기구를 설치해도 좋다.

| 거주실 부속화장실의 사례 |

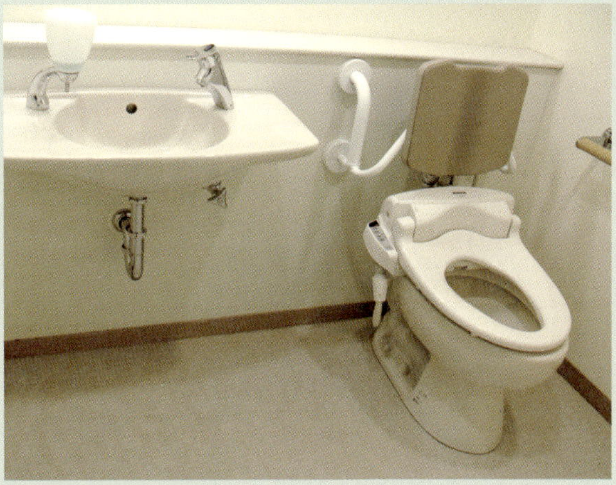

슈쿠토쿠쿄세엥, 일본 1

히토에노사토, 일본 2

선라이프히로미네, 일본 3

케마키라쿠엔, 일본 4

1 양변기에 등받이가 있어서 오랫동안 용변을 보는 노인에게 편안하며, 세면대가 넓고 벽에 선반이 있어 물건을 올려놓거나 힘이 없는 노인이 팔을 얹어놓을 수 있다. 하지만 세면대 하부에 급수관이 노출되어 있어서 안전하지 못하다.

2 거주실 부속화장실이 침대에서 가깝고 잘 보이므로 배뇨를 원할 때 쉽게 사용할 수 있다.

3 수납공간이 충분하며 블라인드로 가릴 수 있어서 정돈되어 보이는 거주실 부속화장실이다.

4 거주실 부속화장실의 양변기 왼쪽에 샤워기가 들어 있는 수납공간이 있다. 샤워기가 있으면 노인이 배뇨실수를 한 경우에 화장실 안에서 처리할 수 있어서 거주실에 냄새가 나지 않는다.

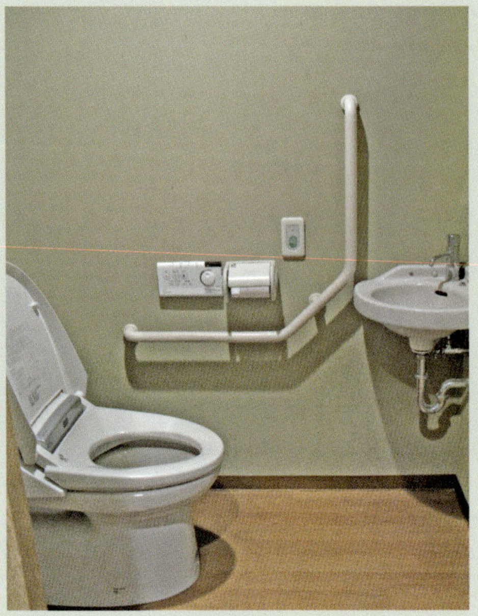

사쿠라신미야, 일본 5

사쿠라신미야, 일본 6

사쿠라신미야, 일본 7

5 거주실 부속화장실에 양변기, 세면대, 안전손잡이, 비상연락장치가 갖추어져 있으나 세면대 하부에 급수관이 노출되어 있어서 안전하지 못하다.

6 거주실 입구에 세면대와 양변기를 서로 마주보게 배치하였다. 세면대를 화장실 외부에 설치하면 일상생활을 할 때도 쉽게 사용할 수 있어 편리하다.

7 거주실 부속화장실과 인접한 곳에 설치한 세면대로 하부의 급수관에 안전덮개를 설치하여 화상에 의한 사고를 방지할 수 있다.

2. 공용거실

3 공용거실은 소규모로 여러 곳에 배치하여 거주노인이 편안하게 휴식하거나 다른 사람과의 만남을 가질 수 있도록 한다. 편한 자세라도 오랫동안 유지하기란 어려워 자신도 모르게 자세를 바꾸게 된다. 따라서 공용거실은 다양한 자세를 취할 수 있도록 충분한 공간을 확보해야 하며, 의자나 소파뿐 아니라 바닥에도 앉을 수 있도록 배려해야 한다.

개 요

노인요양시설의 공용거실은 규모를 작게 하여 거주노인이 자신의 집 거실에서 편안하게 휴식을 취하거나 사람들을 만나는 것과 같은 분위기로 계획하여 거실에서 일어나는 활동에 자연스럽게 참여하고 거주노인 또는 직원과의 사회적 관계를 촉진할 수 있도록 한다. 이때 다른 사람과의 접촉 정도는 거주노인이 조절할 수 있도록 한다.

공용거실에 의자를 양쪽 벽을 따라서 배치시키면 시설 같은 느낌을 주며, 거실에서의 활동이나 사람들과의 사회적 접촉에 도움이 되지 않는다. 따라서 공용거실은 일반 가정과 같은 소규모로 계획하는 것이 바람직하다. 공용거실에 특정 활동영역이 함께 있는 경우 활동영역을 일반 거실영역과 구별하도록 한다. 이렇게 영역을 분리하면 프라이버시와 수동적 참여라는 노인의 욕구를 만족시킬 수 있다. 공용거실에는 카펫, 천, 벽지 등 일반주택용 마감재를 사용하여 가정같은 분위기를 조성하도록 한다.

공용거실에는 여러 노인들이 모일 수 있는 큰 공간뿐 아니라 혼자 또는 친분이 있는 몇몇의 노인들을 위한 작은 공간을 함께 제공한다. 작은 공간은 알코브로 계획할 수 있는데, 알코브는 노인의 소집단활동을 강화하여 휴식을 위한 기회를 제공하고 수동적인 참여를 유도하는 데 효과적이다. 알코브는 다른 공간과 어느 정도 분리시키고 거실에서의 활동과 주변을 볼 수 있는 위치가 좋다. 알코브가 아니더라도 안정감을 느낄 수 있고 영역 구별이 분명한 공간이면 된다. 칸막이를 설치하거나 다른 색상의 카펫을 사용하여 영역을 구별 할 수 있다. 알코브는 개방감을 느낄 수 있도록 옥외공간이 보이는 곳이 바람직하다.

공용거실은 다양한 자세를 취할 수 있는 환경으로 조성한다. 가정에서는 휴식을 취할 때 발을 쭉 펴서 앉거나 머리나 등을 쿠션이나 베개에 기대거나 의자 또는 소파에 편한 자세로 앉아있기도 한다. 한 자세로 오랫동안 앉아있기란 어려우며 공용거실에는 다양한 자세를 취할 수 있는 공간을 충분히 확보해야 하며 의자, 소파 이외에 바닥에도 앉을 수 있도록 계획한다.

치매노인을 위한 Tip

- 치매노인의 능력을 유지하고 훈련시키기 위해서 적절한 수준의 자극과 적합한 도전이 필요하다. 알코브는 지나치게 많은 자극들을 어느 정도 조절할 수 있으며 소집단의 사람들과 만나거나 조용히 혼자서 휴식할 수 있어서 치매노인에게 자율성, 프라이버시, 통제감을 제공한다.
- 통로와 거실을 알코브에 인접시켜 배치하면, 알코브가 치매노인의 길찾기를 위한 단서 역할을 할 수 있다. 치매노인이 공용거실에서 이루어지는 활동들을 관찰하고 적절한 수준의 자극을 얻기 위해서 거실은 통로에 인접한 공간이어야 한다.

공용거실의 건축 · 실내공간계획

- 공용거실은 거주노인이나 직원이 사용하기 충분하게 넓어야 하며, 직원의 관찰이 언제든지 가능해야 한다.
- 미국의 경우 노인요양시설의 공용거실 최소면적은 1인당 0.9~1.4m^2, 권장면적은 1인당 1.9~3.3m^{2}이다. 일본의 경우, 사용인원을 고려하여 적정한 규모를 산정하는데 어느 정도 규모를 가지는 공용거실의 경우 1인당 1.6m^2, 알코브 형태의 소규모 거실(담

화실)의 경우 1인당 $0.7m^2$이다. 우리나라에서는 일본 및 미국의 규정을 기준으로 1인당 $1.3m^2$ 이상을 제안하기도 한다.

- 공용거실은 거주단위의 중심에 두고, 그 주변에 다른 공간을 배치하는 것이 바람직하다.
- 공용거실은 거주노인이 활동에 참여하도록 유도하면서, 혼자 있거나 활동에 참여한 다른 사람을 바라볼 수 있도록 공간을 구성한다. 여러 명이 모여 있는 것은 모임 자체가 가지는 의미 외에도 멀리 떨어져 그 모임을 바라보는 등 타인과의 다양한 위치관계를 형성시켜 준다.
- 다양한 성격으로 계획된 공용거실들을 거주단위 내에 분산 배치하여 노인의 건강상태, 타인과의 관계성, 개인의 생활배경, 시시각각 변하는 상황 등에 따라 선택할 수 있게 한다.
- 소규모 공용거실을 분산 배치하는 경우, 각 공용거실은 마감재, 가구, 조명, 색상 등에서 분위기를 다르게 하여 공간과 위치를 쉽게 이해할 수 있도록 한다.
- 직원이 항상 바라볼 수 있는 위치에 공용거실을 배치한다. 공용거실과 직원스테이션을 인접시키면 직원의 관찰이 가능하다는 장점이 있으나, 거주노인들이 직원스테이션을 중심으로 모여 통행에 지장을 줄 수 있다.
- 공용거실은 직원과 거주노인 모두 서로의 위치를 시선으로 확인할 수 있도록 계획하되, 직접관찰은 노인의 자존심을 손상시킬 수 있으므로 주의해야 한다.
- 공용거실은 거주실과 접근성이 좋게 배치한다.
- 공용거실은 친숙하고 익숙한 환경이 되도록 가구를 배치한다. 가정적인 분위기의 친숙한 환경에서 거주노인은 다른 사람들과의 관계를 활발하게 형성하고 차분함과 안정감을 느낀다.
- TV룸이나 음악치료실을 제외한 공용거실에는 문을 달지 않는다.
- TV 시청을 위한 방은 별도로 마련하고, TV를 공용거실에 두지 않도록 한다.
- TV나 DVD를 시청하는 일이 잦은 공간에서는 여러 개의 콘센트를 설치한다.
- 의자는 다양하게 배치하여 혼자 또는 여러 명이 함께 앉을 수 있도록 한다.
- 프로그램에 따라 거실, 가족실, TV실 같은 비형식적인 공간을 둔다.

- 공용거실에서 독서, 퍼즐과 같은 취미생활을 할 수 있도록 한다.
- 거주단위의 초입 부분에 공용거실을 계획하고 식사, 휴식, 담화 등의 목적으로 사용할 수 있도록 소파, TV, 간이부엌, 식탁 등의 설비를 갖추도록 한다.
- 소파는 TV 방향으로 일자형으로 배치하는 것보다 마주보거나 ㄷ자 형태로 배치하여 사회적 교류를 증진시키도록 한다.

> 치매노인을 위한 Tip
>
> - 공용거실 주변으로 치매노인이 배회할 수 있는 통로를 계획하여 직원이나 동료 노인과의 사회적 접촉을 유도하여 치매노인 스스로 배회를 멈추도록 한다.
> - 치매노인의 경우 한 그룹의 크기는 4~6명이 적절하다. 12명 이상은 치매노인에게 자극이 너무 크고 혼란과 흥분을 가져오기 쉽다.

공용거실의 실내공간 구성요소

- 공용거실은 집에서의 경험과 같은 의미를 줄 수 있도록 공간을 구성한다. 외국의 경우 벽난로는 사람들을 자연스럽게 모이게 하는 요소이다. 공용거실에 벽난로를 설치하면 정서적이고 따뜻한 분위기를 연출하며 거주노인들이 모여서 차를 마시고 대화하는 포근한 공간이 된다.
- 공용거실의 소음을 줄이기 위해 벽의 일부를 태피스트리(tapestry)로 마감할 수 있다. 이때 태피스트리는 방화 처리되어야 한다.
- 시각적으로 완전히 개방된 공용거실을 분리, 차단하기 위해서 접이식 칸막이 벽을 이용하거나 칸막이 아래쪽은 불투명한 재료를, 위쪽은 유리를 사용하는 방법이 있다. 이때 유리에 블라인드를 설치하여 필요에 따라 사용하면 편리하다.
- 공용거실의 바닥은 소음을 줄이기 위해서 카펫이 가장 좋으나, 목재나 합성수지재를 사용하기도 한다.
- 천장은 흡음성 있는 텍스판(acoustic tiles)을 사용한다.

공용거실의 실내 디자인요소

- 공용거실의 디자인은 공용공간이라는 특성을 고려하여야 한다.
- 거주노인의 시력 저하를 감안하여 대비색상을 이용한 색채계획으로 기능적, 미적으로 수준 높은 디자인을 한다.
- 공용거실의 가구는 사회적 상호작용을 증진시키는 형태를 선택하여 배치한다.
- 의자 덮개는 비닐 코팅이 된 직물을 사용하는 것이 관리하기도 쉽고 집같은 분위기를 낼 수 있다.
- 의자와 테이블은 몇 개의 그룹으로 나누어 배치하고, 테이블 위에 램프나 꽃병 등을 두어 집과 같은 분위기를 조성한다.
- 공용거실에 거주노인이 사용하던 가구를 배치하면 편안하게 느껴지지만 공용공간이므로 개인의 정체성을 나타내어 영역성의 문제가 생길 수 있으므로 신중히 고려한다.
- 거주노인의 사진들, 집에서 사용하던 장식품, 노인이 만든 미술작품 등을 활용하여 공용거실을 흥미 있고 즐겁게 연출한다.
- 의자나 소파는 등을 잘 지지해 주어야 하며, 좌판은 너무 넓지 않아야 한다. 또한 일어나기 쉽도록 팔걸이가 있어야 하며, 앉았을 때 편안해야 한다.
- 가구는 안전사고에 대비하여 단순하고, 모서리가 둥글게 처리된 것을 선택한다.
- 다른 사람과 자연스럽게 만날 수 있도록 가구의 배치는 둥글거나 마주보는 형태로 하며 상황에 따라 배치를 바꿀 수 있도록 한다.
- 개방형 수납공간, 서랍장, 커튼, 기타 활동에 필요한 도구를 담는 바구니, 사계절을 나타내는 그림, 행사를 알리는 포스터를 두기도 한다.
- 조명은 직접조명을 피하고 부드러운 간접조명을 선택한다.

| 공용거실의 사례 |

소피엔보어케어센터, 덴마크 1

소피예룬드케어센터, 덴마크 2

토른달스하브, 덴마크 3

1 공용거실 겸 식당의 중앙에 여러 명의 식사 및 다양한 공동활동을 할 수 있는 8~10인용 식탁이 놓여 있고(1.1), 정원이 보이는 창쪽에는 소파와 티테이블, 의자, 쿠션, 인형 등을 배치하여 편안한 분위기를 연출하고 있다(1.2, 1.3).

2 공용거실 겸 식당의 중앙에 아일랜드형 간이부엌을 두어 공용거실과 식당을 분리하였으며 상부수납장과 싱크대 사이의 뚫린 공간을 통해 시각적으로 연결시켰다. 넓은 창들로 채광이 좋으며 목재 가구를 사용하여 집과 같은 편안한 분위기를 조성하고 있다.

3 그룹홈의 공용거실 겸 식당은 거주단위마다 가구의 종류와 배치, 색채계획, 장식 등을 달리 하여 거주노인이 공간에 대한 인지를 하기 쉽다.

4.1

4.2

토른달스하브, 덴마크 4

5.1

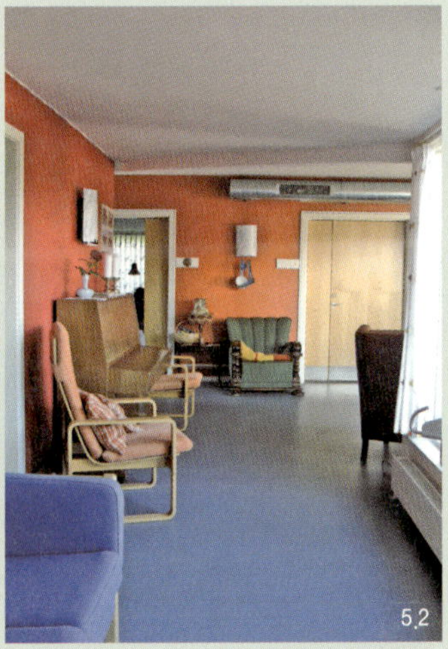

5.2

토른달스하브, 덴마크 5

린뎅예룬드보드보엔데, 스웨덴 6

4 공용거실 겸 식당에 큰 창이 있어 채광과 조망이 좋고 중정을 볼 수 있다. 강아지 바구니, 그림, 벽 장식품 등에 따뜻하고 가정적인 분위기를 느낄 수 있다.

5 다양한 형태와 크기의 의자들을 알코브(5.1)는 물론 공용거실의 여러 곳에 분산배치(5.2)하여 거주노인이 어디서든지 쉽게 앉을 수 있다.

6 수납가구, 냉장고, 직원코너 등으로 거실공간과 식당공간이 분리되어 있다. 천장은 높은 편이나 경사지붕이고, 다양한 형태의 의자, 스탠드 등을 설치하여 가정적인 분위기이다. 식물과 그림액자로 시각적 자극을 풍부히 하고 있으며, 치매 치유에 효과적인 직물 인형을 군데군데 두었다.

케마키라쿠엔, 일본 7

카에데 & 메이플리프, 일본 8

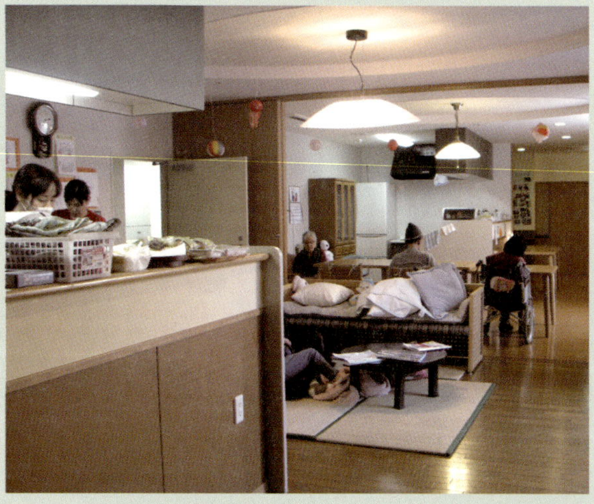

슈쿠토쿠쿄세엥, 일본 9

스트란드센트렛, 덴마크 10

7 공용거실을 여러 곳에 분산시켰다. 복도를 따라 알코브를 곳곳에 만들어 각기 다른 테이블과 의자를 두었으며, 여러 명이 거실처럼 이용할 수 있도록 벤치, 의자, 테이블을 배치하기도 하였다.

8 공용거실이 중정에 면하고 있어 계절의 변화를 느낄 수 있으며, 자연채광이 좋다. 의자나 소파를 여러 곳에 두어 다양한 공간을 만들고 벽난로를 설치하여 따뜻하고 편안한 거실을 연출하였다.

9 공용거실이 가구 등에 의해 적절히 분할되어 중정에 면한 골목길과 같은 분위기이다. 2인용 테이블 5개를 거주단위의 특성에 따라 자유자재로 배치할 수 있다. 좌식생활에 익숙한 노인을 위해 다다미를 바닥에 깔아놓았다.

10 복도 한쪽의 알코브에 화사한 느낌의 의자와 테이블을 두어 앉을 수 있는 공간을 마련하였다.

11.1

11.2

카에데 & 메이플리프, 일본 11

12.1

12.2

스트란드센트렛, 덴마크 12

케마키라쿠엔, 일본 13

11 생활의 계속성이라는 관점을 배려하여 2개의 거주단위 중 하나는 서양식으로, 다른 하나는 일본식으로 공용거실을 만들었다(11.1). 복도 곳곳에 의자, 소파와 테이블, 다다미 공간(11.2)을 배치하여 소규모 공용거실인 담화코너를 마련하였다.

12 복도에 면한 알코브에 모양, 색상이 다양한 의자들을 두어 공간에 활기를 부여하고 있다.

13 소규모의 공용거실 공간을 곳곳에 두고 테이블, 의자, 벤치 등을 적절히 배치하여 거주노인이 휴식하거나 다른 사람과 대화를 나눌 수 있도록 하였다. 특히 목재 격자벽을 설치하여 각 공용거실의 영역성을 형성하면서 시선이나 소리는 느낄 수 있는 개방감을 부여하였다.

3. 공용식당 · 간이부엌

(1) 공용식당

4 식사는 일상생활의 중심을 차지하는 중요한 행위이며, 타인과의 대화의 계기를 만들 수 있는 사회적 활동이다. 다른 노인들과 자연스럽게 이야기를 나누며 활기차고 기분 좋게 식사하도록 공용식당을 디자인해야 한다. 즐거운 식사는 노인들의 사회적 교류 증진뿐 아니라 재활치유의 효과도 있다.

개 요

식사는 영양공급을 위한 활동일 뿐 아니라 사회적 활동이기도 하다. 일생동안 형성된 식사 습관을 유지함으로써 과거와 연속될 수 있고 노인의 생활에서 중요한 요소인 추억의 범위를 넓힐 수 있다. 소규모의 식사공간은 친숙함을 높여 주고 가정적인 분위기를 만들어 준다. 규모를 작게 하고 다양한 단서들을 제공하며, 식사 일정을 융통성 있게 함으로써 집과 같은 분위기를 조성하도록 한다. 공용식당을 여러 영역으로 분리하여 시설적인 특성을 감소시킬 수 있다. 낮은 칸막이나 화분으로 영역을 분리할 수 있으며, 프라이버시를 보장할 수 있다.

과거에는 노인요양시설의 거주노인 40~60명이 한 공간에서 식사를 하였지만, 최근에는 간이부엌을 갖춘 소규모의 공용식당에서 가정식 음식이 제공되는 추세이다. 2~6명이 앉는 식탁은 집과 같은 느낌을 주며, 거주노인에게는 편안함을, 직원에게는 쉽게 관리할 수 있는 편리함을 준다. 또 소규모의 공용식당은 융통성 있는 일정, 자율, 자극의 통제가 가능하다. 예를 들어, 소규모 식당에서는 융통성 있게 시간을 선택해서 식사할 수 있다.

작은 목재 식탁, 커튼, 가정에서 쓰던 가구나 장식물을 사용하여 공용식당을 가정적인 분위기로 조성한다. 시각뿐만 아니라 촉각, 후각을 이용하여 가정적인 분위기를 더해 줄 수 있다. 즉, 간이부엌에서 요리하는 냄새가 나면 식욕을 자극하여 거주노인이 식당에 오고 싶어진다.

치매노인을 위한 Tip

- 치매가 진행됨에 따라 몸무게가 줄어들게 되므로 예전의 식사 형태를 계속 유지하는 것이 중요하다. 치매노인에게 식사는 혼란스럽고 좌절을 주는 경험이 되기도 하는데, 그 이유는 식당에 사람들이 많고, 음악이나 TV, 다른 사람들의 활동이 보이는 창문 등 주의를 산만하게 하는 것들이 많기 때문이다. 이러한 자극들을 조절하여 치매노인이 식사에 집중하도록 해주어야 한다. 벽에 음식 그림을 걸어 식욕을 돋우고, 음악이나 TV를 끄며, 접촉해야 하는 사람의 수를 줄이고, 창에 커튼을 쳐서 주의를 산만하게 하는 요소를 줄인다. 공용식당을 다른 활동공간으로 사용하는 경우에는 식탁보를 씌워서 식사시간을 알리도록 한다.

공용식당의 건축 · 실내공간계획

- 노인요양시설 공용식당의 크기는 최소한 1인당 1.4㎡이며, 1인당 2.3~3.3㎡가 바람직하다. 휠체어나 노인용 의자를 사용하는 경우에는 1인당 2.3~2.8㎡가 필요하다.
- 큰 규모의 식당보다는 15~20인의 노인이 사용할 수 있는 소규모의 공용식당을 여러 개 만들도록 한다. 공용식당을 8~10인용으로 만들어 직원의 회의실, 오락활동실로 사용할 수 있다.
- 거주단위 내에 공용식당을 두면 거주노인 개개인의 식사속도에 맞게 먹을 수 있으며 식사준비나 설거지 등에도 자연스럽게 거주노인들이 참여할 수 있다.
- 큰 규모의 공용식당인 경우, 소음을 조절하고 시각적인 프라이버시와 친밀한 식사 경험을 갖도록 4~6인용의 식사영역으로 분할한다.
- 공용식당에 간이부엌을 설치하여 배식과 간식, 요리 프로그램에 사용하며 음식 냄새

로 노인의 식욕을 자극하도록 한다.

- 다목적공간으로 대규모의 공용식당을 계획하는 것이 바람직하다고 생각되지만 실제로는 이용빈도가 적다는 사실을 고려하여 계획해야 한다.

공용식당의 실내공간 구성요소

- 대부분의 노인은 2~6인이 함께 식사하는 것에 익숙하므로 공용식당에 적합한 크기의 식탁을 배치하여 적절한 자극을 유지하면서 편안하게 식사할 수 있도록 한다. 원탁보다 4각, 6각, 8각 등 직선 면이 있는 식탁이 영역을 명확하게 해주어 노인이 편하게 느낀다.
- 휠체어를 사용하는 노인을 위해 식탁의 간격을 충분히 확보한다.
- 규모가 큰 공용식당은 직물, 칸막이, 식물 등을 이용하여 작은 공간으로 영역을 분리한다.
- 공용식당의 소음을 감소시키기 위해 벽에는 퀼트나 장식용 직물, 태피스트리를 사용하며, 천장에는 텍스판을 사용한다.

공용식당의 실내 디자인요소

- 공용식당의 의자는 거주노인이 식탁에 충분히 가까이 앉을 수 있도록 팔걸이 부분이 식탁 아래로 들어가는 것으로 선택한다.
- 식탁과 의자의 높이는 거주노인의 신체치수를 고려하여 결정한다.
- 의자의 좌판은 일어나기 쉽고 앉아 있는 동안 안정감이 있도록 발이 바닥에 닿는 높이로 한다.
- 휠체어 사용을 고려하여 식탁의 높이는 조절이 가능한 것을 사용한다.

치매노인을 위한 Tip

- 치매노인은 사물의 식별이 어려우므로, 식탁보나 플레이스 매트는 무늬가 없는 것으로 하여 음식과 혼동하지 않게 한다.

기타 사항

- 공용식당을 일반 가정의 식당과 같은 분위기로 만들면 노인이 인지하기 쉽다.
- 공용식당이 공용거실의 일부인 경우, 시각적인 차단이 필요하고 음향적으로도 분리되어야 한다.
- 공용식당이 활동실과 함께 사용할 경우, 식사시간에는 식당의 특징이 나타나게 하는 것이 도움이 된다. 밝은 플레이스 매트나 식탁보를 까는 것이 좋은 예이다.
- 공용식당이 다른 공용공간에서 잘 보이지 않는 경우, 글자와 그래픽이 결합된 형태의 분명한 안내표식이 필요하다.

| 공용식당의 사례 |

1.1

1.2

비스앵아, 스웨덴 1

2.1

2.2

카에데 & 메이플리프, 일본 2

1 목재 식탁과 의자, 천으로 만든 조명 갓, 백열전구, 갈색의 바닥 타일 등으로 친환경적인 분위기인 공용식당이다(1.1). 부엌이 식당과 인접하여 뷔페 테이블의 음식을 보충하기가 쉬우며(1.2), 식당에서 외부 정원을 감상할 수 있다.

2 2개 거주단위의 공용식당이 서로 다르게 구성되어 있다. 서양식 거주단위의 공용식당은 간이부엌과 공용거실이 명확하게 구분되어 있으며, 테라스에서도 식사할 수 있다(2.1). 일본식 거주단위의 공용식당은 간이부엌과 공용거실이 한 공간에 있으며 테이블과 의자 이외에 작은 다다미방이 있다(2.2).

린뎅예룬드보드보엔데, 스웨덴 3

사쿠라신미야, 일본 4

비스앵아, 스웨덴 5

알름고덴, 스웨덴 6

3 공용식당은 다양한 소그룹으로 식사할 수 있도록 식탁과 의자가 배치되어 있으며 식탁보, 냅킨, 수납장 등의 색상이 명랑하고 밝은 분위기를 조성한다. 식탁과 의자는 목재이며, 모서리는 둥글게 처리되어 안전하다(3.2). 바퀴달린 의자는 이동이 쉬우며, 고정가능하고 방향전환이 용이하다(3.1).

4 공용식당은 거주단위 중앙에 위치하고, 간이부엌, 다다미방, 세면대가 설치되어 있다. 공용식당과 복도 사이에 미세기문을 설치하여 영역이 구분되지만, 큰 창을 두어 개방적이다. 거주노인에게 익숙한 일본 전통 다다미방이 있어, 앉아서 차를 마시거나 낮잠을 잘 수 있다.

5 공용거실 겸 식당은 각 거주실에서 쉽게 모일 수 있는 위치에 있으며 중정으로 직접 나갈 수 있도록 되어 있다. 간이부엌과의 사이에는 접이문이 있어 공간을 분리할 수도 있고 두 공간을 하나처럼 사용할 수도 있다.

6 공용식당은 대형식당과 소형 식당으로 나뉘어져 있으며, 대형 식당에는 6각형, 4각형 식탁과 8인용 식탁 2개가 배치되어 있다.

선라이프히로미네, 일본 7

히토에노사토, 일본 8

선라이프히로미네, 일본 9

케마키라쿠엔, 일본 10

7 10명이 가족처럼 즐겁게 이야기하면서 식사할 수 있는 식탁을 중심으로 왼쪽에 다다미실, 오른쪽에 아일랜드형 간이부엌이 있다. 공용식당은 거실로도 사용된다.

8 공용식당의 식탁을 소규모로 분산 배치하여 마음에 맞는 거주노인끼리 식사할 수 있도록 하였다. 그릇이나 찻잔 등은 노인이 이전에 사용하던 것이어서 사용하여 거주노인의 개별성을 최대한 존중하고 있다.

9 공용식당 가까이의 복도에 세면대가 있어 식사 전에 손쉽게 이용할 수 있다. 세면대는 휠체어 사용노인을 고려하여 유선형이며, 세면대 하부의 배수관이 구석 쪽에 설치되어 무릎공간을 확보하였다.

10 공용식당과 공용거실 사이에 목재 격자벽을 설치하여 영역성을 확보하되, 시선이나 소리를 느낄 수 있어 개방감이 있다.

(2) 간이부엌

5 노인요양시설의 간이부엌은 음식을 준비하는 장소 이상의 의미를 가진다. 간이부엌은 치유효과가 있는 활동, 친숙한 가사일, 즐거운 가정 분위기, 사회화, 추억 회상 등의 경험을 제공한다.

개 요

노인요양시설의 간이부엌은 노인활동의 중심이 될 수 있다. 거주노인은 간이부엌에서 직원과 함께 식사준비를 하거나 음료와 간식을 준비하고, 설거지 등의 친숙한 가사작업을 할 수 있다. 채소 씻기, 식탁 차리기, 행주 접기, 과자 굽기, 음식 만들기 등 간이부엌에서 이루어지는 많은 활동은 집단활동의 중심이 될 수 있다.

최근 들어 부엌이 생활의 중심으로 인식되면서 간이부엌을 공용식당에 설치하여 친숙하고 편안한 집의 분위기를 조성하며, 노인들이 자유롭게 부엌에서의 활동에 참여하도록 하고 있다. 공용식당이나 공용거실, 거주실, 복도 등에 있는 거주노인들을 쉽게 관찰할 수 있도록 간이부엌을 공용공간의 중앙부나 출입이 잦은 곳에 계획한다.

간이부엌은 음식을 눈으로 보거나 음식냄새를 맡을 수 있어 거주노인이 부엌에서의 활동에 참여하도록 한다. 간이부엌이 공용공간에 위치하면 직원은 거주노인이 정해진 시간에 식사하기를 원하는지, 개인 리듬에 맞추어 식사할 것인지를 잘 알 수 있다. 간이부엌은

2개의 거주단위에서 공유할 수 있으며, 직원공간을 간이부엌 내에 두기도 한다.

거주노인에게 간이부엌을 개방할 경우 안전에 대한 문제를 고려해야 한다. 간이부엌에는 위험한 물품들이 있기 때문에 직원들은 간이부엌을 폐쇄하거나 시설 내에 두지 않는 것이 낫다고 생각한다. 그러나 간이부엌은 친숙하고 가정적인 환경에서 할 수 있는 의미 있는 경험을 제공하는 공간이므로 설치할 필요가 있다. 직원이 없는 경우, 거주노인이 간이부엌을 사용하지 못하도록 하기보다는 잠금장치가 있는 수납장에 위험한 기구와 설비들을 넣어두고 물을 마실 수 있도록 개방하는 것이 바람직하다.

치매노인을 위한 Tip

- 간이부엌은 치매노인에게 위험한 설비와 도구들이 있기 때문에 안전성 확보가 중요하다.
- 간이부엌은 치매노인에게 친숙하고, 치유효과가 있는 많은 경험들이 이루어지는 곳이다. 이러한 경험을 통해서 치매노인은 자율감, 독립감, 자부심을 가질 수 있다.

간이부엌의 건축 · 실내공간계획

- 간이부엌은 직원이 거주노인을 관찰할 수 있는 장소이므로 직원과 거주노인 사이에 자연스러운 교류가 이루어지도록 계획한다.
- 아일랜드형 간이부엌은 거주노인을 관찰하기에 훌륭한 장소이다. 직원은 이곳에서 자신의 업무를 처리할 수 있으며, 공용식당이나 공용거실에 있는 거주노인들의 활동들을 관찰할 수 있고, 공용거실과 공용식당으로 쉽게 이동할 수 있다.
- 직원실 가까이에 소규모의 간이부엌을 두거나, 복도의 알코브에 있는 공용거실에 간이부엌을 설치하는 것이 바람직하다.
- 거주노인이 간단한 조리나 식사준비에 참여할 수 있도록 간이부엌은 접근이 쉬운 장소에 계획한다.

간이부엌의 실내공간 구성요소

- 간이부엌의 작업대 상부에는 타일을 사용하는 것이 좋다. 이때 타일 위쪽에 물로 닦을 수 있는 벽지를 사용하면 집같은 분위기를 조성할 수 있다.
- 간이부엌의 바닥재는 청소하기 쉬워야 하며, 젖었을 때 미끄럽지 않아야 한다.
- 간이부엌의 바닥에는 단색인 마감재를 사용하여 바닥에 떨어진 조리도구들이 잘 보이도록 한다.
- 직원과 거주노인들이 손을 씻을 수 있도록 세면대를 간이부엌 내 또는 인접한 곳에 둔다.
- 간이부엌이나 그 주변에 직원이 기록하거나 전화할 수 있는 직원공간을 계획한다.

간이부엌의 실내 디자인요소

- 간이부엌의 작업대 높이는 노인의 신장을 고려하여 일반 작업대 높이보다 50~80mm 낮게 한다.
- 휠체어 이용 노인을 고려하여 작업대의 높이를 정한다.
- 간이부엌 작업대의 모서리는 둥글게 처리한다.
- 간이부엌에 테이블이 있으면 작업면적을 넓힐 수 있어서 좋다.
- 간이부엌의 수납장은 작업대 아래 또는 벽에 부착된 형태가 바람직하다.
- 상부수납장은 거주노인이 사용하기 어렵고 잘 보이지 않아 접시를 떨어뜨릴 위험이 있으므로 주의한다.
- 거주노인이 설거지에 참여할 경우를 대비하여 개수대 2개를 설치한다. 거주노인과 직원이 함께 사용할 수 있는 개수대는 아일랜드 작업대에, 직원만 사용하는 개수대는 벽쪽 작업대에 설치한다.
- 개수대 높이는 팔꿈치의 동작이 자유롭도록 840~860mm 정도로 한다.
- 개수대에 길이가 조절되는 수전을 사용하지 않도록 한다. 이유는 거주노인들이 창문이나 바닥 등을 청소할 수 있기 때문이다.
- 거주노인이 직원과 가까이 지내고 싶을 때 사용할 수 있는 테이블을 간이부엌에 배치한다.

- 약품, 서류 등 직원이 사용하는 물품을 보관하는 수납장에는 잠금장치를 설치하되, 눈에 띄지 않도록 한다.
- 식기세척기는 작업대 아래에 설치하는 것이 좋다.
- 사고방지를 위해서 손이 닿는 범위 내에 얕은 선반들을 설치한다.
- 간이부엌에 사용하는 조명은 조도가 높은 것을 설치한다.

기타 사항

- 간이부엌을 직원이 항상 감독할 수 없을 경우, 가스레인지 등 위험한 기구에는 타이머나 전원 스위치를 설치한다.
- 가정용 주방 가전제품들을 설치하여 집과 같은 분위기를 조성한다.
- 안전을 위하여 간이부엌에 있는 가전제품과 콘센트를 중앙에서 끄고 켤 수 있도록 중앙 스위치를 설치한다.
- 바닥 배수구는 눈에 띄지 않도록 설치한다.

| 간이부엌의 사례 |

비스앵아, 스웨덴 1

토른달스하브, 덴마크 2

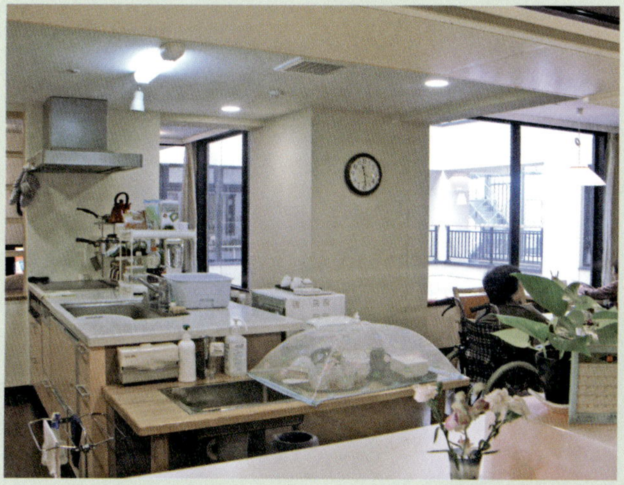

히토에노사토, 일본 3

엔젤헬프호난, 일본 4

1 간이부엌이 공용거실 겸 식당에 위치하며, 접이문이 있어 공간을 분리할 수도 있고 한 공간으로 사용할 수 있다. 간이부엌이 아일랜드형이어서 거주노인과 직원이 자연스럽게 만날 수 있으며, 아일랜드 앞의 테이블은 서빙용으로 이용하며 음식을 데울 수 있는 레인지가 설치되어 있다.

2 간이부엌에서 공용거실, 공용식당, 복도, 거주실에 있는 노인을 관찰할 수 있으며, 문 옆에 있어 직원의 출입은 쉽고 거주노인의 출입은 통제할 수 있다. 간이부엌에 있는 직원과 공용거실에 있는 노인이 쉽게 교류할 수 있다. 직원용 게시판과 수납장이 간이부엌에 있으나 시설같은 분위기는 아니다. 개수대 위의 창을 통해 옥외공간을 관찰할 수 있다.

3 간이부엌을 중심으로 공용거실과 공용식당이 L자형으로 구성되어 있다. 직원이 간이부엌에서 식사를 준비하면서 공용거실이나 공용식당에 있는 거주노인을 관찰할 수 있으면서도 공간적으로는 구획되어 있는 디자인이다. 노인이 식사 준비를 도와주기도 한다. 설거지를 도울 수 있도록 낮은 작업대가 설치되어 있다.

4 식사 준비, 배식, 설거지 등 거주노인의 참여를 유도하기 위해 간이부엌의 개수대 앞에 작업대가 마련되어 있다. 안전문제로 기피하는 경향이 있으나 여기서는 거주노인에게 익숙한 가스레인지를 사용하고 있다. 식기는 거주노인 개개인의 것을 사용하고 있다.

하피네스아다치, 일본 5

선라이프아다치, 일본 6

스트란드막스하븐, 덴마크 7

5 간이부엌이 공용식당과 분리된 알코브에 있으나 인접한 경우이다. 간이부엌의 색채계획은 거주단위별로 다르며, 개성 있고 고급스러운 느낌을 준다.

6 공용거실 겸 식당의 오른쪽에 위치한 아일랜드형 간이부엌은 직원이 공용거실에 있는 노인을 지켜보거나 얘기할 수 있도록 배치되어 있다. 작업대는 거주노인과 함께 일을 할 수 있도록 폭이 넓으며, 안전한 레인지와 개수대가 설치되어 있다. 벽 쪽의 작업대는 주로 직원이 사용하며, 작은 창이 있어 사람들의 출입을 부엌에서 확인할 수 있다. 직원의 작업코너가 한쪽에 마련되어 있다.

7 공용거실에 있는 간이부엌은 차 마시는 공간과 연결되어 있으며, 작업대의 오른쪽 부분은 높이조절이 가능하다(7.2). 작업대 아래 공간이 비어있어 다양한 자세로 작업할 수 있다(7.1).

소피예룬드케어센터, 덴마크 8

9.1

9.2

스트란드센트렛, 덴마크 9

8 간이부엌이 공용거실과 공용식당 사이에 위치하고 있다. 간이부엌의 수납장은 공용거실과 공용식당을 분리하는 역할을 하며 상부수납장과 작업대 사이가 뚫려 있다.

9 복도에 커피메이커와 전자레인지 등을 두어 소규모의 공용거실로 사용하고 있다. 거주노인이나 직원이 간단하게 다과나 차를 준비할 수 있도록 하였다.

4. 공용화장실

6 거주노인이 혼자서 독립적으로 용변을 해결하도록 공용공간과 인접한 곳에 공용화장실을 설치해야 한다. 그러나 공용공간에서 공용화장실이 직접 보이는 것은 피하는 것이 좋다. 공용화장실은 거주노인들이 쉽게 인지할 수 있도록 문의 색상이나 명도를 주변의 벽과 대비되는 색상으로 한다.

개 요

화장실은 거주노인이 쉽게 인지할 수 있어야 한다. 화장실문이나 화장실 가까이에 노인이 쉽게 인지할 수 있는 안내표식을 설치하여 찾기 쉽게 한다. 화장실의 안내표식은 시설 전체에 일관성 있게 사용해야 한다. 화장실문 또는 문틀에 벽과 대비되는 밝은 색을 사용하면 노인이 인지하기 쉽다.

거주노인이 화장실을 쉽게 사용하도록 공용화장실을 계획한다. 식사 후에 화장실을 가는 경우가 많으므로 공용화장실은 식당과 가까워야 하지만 시각적으로는 가깝지 않게 배치한다.

거주노인이 부주의로 화장실 안에 갇히지 않도록 잠금장치를 설치하지 않는 것이 좋으나, 프라이버시 유지를 위해 안에서 잠그더라도 위급 시에는 밖에서 열 수 있게 한다.

공용화장실은 직원이 함께 들어가거나 전동 휠체어가 이동할 수 있도록 충분히 넓어야 하며, 흡음성이 큰 마감재를 사용하여 소음을 줄이도록 한다.

치매노인을 위한 Tip

- 요실금을 해결하기 위해서 치매노인들이 사용할 수 있는 공용화장실을 노인들이 모이는 공용공간과 가까운 곳에 배치하는 것이 바람직하다.

공용화장실의 건축 · 실내공간계획

- 공용화장실은 거주노인이 혼자서 이용할 수 있도록 공용거실이나 공용식당에서 가까운 곳에 위치하도록 하되, 화장실 내부가 직접 보이지 않도록 한다.
- 공용화장실을 공용공간에 인접시키면 거주노인들의 기억을 환기시킬 수 있을 뿐 아니라 직원들이 노인을 화장실로 데리고 가기도 쉽다.
- 거주실 부속화장실이 없는 경우에는 2~3개의 거주실마다 공용화장실을 설치한다.

치매노인을 위한 Tip

- 치매노인이 화장실이 아닌 장소에서 배설하는 이유 중의 하나는 화장실을 인지하지 못하기 때문이다. 따라서 화장실문은 치매노인이 식별하기 쉽도록 일반 가정과 같은 분위기의 디자인으로 설치하는 것이 바람직하다. 화장실문 대용으로 커튼을 사용하면 치매노인에게 혼란을 줄 염려가 있으며 프라이버시 확보에도 문제가 있다.

공용화장실의 실내공간 구성요소

- 공용화장실문에 잠금장치를 설치하되 안전문제를 고려하여 유사 시에 외부에서 열 수 있도록 한다.
- 공용화장실에 양변기가 2개 이상인 경우에는 칸막이와 조명등을 설치하여 프라이버시를 확보할 수 있도록 한다.
- 공용화장실에는 비상연락장치를 설치한다.
- 공용화장실의 스위치는 조작판이 넓은 램프스위치로, 콘센트는 안전덮개가 있는 콘

센트로 설치하는 것이 안전하다.

- 화장실 바닥의 타일은 소리를 반사하여 시끄러우므로 소리를 흡수하고, 넘어졌을 때 부상이 적고, 관리가 용이한 패드가 들어간 비닐깔개를 사용한다.
- 화장실 바닥은 배수가 잘 되게 하며, 배수구는 노인들이 작은 물건을 넣지 않도록 아주 작게 한다.
- 화장실문은 밖으로 열리는 여닫이문으로 하여 노인이 쓰러졌을 때 구조하기 쉽게 한다.
- 미세기문은 유효폭을 확보하기 용이하고, 작동이 쉬우며, 위생도기를 배치하기가 쉬우나 힘이 약한 노인의 경우, 문 여는 것이 힘들 수 있다.
- 화장실문은 850mm 이상의 유효폭을 확보한다. 유효폭을 확보하기 어려운 두짝 미세기문은 세짝 미세기문으로 하여 유효폭을 확보한다. 화장실 내부는 1,500mm 지름의 휠체어 회전공간이 필요하다. 일부 전동 휠체어는 더 넓은 공간이 요구된다.
- 공용화장실은 인접공간과의 단차를 제거하며, 단차가 있는 경우 15mm 이하로 한다.
- 공용화장실문의 문턱은 제거하거나 문턱이 필요한 경우 바닥에 매입시킨다.
- 화장실 내부는 단차가 없어야 하며 바닥의 기울기는 1/30 이하로 한다.

공용화장실의 실내 디자인요소

- 공용화장실의 문은 노인이 쉽게 인지할 수 있도록 문틀이나 벽과 대비되는 색상으로 한다. 시설에 있는 모든 공용화장실문은 같은 색상으로 하고, 다른 공간의 문은 화장실과 차별되는 색상으로 마감한다. 화장실문 바깥쪽에 사용된 색상, 패턴, 그래픽은 안쪽에도 동일하게 사용되는 것이 거주노인의 혼란을 방지할 수 있다.
- 공용화장실을 찾기 쉽도록 벽면의 눈높이에 선으로 표시한다. 바닥에 선을 표시하면 노인들이 단차로 인식할 수 있으므로 벽에 하는 것이 바람직하다.
- 공용화장실은 노인의 색구별 능력 감퇴를 고려하여 동일색상 또는 유사색상의 조화보다는 대비색상의 조화를 시도한다.
- 공용화장실의 벽과 바닥의 색상은 시각장애가 있는 노인들의 인지를 위해 양변기와 대비되는 색으로 선택한다.

- 공용화장실의 조명기구는 눈부심을 방지할 수 있도록 광원이 직접 눈에 들어오지 않는, 습기에 강한 것을 선택하며 세면대 거울 상부 벽면에 부착한다.
- 남녀의 공용화장실이 인접한 경우 화장실의 안내표식은 시각적으로 뚜렷하게 구별되도록 한다.

| 공용화장실의 사례 |

엔젤헬프호난, 일본 1

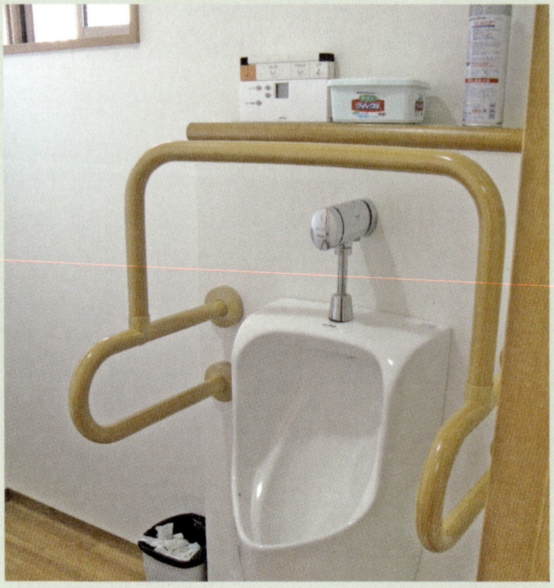

히토에노사토, 일본 2

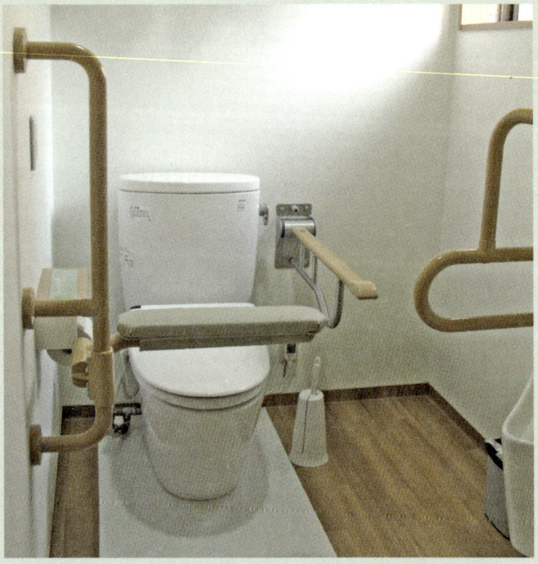

카에데 & 메이플리프, 일본 3

엔젤헬프호난, 일본 4

1 공용화장실의 문을 일본 전통주택의 화장실과 같은 디자인으로 하였으며, 앞쪽과 옆쪽의 문을 모두 열 수 있게 하여 문의 유효폭을 넓혔다.

2 소변기 주변에 안전손잡이를 설치하여 거주노인이 독립적으로 사용할 수 있게 하였다.

3 양변기 주변에 안전손잡이를 설치하였을 뿐 아니라, 양변기 앞쪽에도 기댈 수 있도록 부드러운 재질의 안전손잡이를 설치하였다. 또 바닥 재료를 다르게 하여 양변기의 위치를 쉽게 인지할 수 있다.

4 공용화장실의 안내표식은 거주노인이 이해하기 쉬운 그래픽과 인지하기 쉬운 색상을 사용하였으나 위치가 너무 높다는 단점이 있다.

슈쿠토쿠쿄세엥, 일본 5

카에데&메이플리프, 일본 6

카에데 & 메이플리프, 일본 7

슈쿠토쿠쿄세엥, 일본 8

5 공용화장실 내외부의 바닥에 단차가 없으며 문턱이 거의 없어서 휠체어 사용노인이 출입하기에 편리하며, 휠체어 회전 공간으로 1,500mm 이상이 확보되어 있다.

6 양변기의 뒷면을 벽에서 떼어 배치하여 직원이 노인의 뒤에서도 수발이 가능하게 하였다. 앞쪽 벽에는 양변기에 앉았을 때의 눈높이에 패턴 타일을 부착하여 노인이 용변을 보는 동안 집중할 수 있도록 한다.

7 공용화장실문을 노인이 과거에 살았던 집에서 볼 수 있는 디자인으로 하여 친숙한 분위기를 느끼게 한다. 이 시설에는 거주실 부속화장실은 없고 거주실 2~3개마다 공용화장실을 계획하였는데, 이유는 노인이 살던 집에는 방에 화장실이 없었기 때문이다.

8 남녀 구분이 있는 공용화장실에 거주노인이 쉽게 인지할 수 있도록 대비색상을 사용하여 혼란을 방지하고 있다.

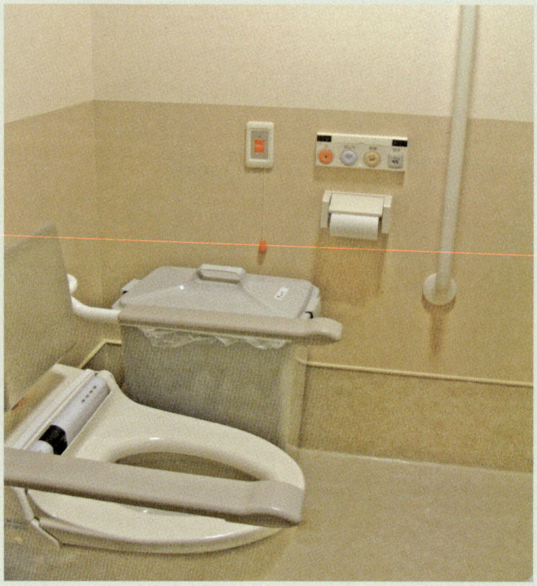

히토에노사토, 일본 9

미나미카제, 일본 10

히토에노사토, 일본 11

선라이프히로미네, 일본 12

9 공용화장실의 양변기 가까이에 더러워진 옷을 담을 용기를 두었다.

10 거주단위의 현관문에 인접하여 공용화장실이 있으나 미세기문으로 되어 있어서 통행에 방해되는 일이 없다.

11 공용화장실에 창이 있어서 환기와 채광이 좋으며, 창턱에 놓인 꽃은 가정적인 분위기를 조성한다.

12 공용화장실은 공용공간에서 지내던 거주노인이 쉽게 갈 수 있도록 동선이 짧으며, 안내표식은 노인이 이해하기 쉽다.
또, 미세기문으로 계획하여 복도의 통행에 방해되는 일이 없다.

5. 현관 · 로비

(1) 현 관

7 거주단위로 들어가는 현관은 시설적인 분위기가 나지 않도록 계획한다. 노인요양시설의 거주노인은 익숙하지 못한 장소나 분위기에서 불안, 흥분, 부적응 등의 행동을 보일 수 있으므로 거주노인이 편안하고 친숙한 집으로 들어간다는 느낌을 가질 수 있도록 디자인하는 것이 바람직하다.

개 요

거주단위의 현관은 방문하는 노인이 제일 먼저 만나게 되는 공간으로 첫인상을 좌우한다. 신발이나 코트를 벗는 장소인 현관의 내·외부공간은 환영하는 느낌을 주어야 한다. 현관은 불안을 완화하고 편안함을 느낄 수 있도록 집과 같은 분위기로 계획한다. 거주단위의 현관은 쉽게 식별할 수 있도록 하며 포치, 조명등, 덧문 등을 이용하여 친근한 영역으로 만든다.

거주노인, 가족, 직원, 방문객이 현관을 안전하고 쉽게 사용할 수 있도록 계획한다. 현관에서 거주단위의 공간 구성이나 거주단위 내에서 진행 중인 활동을 볼 수 있으면 사람들이 방향감을 가질 수 있다. 또한 직원은 현관을 출입하는 사람들을 관찰할 수 있어야 한다.

치매노인을 위한 Tip

- 치매노인들이 멀리 가지 않도록 직원은 현관의 출입을 제한할 수 있어야 한다. 경보장치나 음성인식과 같은 장치를 설치하거나, 안내데스크나 사무실에서 현관을 감독할 수 있게 계획하거나, 직원을 배치시키는 방법으로 현관의 출입을 제한할 수 있다.
- 환경을 적절하게 구성하는 것이 첨단기술을 이용하는 것보다 저렴하고 치매노인들의 욕구에 잘 대응할 수 있다.

현관의 건축 · 실내공간계획

- 거주단위의 현관은 물리적으로 쉽게 접근할 수 있어야 한다. 즉, 휠체어가 지나갈 수 있도록 문의 유효폭을 넓게 하고, 경사로를 설치한다.
- 현관은 바닥차가 없어야 하고 직선형태로 한다.
- 거주단위의 현관이 외부공간과 연결된 경우 바람, 비, 눈을 피할 수 있도록 현관 앞에 포치를 설치한다.
- 현관에는 수납공간, 특히 신발, 코트, 휠체어, 보행보조기, 옥외용 도구 등을 수납할 수 있는 공간이 있어야 한다.
- 현관과 인접한 곳에 화장실을 두는 것이 편리하다.
- 공용공간에서 활동하는 거주노인들이 현관을 볼 수 없도록 시각적으로 차단되어야 한다.

현관의 실내공간 구성요소

- 거주단위의 현관 바닥에 카펫을 사용하면 걸려서 넘어지거나 휠체어가 이동하기 어려우므로 사용하지 않는다.

치매노인을 위한 Tip

- 치매노인을 위해서 현관문은 주변 벽과 같은 색상으로 칠하거나 문손잡이를 가려두는 등 치매노인의 관심을 끌지 않도록 해야 한다.

현관의 실내 디자인요소

- 현관에는 선반, 의자, 테이블 등의 가구를 설치하여 집과 같은 분위기를 조성한다.
- 현관에는 부드러운 간접조명을 설치하여 부드럽고 편안한 분위기를 만든다.

| 현관의 사례 |

하피네스아다치, 일본 1

소피엔보어케어센터, 덴마크 2

히토에노사토, 일본 3

1 거주단위별로 현관의 디자인이 다양하여 일반 가정집을 방문한 듯한 인상을 준다(1.2, 1.3). 휠체어 사용자도 드나들 수 있도록 단차가 없으나, 바닥패턴을 바꾸어 신발을 갈아 신는 곳을 시각적으로 구분하고있다(1.1). 현관문에 목재와 유리를 사용하여 개방적인 이미지를 주며, 현관에는 신발장이 설치되어 있다.

2 그룹홈의 출입구에 초인종이 있어 외부 방문객을 확인할 수 있으나(2.1), 거주단위의 현관에는 잠금 장치가 없다. 현관 안에 우편함, 코트걸이, 선반을 두어 집과 같은 분위기이며 편안한 느낌을 준다(2.2).

3 거주단위별로 현관이 있어 가정집의 느낌을 준다. 현관의 목재 격자문은 유리를 끼우지 않아 개방적인 분위기가 연출되었다. 현관에는 단차가 없고 유효폭이 넓어 휠체어 사용자도 쉽게 드나들 수 있다(3.1). 현관 옆에는 소파와 테이블을 두어 가족방문 시나 상담용으로 사용한다(3.2).

엔젤헬프호난, 일본 4

슈쿠토쿠쿄세엥, 일본 5

4 거주단위의 현관에 계단이 있어 불편해 보이지만, 이는 일본의 가정집과 같은 인상을 주기 위한 것이다. 우편함, 현관 외부등, 목재 마감재도 일반주택과 비슷하게 디자인되었다(4.1). 현관 내부에도 단을 두었고(4.2), 걸터앉을 수 있는 의자를 설치하는(4.3) 등 세심하게 배려하고 있다.

5 거주단위의 현관은 목재 미세기문이며, 문패가 있다(5.1). 현관 바닥은 휠체어사용자가 출입이 가능하도록 단차가 없고, 바닥패턴에 변화를 주어 영역을 구분하였다. 신발을 갈아 신을 수 있도록 의자와 신발장이 설치되어 있다(5.2). 현관을 들어서면 거주단위의 실내 풍경이 한눈에 들어온다.

(2) 로 비

8 거주단위의 현관을 들어서면 나타나는 로비는 집과 같은 분위기로 계획하고 노인이 안전하고 편리하게 이용할 수 있도록 디자인한다.

개 요

로비는 거주노인, 직원, 방문객의 활동을 관찰할 수 있는 곳이다. 생활영역과 가까운 소규모 시설의 로비는 '본다' 는 활동의 중심이 될 수 있다. 로비는 거주노인의 안전성을 반드시 고려하여 계획한다. 로비를 거주노인들이 모이기에 편안한 장소로 만들기보다는 방문객들에게 인상적인 곳으로 디자인된 경우가 있다. 거주노인이 사용하는 로비는 집과 같은 분위기를 지녀야 하며, 규모와 디자인에서 거주노인을 압도해서는 안 된다. 또한 거주노인이 느낄 수 있고, 편안하게 다른 영역과 구분되도록 계획한다.

로비의 실내공간 구성요소

- 로비의 벽 마감재는 내구성 있는 재료를 선택해야 한다.
- 벽 마감재는 지나치게 거칠거나 광택이 나지 않는 것을 선택하고, 자연조명과 인공조명이 균형을 이루어야 한다.

- 세라믹타일, 대리석, 대형 유리는 로비의 마감재료로 적합하지 않다. 벽돌, 목재 패널 등이 무난하다.
- 테라초는 균일한 표면과 색상을 가지고 있으며 걸려서 넘어질 위험이 적어 바닥재로 바람직하다.
- 천창은 눈부심이나 빛이 지나치게 많이 들어오지 않을 경우 설치해도 좋다.
- 복잡한 구조로 된 천장은 거주노인들을 시각적으로, 공간적으로 혼란스럽게 만들 수 있으므로 피해야 한다.
- 로비의 천장은 연속된 다른 공간과 통일감 있게 디자인한다.
- 러그는 노인의 이동 시에 사고의 위험이 있으므로 사용하지 않도록 한다.
- 바닥 전체를 까는 카펫도 마찰로 인해 보행보조기구를 사용하거나 발을 끌면서 걸어가는 사람들의 경우 이동이 어려우므로 되도록 사용하지 않는다.
- 로비는 사람들이 도착하는 모습이나 거리에서 이루어지는 활동들을 보는 공간이므로 유리를 많이 사용하도록한다.
- 바닥에서 천장까지 있는 전창은 인지장애를 초래할 수 있으며, 전체가 유리로 되어 있는 문은 더 위험하다. 이러한 문제를 해결하기 위해서 식물로 낮은 경계를 만들어 주거나, 창문을 바닥에서 400~600mm 높이에 설치하고 난간을 바닥에서 800mm까지 설치하는 방법이 있다.

로비의 실내 디자인요소

- 로비에는 천으로 덮은 편안한 의자를 반드시 두도록 한다. 또한 의자 옆에는 탁자를 두어야 한다.
- 노인들은 활동을 보는 것을 좋아하기 때문에 의자는 활동을 잘 볼 수 있도록 배치한다.
- 로비를 꾸미기 위해서 벽화, 기념패 등 교체하기 어려운 물건을 두는 것은 피한다.
- 집과 같은 분위기의 로비영역을 만들기 위해서는 작은 미술품들을 여러 개 두는 것이 좋다.
- 거주노인들이 앉아서 또는 서서 볼 수 있도록 그림을 여러 높이로 걸도록 한다.

■ 수족관이나 새장은 직원에게 업무를 가중시키지만 거주노인들에게 흥미로운 볼거리가 되므로 유지 · 관리를 고려하여 위치, 크기 등을 정해서 비치한다.

■ 수족관은 벽에 부착시키지 않는 디자인을 선택하며, 새장은 직원 외에는 열 수 없는 것으로 선택한다.

■ 로비 전체가 동일한 조도를 유지하도록 한다.

■ 로비에는 간접조명, 반사조명, 엑센트조명을 사용한다.

6. 중정 · 옥상정원

9 중정과 옥상정원은 건물 내외부에 나가지 않고도 옥외공간을 접할 수 있어 다양한 활동과 심리적 안정감을 얻을 수 있는 기회를 제공하며, 시설적인 이미지와 부정적 영향을 감소시킨다. 중정은 실내에서 바라보기만 하는 소규모의 형태부터 실제로 거주노인들이 산책 등의 활동을 할 수 있는 규모를 가진 형태까지 다양하게 제공될 수 있다.

개 요

중정이나 옥상정원은 산책하기, 애완동물 돌보기, 일광욕하기 등 실내공간에서 할 수 없는 활동과 경험을 할수있고 신선한 공기를 마시며, 간단한 파티 등을 할 수 있는 공간이다. 또 시설의 분위기를 바꾸고 거주노인에게 적절한 자극을 제공한다. 노인은 중정을 통해서 계절 또는 시간의 변화를 자연스럽게 관찰할 수 있으며, 기분전환을 하고 방향감을 가질 수 있다. 중정은 거주노인, 직원, 가족들에게 시설에 대한 긍정적인 이미지를 심어주는 데 매우 효과적이다. 일반 집에서 볼 수 있는 정원과 같은 중정에서 거주노인은 건강을 유지하고, 타인과의 유대관계를 가질 수 있다.

공용공간에서 정원을 볼 수 있을 경우 거주노인들은 억류감이 완화되고 유익한 자극과 정보를 제공받게 된다. 그리고 계단, 복도, 엘리베이터 등에서 옥외공간을 볼 수 있으면 시설적 이미지가 최소화되는데, 공용공간에서 옥외공간을 볼 수 있도록 공용공간의 중심부에 중정을 둘 경우 거주노인들이 활동에 집중하지 않을 때도 있다. 예를 들어 공용식당이 외부의 중정과 연결되어 있을 경우 거주노인들은 식사하는 것에 집중하지 않고 산만해질 수 있다.

중정이나 옥상정원에는 앉는 공간을 다양하게 마련하여 그곳에서 이루어지는 활동에 따라 융통성 있게 사용할 수 있게 한다. 프라이버시를 최대화하고, 햇빛과 바람을 적절하게 조절하며, 진행 중인 활동을 볼 수 있도록 의자 배치를 조절할 수 있어야 한다. 이동 가능한 의자와 다양한 형태의 좌석을 여러 곳에 분산시키도록 한다. 예를 들어, 출입구 근처, 잔디 깎기나 물주기 등의 일상활동이 이루어지는 곳, 편안하고 조용하게 쉴 수 있는 곳, 통로 등에 의자들을 배치한다.

또 중정과 옥상정원에 있는 꽃, 온실, 새장, 작은 동물우리, 애완동물 등은 살아있는 것들과의 상호작용을 증가시킴으로써 노인의 통제감을 강화시킨다. 연구에 의하면 식물을 직접 돌보는 노인은 조심성, 활동에 대한 적극성, 행복감이 향상된다.

치매노인을 위한 Tip

- 옥외공간에서 치매노인은 정원 가꾸기 등의 활동을 할 수 있다. 치매노인들에게 개인의 의사결정, 자율, 통제를 위하 기회를 제공하는 것이 중요하다. 이를 위해서 옥외공간은 혼자서도 쉽게 이동할 수 있어야 하며, 프라이버시와 휴식뿐 아니라 사회화 정도를 개인이 결정할 수 있도록 계획한다.

중정 · 옥상정원의 공간계획

- 중정과 옥상정원은 거주노인이 걸어 다닐 때 물리적·시각적 장애물이 없는 안전하고 단순한 공간으로 계획한다. 옥상정원은 따뜻한 남쪽은 터주고 바람과 지나치게 강한 햇빛은 막아주어야 한다. 바람막이 나무, 그늘을 만들어주는 나무, 울타리가 되는 나무 등을 이용하여 시간과 계절에 상관 없이 옥외공간을 사용할 수 있도록 한다.
- 중정이나 옥상정원은 거주노인이 방향을 잃지 않을 정도의 규모로 만든다.
- 노인요양시설의 중정은 거주 층마다 계획하고, 노인이 이용할 수 있도록 통로를 둔다.
- 중정과 옥상정원에는 휠체어 사용노인도 이용할 수 있도록 충분한 통로를 확보한다.
- 중정의 통로는 공용공간과 연결시켜 거주노인이 쉽게 나갈 수 있도록 한다.
- 중정의 통로는 길을 따라가며 변화되도록 계획한다.
- 통로의 폭은 휠체어가 양방향으로 다닐 수 있을 정도로 넓어야 하며, 거리는 지나치게 길지 않게 한다.
- 중정에는 정자, 원두막 등 지붕이 있는 곳과 없는 곳 모두를 계획하여 거주노인이 계절이나 날씨에 관계없이 사용할 수 있도록 한다.
- 옥상정원에 알코브를 두어 다른 사람의 활동을 관찰할 수 있도록 한다.
- 실내 온실을 두면 실내에서도 자연을 즐길 수 있다. 온실에 의자를 두어서 혼자 있을 수 있는 조용한 장소와 가족들을 만날 수 있는 공간을 만든다.

중정 · 옥상정원의 디자인

- 중정이나 옥상정원에 울타리를 설치하여 직원이 거주노인을 방해하지 않고 효과적으로 관찰할 수 있게 한다.
- 울타리는 식물이나 건물 자체의 형태로 만드는 것이 효과적이다.
- 직원이 중정에 있는 거주노인을 관찰할 수 있도록 시야를 막는 장애물이 없어야 하고 시야를 넓게 해준다.
- 중정이나 옥상정원의 바닥에는 매끄러운 재료를 사용하지 않는다.
- 중정과 옥상정원의 앉을 수 있는 공간은 소규모의 다양한 형태로 여러곳에 분산시키고,

따가운 햇살이나 바람을 피할 수 있는 곳에 배치한다.

- 중정과 옥상정원에는 소규모 모임을 가질 수 있도록 야외용 테이블, 의자, 파라솔 등을 마련한다.
- 중정과 옥상정원의 의자는 노인이 앉고 일어설 때 지지대로 사용할 수 있는 팔걸이와 등받이가 있어야 하며, 재배치가 가능하고, 가볍고 아름다워야 한다.
- 밝은 색의 야외 가구는 흥미를 유발하며 옥외공간을 시각적으로 잘 보이게 한다.
- 휠체어를 타고 화단에 가까이 갈 수 있도록 하고, 노인들이 직접 정원 가꾸기를 할 수 있도록 한다.
- 스포트라이트를 이용한 부드러운 간접조명을 설치한다.

기타 사항

- 중정과 옥상정원에 있는 식물들은 반드시 무독성이어야 한다.
- 옥외공간에 작은 동물원(토기, 염소, 양 등)을 만들 수도 있다. 이것이 여의치 않을 경우, 공용공간 창문 근처에 새장을 두거나 화려한 색의 열대어가 있는 수족관을 설치한다.
- 그네나 정자는 보기에도 흥미로워 거주노인들의 관심을 끌기 좋다.
- 나무의 그림자는 사람으로 오해할 수 있으므로 그림자가 생기지 않도록 방향을 잘 잡아야 한다.

| 중정 · 옥상정원 사례 |

히토에노사토, 일본 1

히토에노사토, 일본 2

슈쿠토쿠쿄세엥, 일본 3

슈쿠토쿠쿄세엥, 일본 4

1 중정을 중심으로 공용거실, 공용식당, 거주실이 배치되어 있다. 이 중정을 통해서 다른 거주단위의 노인의 생활모습도 볼 수 있어 현재 거주하고 있는 곳의 분위기를 느낄 수 있으며 안심감하고 생활할 수 있다.

2 일본 전통다실처럼 계획된 상담실과 연결된 중정은 전통정원의 형태를 갖추고 있어 노인에게 과거를 회상할 수 있게 하는 효과가 크다.

3 일본 전통정원의 이미지를 갖는 중정이 설치되어 건물 전체에 자연채광이 스며든다.

4 2층 거주단위 사이에 옥상정원을 설치하여 거주단위별로 야채나 화초 등을 가꿀 수 있는 텃밭을 만들고, 햇볕이 좋은 날에는 다른 거주단위의 노인들과 교류할 수 있다.

미나미카제, 일본 5

슈쿠토쿠쿄세엥, 일본 6

7.1

7.2

카에데 & 메이플리프, 일본 7

5 거주단위 사이의 중정은 자연채광을 유입하는데 효과적이며 자연환경 등 계절감을 느끼게 한다. 중정에는 거주노인이 이용할 수 있도록 야외용 테이블과 의자를 배열하여 앉는 공간을 다양하게 제공하였다.

6 4층 종교공간(불당) 주변의 옥상정원은 전망이 좋아 산책하면서 주변 자연환경을 즐길 수 있다.

7 서양식과 일본식으로 거주단위를 계획하였으며 중정도 서양식(7.1)과 일본식(7.2)으로 디자인하였다. 공용거실 및 식당, 간이부엌 등 공용공간을 중정에 면하도록 배치하여 모든 실들의 자연채광이 좋고 거주노인들이 계절감을 느낄 수 있다.

Chapter

09 치유공간

노인요양시설의 치유공간은 노인들의 신체적·정신적 치유를 위한 공간과 프로그램공간을 말하는데, 기능회복훈련실(물리치료실·작업치료실·심리요법실·종교공간), 공동욕실(기계욕실·보조욕실·간이 샤워실), 탈의실, 특별거주실(집중케어실), 상담실, 이 · 미용실이 해당된다. 노인요양시설에서 거주하는 노인들은 치매나 중풍이 있는 경우가 대부분이므로 신체적·정신적 치유를 통하여 증상을 완화시킬 수 있는 치유공간이 필요하다. 또한 이들 공간은 수발하는 직원이 노인과 함께 사용하는 공간이므로 직원이 수발행위와 작업을 원활하게 할 수 있도록 기능성, 효율성, 합리적인 동선 등을 고려하여 계획한다.

1. 기능회복훈련실(물리치료실·작업치료실·심리요법실·종교공간)

1 기능회복훈련실의 종류와 크기는 시설의 프로그램 운영 방침에 따라 달라지며 공간의 명칭도 다르다. 재활 프로그램을 강조하면 치료실영역이 증가되고 종교 프로그램을 강조하면 종교공간의 크기가 증가된다. 심리안정에 초점을 맞춘 심리요법실의 경우도 기능회복훈련실에 포함된다.

개 요

우리나라의 노인전문요양시설에 거주하는 노인들이 가장 선호하는 프로그램은 물리치료이며, 그 다음은 오락, 친척 방문, 나들이, 전화걸기의 순이다. 주간 보호노인들도 물리치료를 가장 선호하며 다음으로 오락, 진료의 순이다. 따라서 노인요양시설에는 물리치료실과 오락 프로그램을 운영할 수 있는 공간이 필요하다. 일본의 경우, 기능회복훈련실을 1층의 주간보호센터에 배치하며 거주단위에는 물리치료실을 배치하는 대신에 생활 위주의 공간들을 배치하고 있다. 그리고 과거의 다인 프로그램에서 1인 개별프로그램으로 수발인식이 전환되고 있다. 따라서 향후 노인요양시설의 수발 전개변화 양상을 예측하여 국내 실정에 맞게 기능회복훈련실을 계획할 필요가 있다.

치매노인을 위한 Tip

- 치매노인은 레크리에이션 활동을 통한 치료 프로그램이 치유 효과가 높으므로 이를 위한 공간을 중점적으로 배치하도록 한다.

기능회복훈련실의 건축 · 실내공간계획

- 기능회복훈련실의 규모는 거주노인의 기능회복 또는 기능감퇴를 방지하기 위한 훈련 등에 지장이 없는 면적을 확보하고 필요한 시설 및 장비를 갖추도록 한다.
- 치료공간은 거주노인 1인당 0.61~1.24m^2로 평균 0.93m^2의 크기로 설치되고 있으며, 재활치료를 실제로 받고 있는 대상자와 대비하면 1인당 1.23~2.44m^2로 평균 1.64m^2의 공간이 활용되고 있다. 서울시 노인요양시설의 재활치료공간은 거주노인 1인당 1~1.5m^2이다.
- 물리치료실과 작업치료실은 근무인력의 배치를 고려하여 하나의 공간에 계획하되, 필요 시 시선을 차단할 수 있도록 한다.
- 기능회복훈련실에는 찾기 쉽고, 가기 쉬운 위치에 화장실을 둔다.
- 물리치료실은 신체적 장애를 가진 거주노인들이 생활하는 거주단위에 가까이 배치하

여 장애노인들이 쉽게 접근할 수 있도록 한다. 또 공용공간에 인접해 배치하는 것이 좋으며, 시각적으로 잘 보이도록 계획한다. 또 주간보호센터 이용 노인들도 고려하여 배치한다. 기능훈련에 필요한 기구들을 보관하는 창고를 물리치료실과 가까운 곳에 설치한다.

기능회복훈련실의 실내공간 구성요소

- 기능회복훈련실의 벽과 바닥의 마감은 명랑하고 밝은 분위기가 조성될 수 있는 색상과 패턴을 사용하고, 유지 · 관리가 용이한 재료로 계획한다.
- 침대에 누워서 사용하는 거주노인이 많은 물리치료실은 천장의 마감재와 조명방법을 세심하게 계획한다.

기능회복훈련실의 실내 디자인요소

- 기능회복훈련실은 밝고 따뜻한 색상으로 마감하며, 시설 전체의 공간분위기와 어울리도록 색채계획을 한다.
- 물리치료와 운동을 하는 공간이므로 바닥의 마감재료를 미끄럽지 않은 것을 선택한다.
- 노인이 가지고 있던 물건이나 옷을 보관할 수 있는 선반이나 서랍을 설치한다.
- 간단한 물리치료기기는 각 거주층에 설치하여 거주노인들이 평상시에도 쉽게 사용할 수 있도록 하여 재활효과를 높이고 자립심을 고양하도록 한다.
- 생활기능 유지를 위한 운동치료, 작업치료 등을 위하여 필요한 전용 재활기구를 준비한다.
- 작업치료사 및 물리치료사의 지도하에 운동기능 및 일상생활동작 능력의 개선을 위한 재활이 이루어질 수 있도록 필요한 기계와 기구를 설치한다.

| 기능회복훈련실의 사례 |

성요셉노인전문요양센터, 한국 1

실버랜드, 한국 2

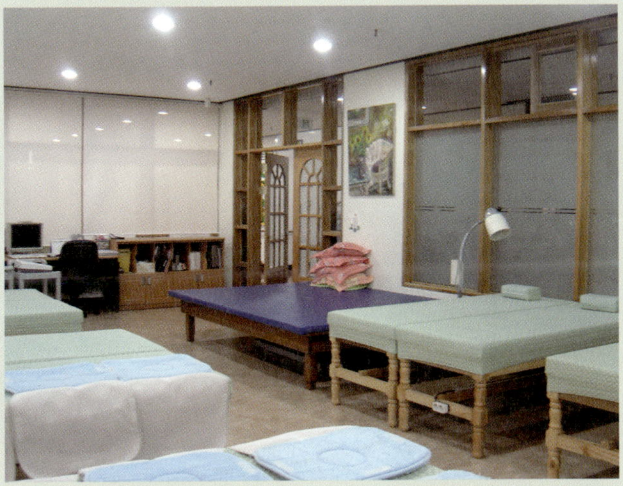

은혜의집, 한국 3

카리타스노오카, 일본 4

1 여러 종류의 기능훈련 회복용 기구들이 배치되어 있으며, 커튼으로 물리치료실과 차단된다. 직원테이블에서 노인들의 관리 및 수발이 용이하다. 기구들은 창을 향하여 배치되어 외부전경을 볼 수 있으며, 바닥재도 목재무늬로 되어있어 부드러운 실내 분위기이다.

2 흥분한 노인이 안정을 취할 수 있도록 기구 및 설비가 갖추어진 심리요법실에는 침대, 의자, 직원의 책상과 의자가 놓여 있다.

3 우리나라는 물리치료기를 사용하는 침대를 많이 이용한다. 천장은 형광등이 아닌 다운라이트를 설치하여 아늑한 분위기이다.

4 불교재단이 운영하는 시설의 불당은 1층에 위치하며 기도공간 외에도 세미나실, 행사시의 다목적실로 사용되고 있다.

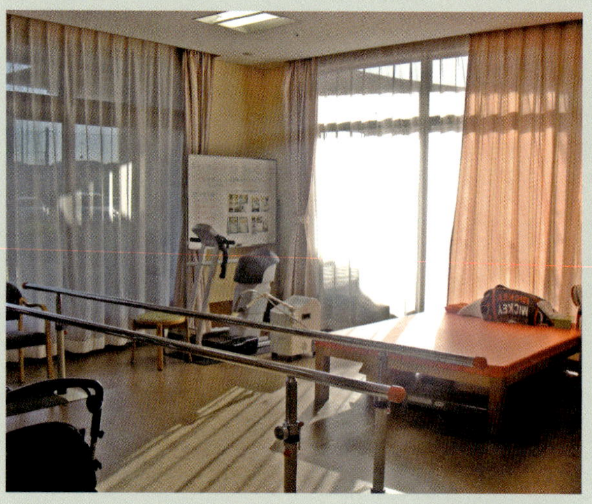

슈쿠토쿠쿄세엥, 일본 5

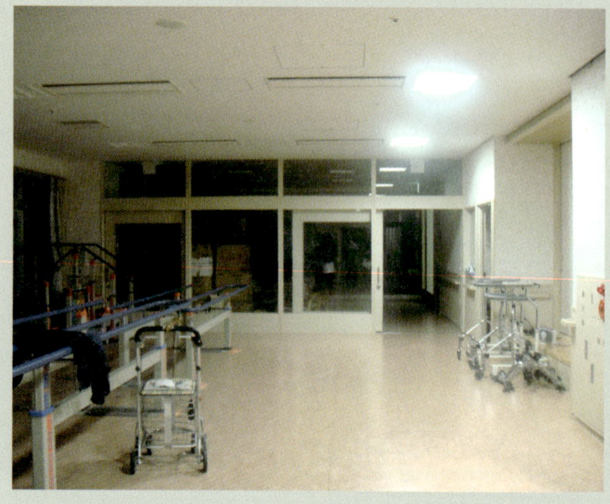

카리타스노오카, 일본 6

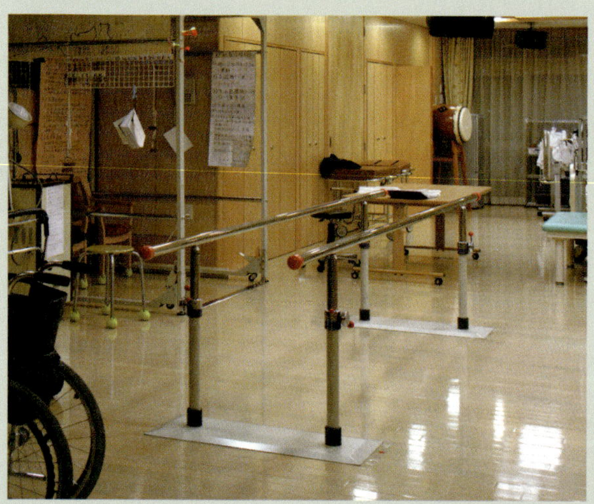

미나미카제, 일본 7

하피네스아다치, 일본 8

5 1층에 위치한 기능훈련 코너, 실내에 햇빛이 강하게 들어오고 바닥에 그림자가 진하게 나타나 시각적 자극이 지나치다. 그리고 공간규모가 다소 협소하여 기능훈련을 위한 기구들의 배치가 복잡하게 놓여있다.

6 지하 1층의 기능훈련실은 주간보호시설 이용자뿐 아니라 거주노인도 이용한다. 그러나 거주노인이 사용하기에는 거리가 멀어 불편하며, 전체적으로 내부마감, 조명기구 등이 시설적인 느낌을 준다.

7 1층 현관 가까이에 배치된 주간보호시설은 공간을 다양하게 사용할 수 있게 기능별로 구획되어 있다. 마사지 침대나 평행봉 등을 비치하여 노인의 신체활동 개선 프로그램을 실시할 수 있는 일상동작훈련실(재활실)이 있다.

8 거주단위 밖의 준 공적인 성격을 갖는 다목적 홀에서 거주노인들이 체조 및 간단한 운동 프로그램을 하고 있다.

슈쿠토쿠쿄세엥, 일본 9

카리타스노오카, 일본 10

휴매니타스아크로폴리스, 네덜란드 11

9 4층에는 옥상정원과 불당이 있다. 불당은 지역교류실로도 사용되는데 요양시설에는 매일 불공을 드리는 거주노인도 있다.

10 종교공간은 거주노인이 사망했을 경우 영안실로 사용되기도 한다.

11 다양한 종교를 가진 노인들을 배려하여 불교, 기독교, 천주교 등과 관련된 각기 다른 조각이나 그림들을 두고 있다.

2. 공용욕실(기계욕실·보조욕실·간이 샤워실)

2 거주노인의 목욕과 샤워는 직원의 도움을 어느 정도 받아야 하므로 직원이 효율적으로 일할 수 있도록 공용욕실을 디자인해야 한다. 단, 노인의 존엄성이나 프라이버시를 해치지 않도록 한다.

공용욕실에는 욕조와 샤워 의자를 설치해야 하며 외부 자연의 조망이 가능하고, 채광이 잘 되어 밝은 분위기를 유지해야 한다.

개 요

몸을 깨끗이 씻는 목욕행위는 인간의 가장 기본적 욕구이며, 이를 통해 평화와 안정을 얻는다. 목욕 중의 프라이버시는 매우 중요하다. 탈의실, 화장공간, 잠금장치가 있는 화장실은 노인들에게 인간적으로서의 개인적인 존엄성을 유지하게 해준다. 공용욕실에 자연광을 유입하고, 부드러운 분위기를 조성하며, 식물을 도입하는 것이 새로운 추세로 자리 잡고 있다. 공용욕실에는 욕조와 샤워를 모두 설치하여 거주노인이 선택할 수 있도록 한다.

치매노인을 위한 Tip

- 직원이 치매노인을 목욕시키는 데 사용되는 많은 설비와 기구들은 치매노인들에게 매우 생소한 것들이어서 거부감을 일으키기 쉽다. 또한 집단으로 하는 목욕은 시끄럽고 복잡하여 노인과 직원 모두에게 불유쾌한 경험으로 인식된다. 많은 치매노인에게 목욕은 불쾌하고 두려운 경험으로 느껴지는데, 그 이유는 조명이 어두워서 시각적으로 어려움을 겪으며, 세라믹 타일로 마감된 실내의 소음 때문에 스트레스를 받기 때문이다. 결과적으로, 치매노인들은 목욕을 회피하거나 목욕 자체에 대해 호전적이 되기 쉽다.

공용욕실의 건축 · 실내공간계획

- 노인요양시설의 공용욕실은 휠체어, 보행보조기 등의 출입이 용이하며, 자동목욕설비를 갖출 수 있는 충분한 공간을 확보해야 한다. 공용욕실의 최소 면적은 13.9m²이고 권장 면적은 1인당 23.2m²이며, 욕조나 샤워기는 15명당 1개씩 설치해야 한다.
- 일본은 거주단위에 1인욕실과 집단욕실을 별도로 설치하는 추세이다. 이는 거주노인 개개인의 요구에 대응할 수 있다는 점에서 유리하다. 개별욕조는 직원과 노인간 1 : 1 대응이기 때문에 여유가 있으며, 거주실 가까이에서 목욕할 수 있고 프라이버시도 확보되나, 목욕수발에 많은 시간이 소요된다.
- 샤워실은 최소 1,200×1,200mm의 공간이 필요하다. 특수욕조인 경우, 직원이 목욕을 도울 수 있는 공간과 리프트가 놓일 공간이 필요하다.
- 욕실이 지나치게 넓으면 난방과 보온이 어렵다는 단점이 있다.
- 공용욕실은 목욕하기 적절한 공간이 갖춰진 프라이버시가 유지되는 공간이어야 하며 탈의실, 화장실과 인접해야 한다.
- 거주실 부속화장실에 샤워기가 있으면, 공용욕실에는 위생, 스킨케어를 위한 치유적 월풀과 욕조 설비를 갖추도록 한다. 거주실 부속화장실에 샤워기가 없는 경우에는 욕조가 있는 중앙 공용욕실과, 거주단위마다 샤워기가 있는 욕실이 필요하다.
- 친숙하고 가정적인 분위기로 개별 수발이 쉬운 욕조를 설치한다. 1 : 1 입욕이 바람직하며, 직원 수발의 편리성을 고려하여 욕조에는 2방향 또는 3방향의 여유공간이 필요하다. 매입식 욕조는 거주노인은 안전감을 느끼지만, 직원의 수발이 어렵다. 중증의 노인을 위한 욕조도 가정적 분위기의 기계욕조를 선택한다. 기계욕조는 크기와 형태에 따라 위치와 필요한 공간이 다르므로 설계 단계에서 확인이 필요하다.
- 2개 이상의 욕조가 있는 경우에는 칸막이를 설치하여 입욕 시의 프라이버시를 지킬 수 있게 하고 별도의 탈의공간도 계획한다. 작은 공기 방울이 나오는 욕조(air-jet tubs)가 노인에게 편안하고 유지관리하기도 쉽다.
- 샤워대는 휠체어에 앉은 채로 또는 누워서 할 수 있는 것을 선택한다.
- 샤워실에는 직원이 샤워를 도울 수 있는 충분한 공간을 확보한다. 휠체어가 들어갈 수

있는 공간을 확보하면 휠체어에 앉아서 샤워할 수 있고, 혼자서 샤워할 수도 있어 직원의 수고를 덜 수 있다.

- 거주단위의 각 층에는 샤워 의자가 들어갈 수 있는 간이 샤워실을 별도로 설치한다.
- 간이 샤워실은 직원스테이션 및 중앙 휴게공간에서 가까운 위치에 두고 직원만 접근 가능하도록 한다.
- 간이 샤워실에는 양변기, 세면기, 샤워기를 설치하며 목욕용 휠체어를 사용하여 샤워가 가능하도록 한다. 내부에 리넨 수납장을 설치한다.
- 세탁실, 화장실, 욕실 등 동선 빈도가 높은 공간을 인접 배치하면, 노인들이 복도로 나가지 않고 용변을 볼 수 있어 직원이 배설 수발에 실패해도 노인의 자존심을 손상시키지 않고, 수발 직원의 부담도 경감시킬 수 있다.
- 기계욕실은 거주실 부속화장실과 별도로 시설 내에 1개를 확보한다. 위치는 거주단위, 특히 신체적 장애가 심한 노인의 거주단위에서 접근이 용이한 곳에 계획한다.

공용욕실의 실내공간 구성요소

- 공용욕실의 바닥은 배수가 잘되는 미끄럼방지 바닥으로 마감한다.
- 공용욕실은 탈의실과 입구에 단차를 없애서 휠체어가 접근하기 쉽도록 한다.
- 공용욕실에서 물에 젖는 벽에 미끄럼방지 비닐장판을 붙이고, 탈의실과 화장실 바닥에 방수처리된 카펫을 사용하면 세라믹타일로 인한 소음을 줄이는 데 효과적이다.
- 천장은 습도에 강한 방음 텍스판을 사용하여 소음을 줄이도록 한다. 천장을 타일로 마감하는 경우에는 곰팡이, 물곰팡이, 박테리아를 막을 수 있는 재료를 선택한다.

치매노인을 위한 Tip

- 치매노인은 기계욕조를 기피하며, 목욕에 대한 두려움으로 목욕을 거부하는 경우가 많기 때문에 기계욕실은 부드러운 분위기를 조성하도록 한다.

- 창문 커튼, 샤워 커튼, 타월, 욕실용 소품은 욕실에 활력을 느끼게 하고 소음을 흡수하는 데 효과적이다.
- 외부전망을 즐길 수 있는 창이나 천장을 설치하여 계절을 느끼면서 목욕할 수 있도록 한다.
- 공용욕실 출입문에 잠금장치를 설치하되 유사 시에 외부에서 열 수 있도록 한다. 스위치와 콘센트는 적정높이에 두고, 스위치는 조작판이 넓은 램프 스위치로, 콘센트는 안전덮개가 있는 제품으로 설치한다.

공용욕실의 실내 디자인요소

- 공용욕실의 욕조는 바닥이 미끄럽지 않아야 하며, 노인의 전신이 잠기지 않는 깊이로 하고, 욕조의 출입이 용이하도록 최소 1개 이상의 안전손잡이를 설치한다.
- 공용거실에는 노인의 프라이버시를 유지하기 위한 커튼이 필요하다.
- 욕실에는 부드러운 간접조명을 설치하며, 밝기를 조절할 수 있도록 한다. 간접조명은 직접조명에 비해서 노인의 눈에 훨씬 편안하다.

기타 사항

- 향이 있는 비누, 포프리, 라벤더, 신선한 레몬 향기 등은 목욕하는 노인들에게 즐거움을 준다.
- 비누, 샴푸 등을 보관할 수 있는 수납공간을 계획한다.
- 서랍장이나 테이블을 욕조 옆에 두고 샴푸, 비누, 로션, 꽃다발 등을 올려놓는다. 수납장에는 목욕 수건, 비누, 샴푸, 로션, 아로마 테라피 물품들, 과자나 사탕통, CD 플레이어, CD, 음악 테이프 등을 보관한다.
- 자동온도조절장치를 두어 목욕물의 온도를 최고 40°C까지 제한할 수 있도록 한다.
- 욕실의 온도를 조절하여 노인들이 목욕을 위해 들어올 때 충분히 따뜻하고 편안하도록 한다.
- 목욕 시에 춥지 않도록 난방에 유의하여야 하며 중앙난방 이외의 개별난방장치를 갖추도록 한다.

| 공용욕실의 사례 |

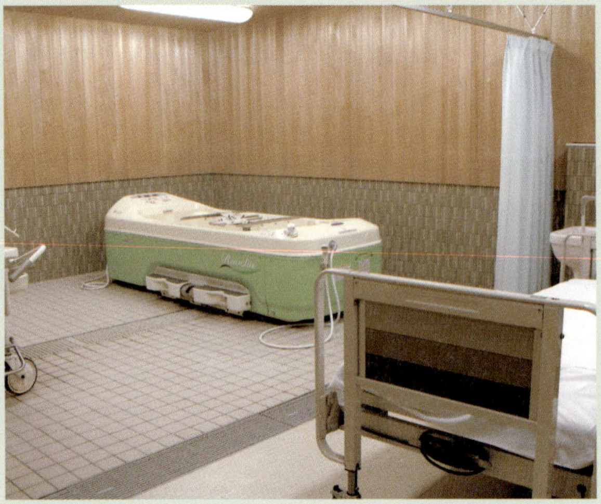

미나미카제, 일본 1

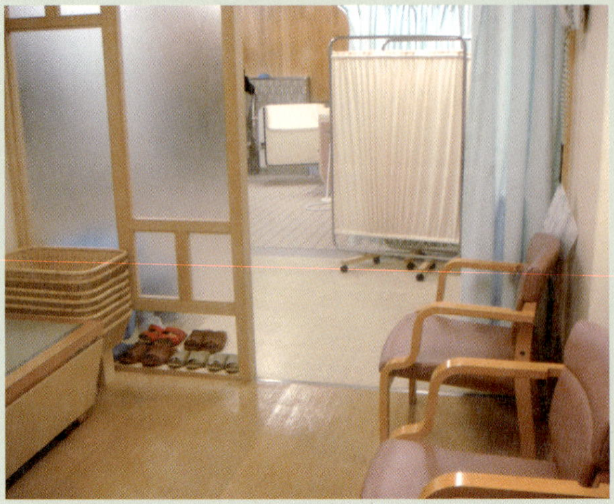

미나미카제, 일본 2

3.1

3.2

사쿠라신미야, 일본 3

1 이동식 칸막이나 커튼을 사용하여 필요에 따라 욕조, 기계욕조, 탈의공간에서 시선을 차단할 수 있게 하였다.

2 이동식 침대, 세면대, 기계욕조가 있는 공용욕실에 커튼을 설치하여 프라이버시를 확보하도록 하였다.

3 거주단위별로 설치된 욕실에는 일본 전통식 나무 욕조가 있으며 직원이 수발할 수 있도록 3방향으로 공간을 확보하였다. 욕조까지 손잡이가 설치되어 있으며(3.1), 옆의 큰 창을 통해 햇볕이 잘 들어 기분좋게 목욕할 수 있고(3.2), 통풍이나 환기에도 유리하다.

4.1

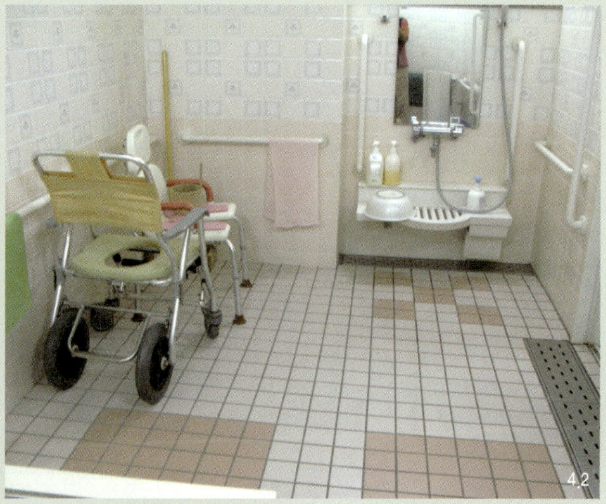

4.2

카리타수노오카, 일본 4

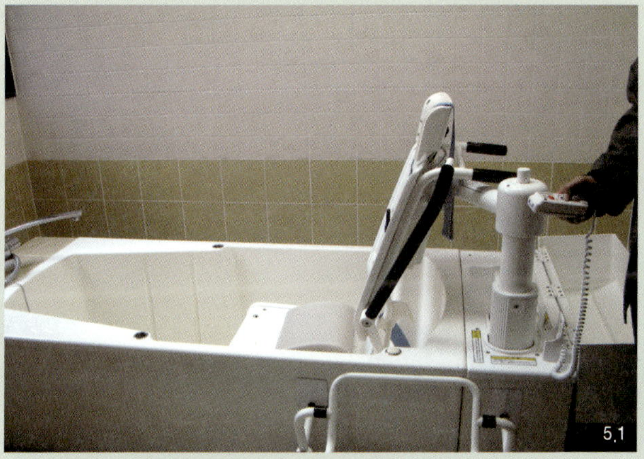

5.1

5.2

히토에노사토, 일본 5

4 바닥타일의 색으로 욕실의 영역을 분리하였다. 벽면과 바닥타일의 색, 샤워의자, 매트, 수건깔개에 파스텔톤의 유사색을 사용하여 경쾌하고 밝은 느낌을 준다.

5 거주단위별로 설치된 욕실에 리프트 수납박스를 욕조 한쪽에 설치하여 기계욕조라는 느낌을 완화시켰다.

하피네스아다치, 일본 6

하피네스아다치, 일본 7

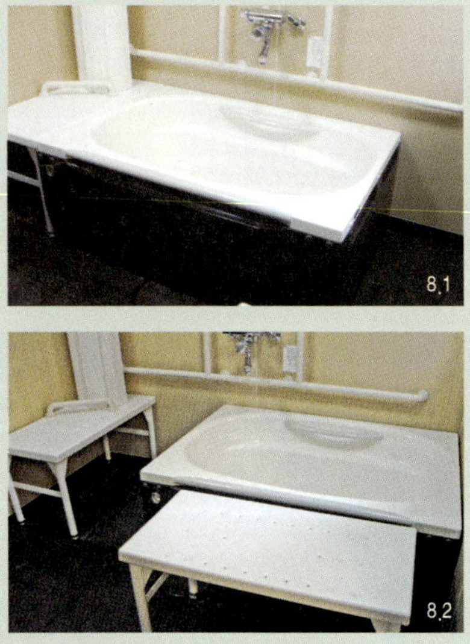

히토에노사토, 일본 8

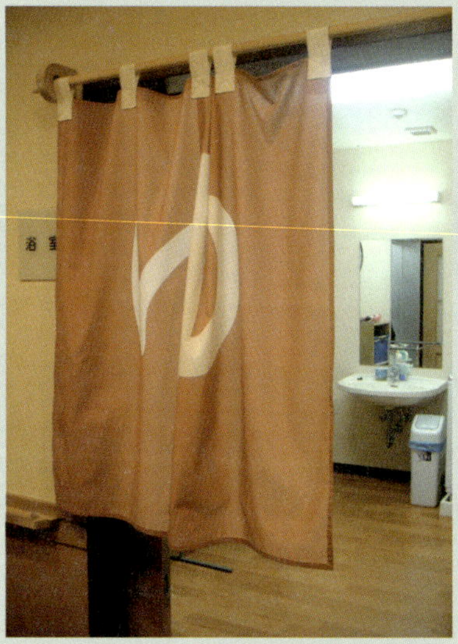

히토에노사토, 일본 9

히토에노사토, 일본 10

6 리프트 수납박스를 설치하여 필요시에만 신체기능에 맞춰 사용하고 있다.

7 치매노인은 기계욕조를 기피하기 때문에 목재로 만든 수동식 욕조를 설치하여 이용하고 있다. 일본은 습도가 높아 샤워보다 입욕문화가 일반적이다.

8 거주자의 신체상황과 수발방법에 따라 위치를 자유롭게 바꿀 수 있는 욕조를 설치하였다.

9 욕실 출입구의 안내표식을 일본 노인에게 친숙한 전통 욕실 분위기로 하였다.

10 안전손잡이가 달린 공용욕실의 문에 반투명 유리를 사용하여 밝으면서도 프라이버시가 유지되도록 하였다.

슈쿠토쿠쿄세엥, 일본 11

선라이프히로미네, 일본 12

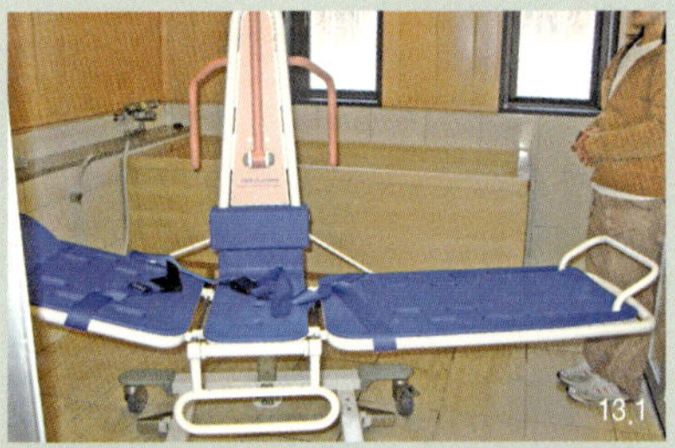

13.1

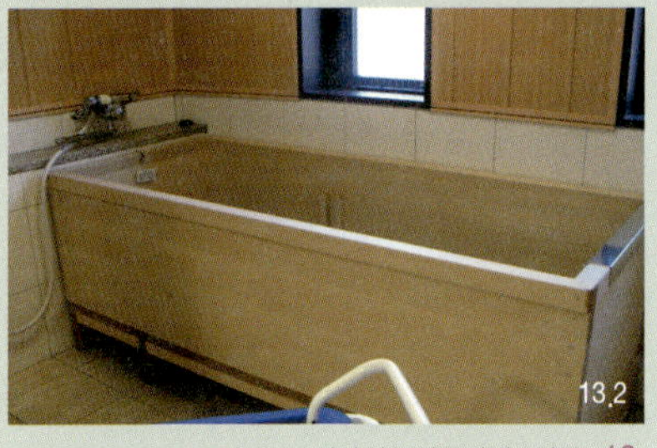

13.2

선라이프히로미네, 일본 13

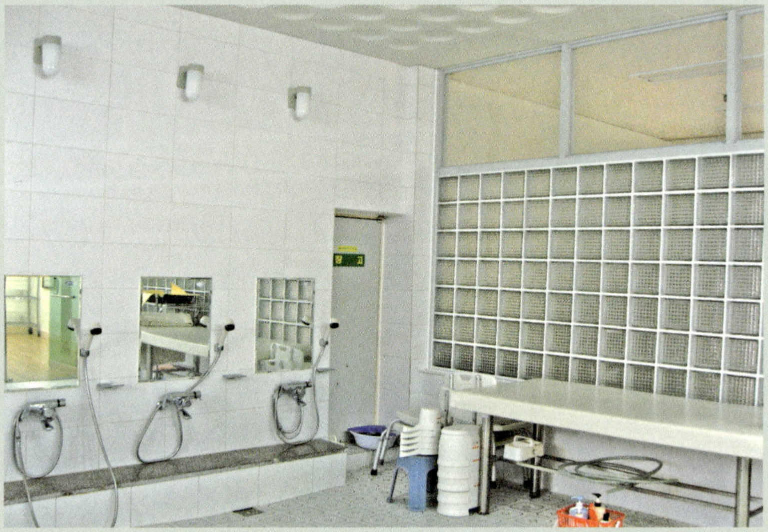

붓다의집, 한국 14

11 욕조가 2방향 또는 3방향에서 직원이 수발할 수 있도록 배치되어 있다. 직원이 서로 도울 수 있도록 욕실은 직원실 가까이에 배치하였다.

12 창이 있어 자연채광이 잘 되며 벽과 천장은 목재로 마감하여 따뜻한 느낌을 준다.

13 의자에 앉아 균형을 유지하지 못하는 거주노인을 위해 특별욕실에 목재욕조와 리프트가 설치되어 있다.

14 혼자서 목욕할 수 있는 거주노인 여러 명이 사용할 수 있는 공용욕실이다.

3. 탈의실

3 공용욕실에 인접한 탈의실은 탈의, 목욕준비, 목욕 후 휴식, 모발건조 등이 이루어지는 공간이다. 직원과 함께 사용하는 곳으로 배설 수발, 탈의 수발 및 간단한 세탁작업이 이루어진다.

개 요

노인요양시설의 탈의실은 목욕 전후에 이용되는 필수적인 공간이나 일반적으로 잘 계획되지 못하고 있는 실정이다. 직원은 탈의실에서 거주노인의 옷을 갈아입히고, 머리를 말려주며, 배변 수발도 하게 된다. 거주노인과 수발직원의 신체적인 상호접촉이 많은 공간이므로 치유공간으로서 의미가 크다. 따라서 탈의실은 안전성, 쾌적성, 기능성을 고려하여 계획해야 한다.

탈의실의 건축 · 실내공간계획

- 탈의실은 욕실 진입공간에 설치한다.
- 탈의실에는 선반, 벤치, 세면대, 목욕수건, 비누, 에프런 등의 수납장, 세탁물 보관함, 청소도구함이 필요하므로 이를 고려하여 충분한 면적을 확보한다.
- 탈의실은 목욕 후 기저귀, 의류 등을 처리할 수 있도록 오물처리실, 세탁실과 인접 배치하여 계획한다.

탈의실의 실내공간 구성요소

- 탈의 · 화장공간의 바닥은 뒷면이 방수처리된 카펫을 사용하여 세라믹타일로 인한 소음을 감소시킨다.
- 천장은 습도에 강한 방음 텍스타일을 사용하여 소음을 줄인다.
- 탈의실은 목욕 후의 휴식장소이므로 채광이 잘 되어야 한다. 채광과 통풍을 위한 벽창이나 천창을 설치하여 주변 조망을 즐길 수 있도록 한다.
- 창문 커튼, 샤워 커튼, 타월 등을 이용하여 소음을 줄이고 활기 있는 분위기를 조성한다.

탈의실의 실내 디자인요소

- 탈의실에는 휠체어와 의자를 배치할 공간이 확보되어야 한다.
- 거울과 편안한 의자가 있는 화장대를 설치하여 거주노인들이 목욕이나 화장에 관심을 갖게 한다. 휠체어 사용노인을 배려하여 화장대 아래에는 무릎공간을 둔다.
- 탈의실에는 목욕 전후 노인이 혼자 사용하거나 직원이 도울 수 있는 화장실 설비와 세면대, 오물처리설비, 세탁조, 세탁기, 세탁물 보관함 등이 필요하다.
- 탈의실에는 목욕 후 거주노인들이 안정과 휴식을 취할 수 있는 이동 가능한 간이침대를 설치하는 것이 좋다.
- 조명은 밝기를 조절할 수 있는 부드러운 간접조명으로 펜던트 등을 천장에 설치하여 노인의 눈을 피로하지 않게 한다.

기타 사항

- 거주노인들이 직접 옷을 벗고 입거나 수발직원이 도와줄 때, 안전성을 고려하여 안전손잡이가 꼭 필요하다.

| 탈의실의 사례 |

슈쿠토쿠쿄세엥, 일본 1

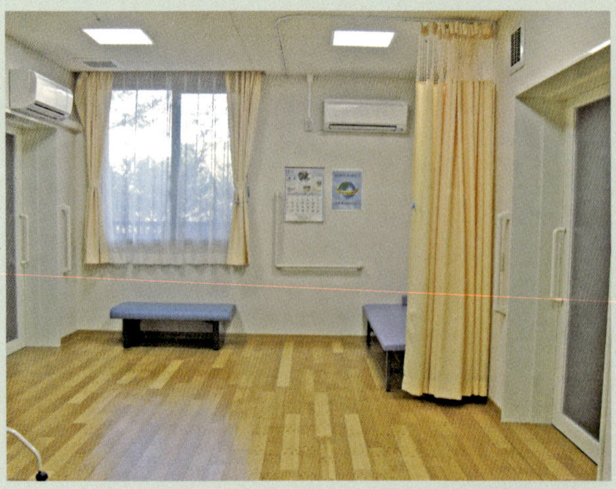

슈쿠토쿠쿄세엥, 일본 2

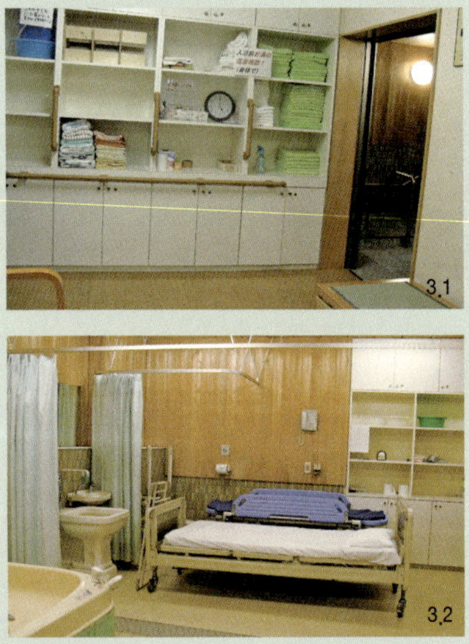

미나미카제, 일본 3

선라이프히로미네, 일본 4

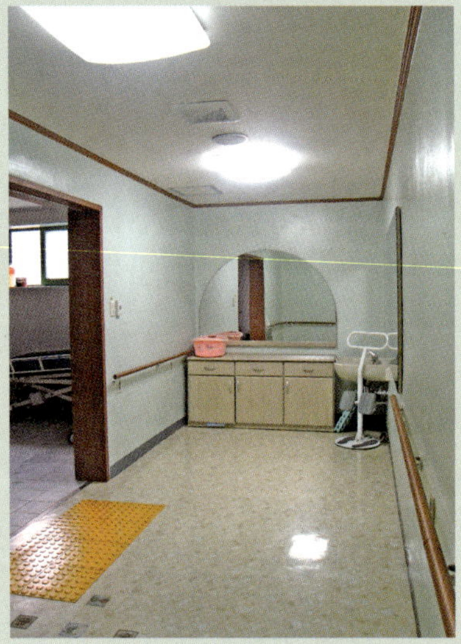

성요셉노인전문요양센터, 한국 5

1 세면대 하부에 여유공간이 있어 휠체어를 타고도 사용하기 편리하다.

2 탈의실에 휠체어 사용노인의 출입이 용이하도록 여유 있는 공간을 확보하였다.

3 특별욕실의 탈의실은 간이침대, 긴 의자, 휠체어 및 스트레처 등의 사용을 고려하여 충분한 공간을 확보해야 한다.

4 탈의실에 세탁기, 건조기, 수납장 등이 설치되어 있으며 오물처리실이 인접해 있다.

5 탈의실에 화장대, 수납장, 안전손잡이가 설치되어 있으나 화장대 아래에 여유공간이 없어서 휠체어를 사용하는 노인에게 불편하다.

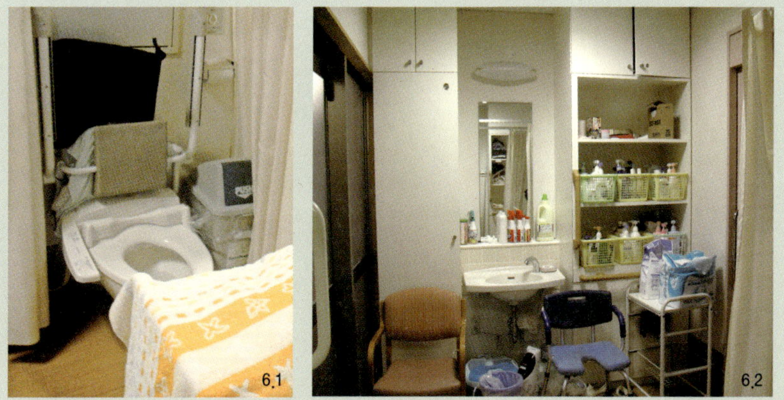

미나미카제, 일본 6

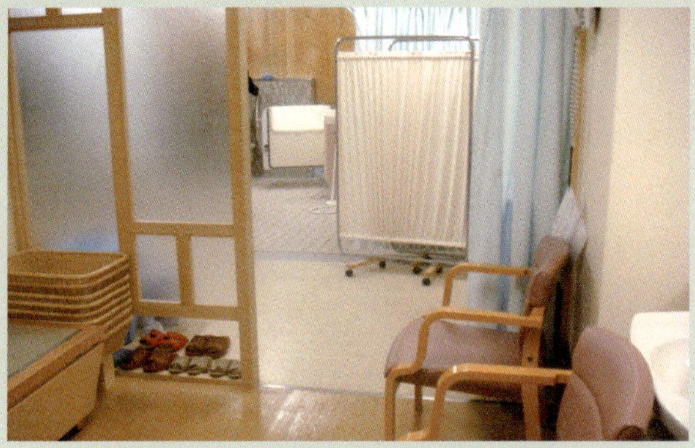

미나미카제, 일본 7

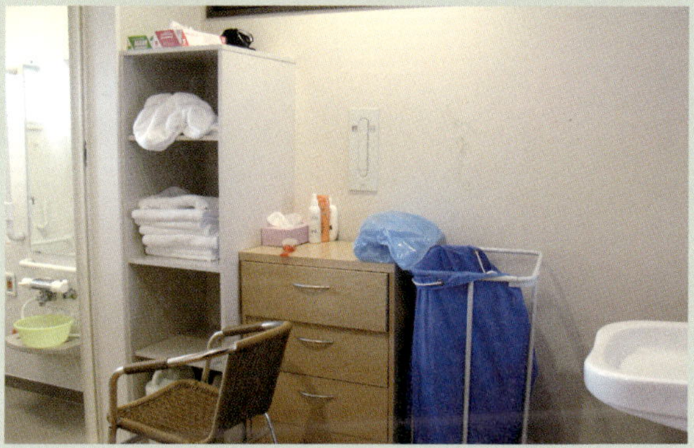

슈쿠토쿠쿄세엥, 일본 8

선라이프히로미네, 일본 9

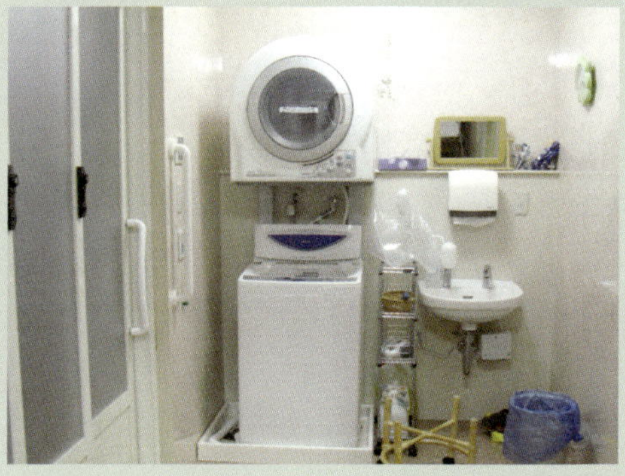

카리타스노오카, 일본 10

6 탈의실에 커튼(6.1)과 세면대(6.2), 오물처리설비, 세탁기가 설치되어 있다.

7 탈의실 바닥에 일본의 전통적인 다다미가 깔려 있어 노인에게 친숙한 느낌을 준다.

8 탈의실에 세면대, 수납장, 세탁물 보관함 등이 비치되어 있다.

9 공용욕실과 인접한 탈의실에 세탁기, 건조기, 수납장, 이동식 간이침대가 마련되어 있다.

10 탈의실에 세면대, 세탁기, 건조기가 설치되어 있다.

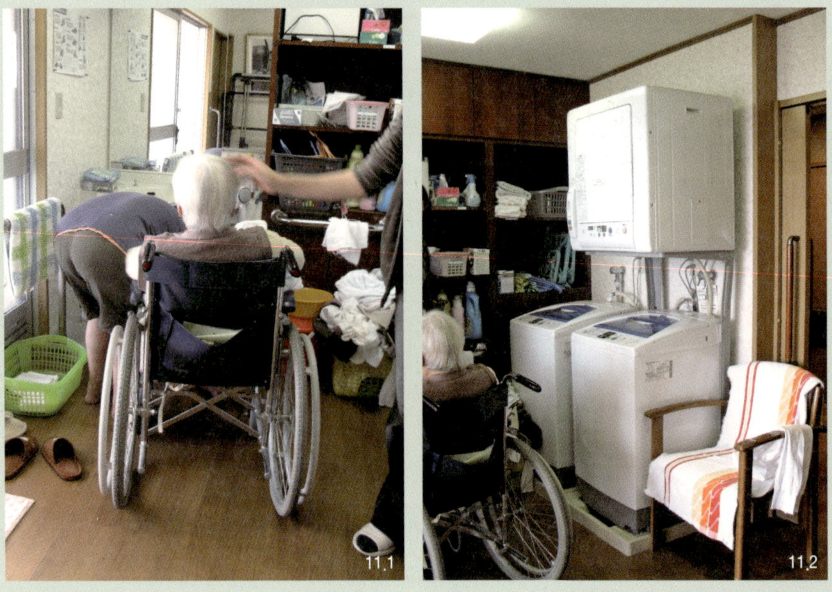

사쿠라신궁, 일본 11

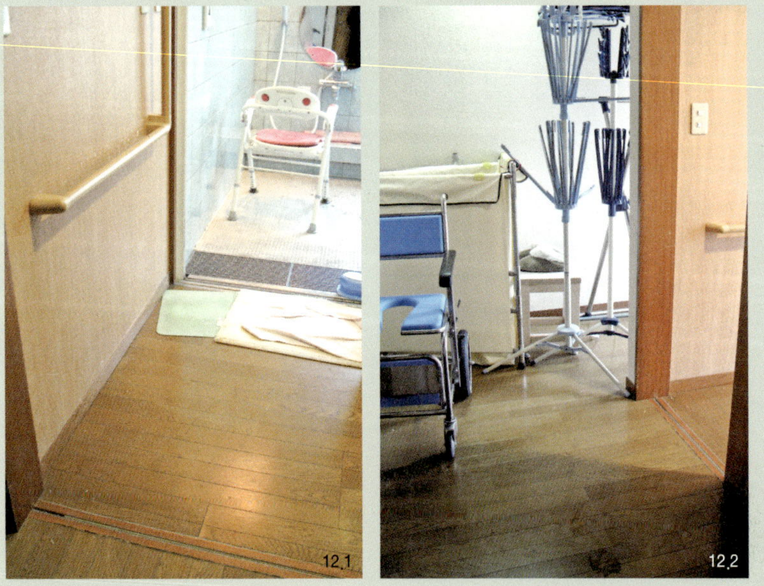

카에데 & 메이플리프, 일본 12

케마키라쿠엔, 일본 13

11 채광이 잘 되도록 큰 창이 설치된 탈의실에 세탁기, 건조기, 수납장 등이 비치되어 있으며(11.2), 목욕이 끝난 노인의 머리를 말려주고 있다(11.1).

12 건조대가 탈의실의 세탁기에 인접한 곳에 연결되어 있어서 동선이 짧다.

13 대형 공용욕실에 있는 탈의실로 수납장, 의자, 벤치, 화장대 등이 설치되어 있다.

4. 특별거주실[1]

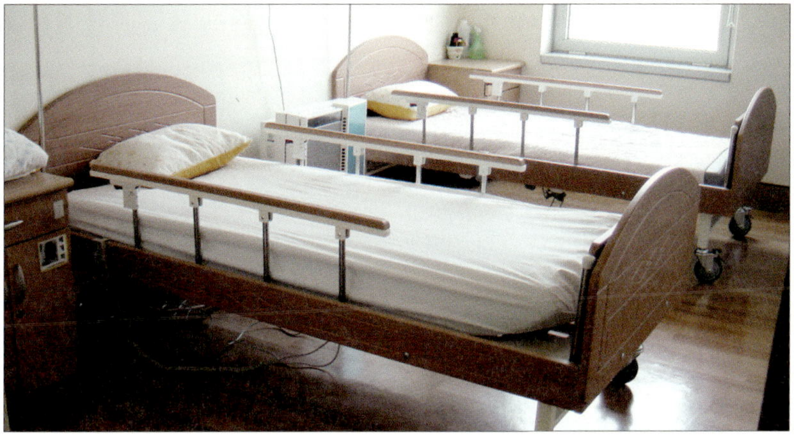

4 특별거주실의 목표는 노인의 속박이 아니라 건강 상태를 잘 관찰하여 노인이 신속하게 안정을 취하여 거주실에서 생활할 수 있게 하는 것이다.

개 요

노인요양시설의 특별거주실은 거주노인의 심각한 문제 행동으로 거주실에서 생활하기 어렵거나 흥분상태를 가라앉히기 어려운 경우, 건강이 악화되어 간호사의 지속적인 관찰과 관리가 필요한 경우에 사용할 수 있도록 계획되며, 치유공간의 의미를 갖는다. 특별거주실은 일정 기간 머무는 장소이지만 병동과 같은 느낌이 나지 않도록 거주노인에게 친숙한 분위기로 계획하는 것이 바람직하다.

치매노인을 위한 Tip

- 치매노인요양시설은 운영방침상 특별거주실(관찰실 · 중환자실 · 정양실)을 설치하는 대신, 거주단위 가운데 하나를 선정하여 신체적 장애 정도가 심한 노인들이 거주할 수 있도록 하기도 한다.
- 외국의 경우 초기에는 격리실을 치매요양원에 설치하였지만 요즈음은 격리보다는 문제행동을 사전에 방지하거나 관찰을 통하여 흥분하지 않도록 하는 방향으로 나아가고 있다.

1 특별거주실은 건강상태가 악화되어 직원의 특별관리가 필요한 노인들을 위한 거주실로, 현재 특별침실, 집중케어실 등 여러 용어가 혼용되고 있다. 2008년 7월에 개정된 노인복지법에서는 '특별거실'로 정의되어 있지만, 이 책에서는 공용거실과의 혼동을 방지하기 위하여 '특별거주실'이라는 용어를 사용하였다.

특별거주실의 건축 · 실내공간계획

- 특별거주실은 노인복지법상 전체 정원의 5% 이내에서 설치하도록 되어 있다.
- 특별거주실 안에 화장실을 설치할 수 있으나, 이런 경우 노인이 불결 행위를 하지 못하도록 용변 후 센서에 의해 곧바로 수세될 수 있는 것이 바람직하다. 화장실이 특별거주실 밖에 위치한다면 가까운 곳에 배치하고 직원의 수발 하에 이용하도록 한다.
- 특별거주실의 배치는 신체적 장애가 많은 노인들을 대상으로 거주단위 1개를 별도로 설치하며, 저층에 배치하여 물리치료실 등의 이용이 편리하도록 한다. 특별거주실은 요양서비스 제공의 효율성을 고려하여 3인 이내를 기준으로 간호사실에 인접시켜 배치한다.

특별거주실의 실내공간 구성요소

- 벽의 마감은 부드러운 재료로 하여 거주노인의 정서를 돕고, 안전사고를 방지하도록 한다.
- 실내 마감재는 거주노인의 자해행위 및 훼손 방지를 고려하여 대책을 강구한다. 바닥이나 벽에 머리나 몸을 부딪히는 자해 행동, 벽지나 바닥재를 뜯어서 훼손하는 등의 행동을 방지하기 위해 고무 패딩(padding)을 하거나, 뜯어낼 수 없는 재료로 마감한다. 또한 노인의 불결 행위 시 청소가 용이한 재료를 사용한다.
- 화장실은 노인의 낙상으로 인한 사고의 위험이 없도록 미끄럼방지용 바닥재를 사용한다.

기타 사항

- 특별거주실에는 산소호흡장치, 흡입장치 등 응급 진료에 필요한 기구의 설치가 가능하도록 배려한다.
- 벽이나 문에 흡음재료를 사용하는 등의 방음 계획을 고려한다.
- 치매노인의 행동 관찰이 가능한 CCTV 카메라를 설치한다.
- 창호 안전장치로서 개폐조절이 가능한 장치와 강화유리를 사용하도록 한다.
- 기계환기 또는 환풍장치를 한다.
- 전기 스위치나 콘센트 등의 위험요소는 특별거주실의 외부에 설치한다.

5. 상담실

5 상담실은 거주노인의 가족이 방문하거나 거주 시작 전 또는 후에 직원과 상담하는 공간이므로 시설적인 느낌이 나지 않도록 부드럽고 아늑한 분위기를 조성하도록 한다.

개 요

상담실은 외부에서 방문하는 노인의 가족과 직원의 상담이 이루어지는 곳이므로 편안한 분위기에서 대화가 가능하도록 계획하는 것이 중요하다. 특히 청각적 프라이버시를 고려하여 계획하도록 한다.

상담실의 건축 · 실내공간계획

- 상담실은 직원, 거주노인, 가족이나 보호자 등이 함께 상담할 수 있는 면적을 확보해야 한다.
- 상담실은 외부에서 방문하는 노인가족과 직원의 상담이 이루어지는 곳이므로 노인의 거주단위와 떨어져 있는 직원영역(사무실, 안내데스크)에 가까이 배치하는 것이 바람직하다.
- 노인요양시설 주 출입구가 있는 1층에 직원들을 위한 회의실과 겸용할 수 있는 상담실을 두도록 한다. 이유는 상담실의 이용 시간이 고정적으로 정해져 있는 게 아니므로 상담이 진행되는 경우가 아닐 때 직원을 위한 회의실, 휴식공간 등으로 사용함으로

써 활용도를 높일 수 있기 때문이다.

상담실의 실내공간 구성요소

- 상담실은 사무공간이 아니므로 편안하고 가정적인 느낌이 나도록 계획한다.
- 상담실은 시각적 프라이버시보다 청각적 프라이버시가 이루어질 수 있도록 공간을 구성한다.
- 상담실은 청각적 프라이버시가 유지될 수 있도록 방음 계획을 잘 해야 한다.
- 별도의 상담실이 없는 경우, 로비를 상담공간으로 활용할 수 있도록 공간을 구성하고 가구를 융통성 있게 배치한다.

상담실의 실내 디자인요소

- 상담이 효과적으로 이루어질 수 있도록 소파 등 편안한 가구를 배치한다.
- 편안한 분위기를 조성하는 재료와 색채를 선택하도록 한다.

| 상담실의 사례 |

히토에노사토, 일본 1

카에데 & 메이플리프, 일본 2

3.1

3.2

선라이프히로미네, 일본 3

1 1층 직원용 사무실 건너편에 위치한 상담실은 일본 전통 다실과 같은 부드러운 분위기를 연출하고 있다.

2 상담실은 시각적 프라이버시보다 청각적 프라이버시가 더 중요하다.

3 1층 주 출입구 옆 공간을 상담실 겸 접객실로 계획하여 방문하는 가족과의 만남의 장소로 이용하고 있다.

6. 이 · 미용실

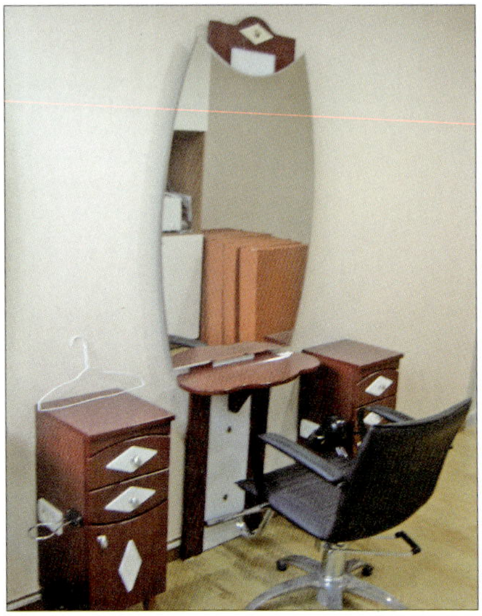

6 이 · 미용실은 거주노인들에게 정기적으로 이 · 미용 서비스를 제공하는 장소로서 비교적 규모가 큰 시설에 계획하고 있다.

개 요

이 · 미용실의 서비스는 노인요양시설 거주노인들이 자신의 용모를 가꾸고 긍정적인 일상생활의 활력을 찾을 수 있도록 도움을 주는 활동이다. 따라서 이 · 미용실계획은 치유공간 측면에서 기능적인 면뿐만 아니라 밝고 매력적인 실내 디자인으로 계획하는 것이 좋다.

이 · 미용실의 건축 · 실내공간계획

- 안전성을 고려하여 관계자만 접근가능하도록 한다.
- 이 · 미용실은 주로 거주단위 층보다 1층의 관리 · 직원영역에 배치한다.
- 매일 사용하는 공간이 아니므로 비슷한 성격의 다른 실의 용도와 겸용하여 사용하기도 한다. 촉탁의사에게 치과검사 진료를 받는 공간과 겸용하여 사용하기도 한다.

이 · 미용실의 실내공간 구성요소

- 유지 및 관리를 위하여 이 · 미용실의 바닥에는 러그를 깔지 않도록 한다.
- 휠체어 사용 거주노인들의 이동을 고려하여 일반 미용실에서 볼 수 있는 파티션을 사

용하지 않도록 한다.

- 출입을 통제할 수 있는 문을 반드시 계획하도록 한다.

이 · 미용실의 실내 디자인요소

- 이 · 미용실의 기본적인 설비인 거울, 미용 의자, 세면대, 수납장 등을 설치한다.
- 이 · 미용실의 광원은 형광등보다 안색이 좋아 보이고 분위기를 부드럽게 하는 백열등, 할로겐등을 사용하고, 조명방법은 간접조명과 직접조명을 병행한다.

| 이 · 미용실의 사례 |

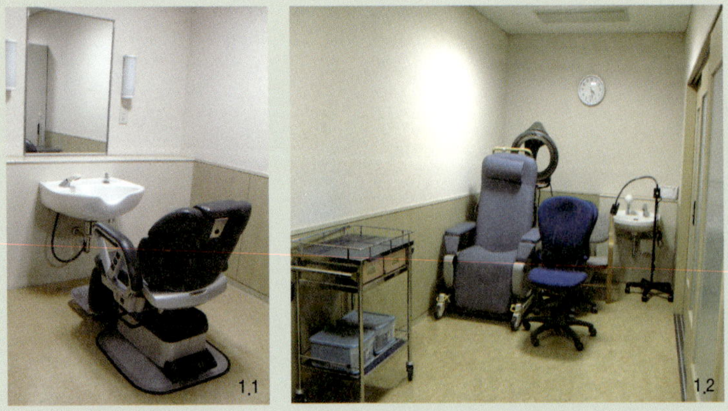

카리타스노오카, 일본 1

미나미카제, 일본 2

하피네스아다치, 일본 3

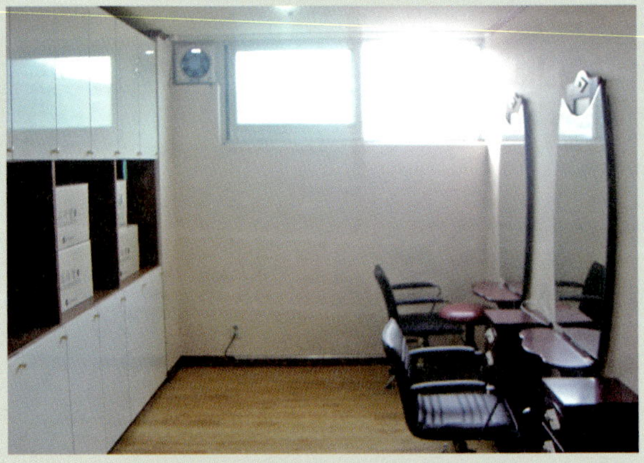

미나미카제, 일본 4

1 정기적으로 방문하는 치과의사에게 진료를 받을 수 있는 치과 코너와 머리손질을 받을 수 있는 이 · 미용실 코너가 한 공간에 마련되어 있다. 2개의 출입문이 있으나 한 공간을 같이 사용하고 있다.

2 1층에 마련된 이 · 미용실에는 자원봉사자가 방문하여 거주노인에게 편의를 제공하고 있다.

3 150명 이상의 노인이 거주하는 시설의 1층에 위치하고 있는 이 · 미용실이며 일주일에 두 번 정기적으로 운영하여 노인에게 편의를 제공하고 있다.

4 이 · 미용실에 거울, 의자, 수납공간이 설치되어 있다. 창의 위치가 높아서 안전성은 있으나 답답한 느낌이 든다.

Chapter 10

운영관리공간

운영관리공간은 노인요양시설의 운영과 수발서비스 제공에 필요한 공간이며, 사무실/안내데스크, 회의실/교육실, 직원스테이션, 중앙 주방, 세탁실, 오물처리실, 리넨실이 포함된다. 이 공간들은 시설 내 직원의 업무와 작업에 관계되는 공간이므로 기능적이며 효율적인 면과 관리적인 면을 고려하여 계획되어야 한다. 이 중 사무실은 자연스럽게 시설 외부와 내부의 상황을 잘 관찰할 수 있도록 디자인하는 것이 필요하고, 직원스테이션은 노인 거주층에 위치하며, 거주노인과 아주 밀접하게 상호작용이 일어나는 공간이라는 점을 주의하여 계획한다.

1. 사무실 · 안내데스크

1 노인요양시설의 사무실 · 안내데스크는 시설의 마스터플랜과 전반적인 운영관리가 이루어지는 곳이다. 거주단위가 시설의 손이라면 직원사무실은 시설의 머리에 해당된다.

개 요

노인요양시설의 사무실은 시설 운영과 관련된 복합적인 사무를 처리하는 곳이다. 사무실이란 일반적으로 사무 업무가 주로 행해지는 건물의 일부 공간으로, "여러 가지 창조 활동을 조성하는 세계를 만들어내고, 나아가서 인간과 조직간의 생산성 향상을 목적으로 하는 시스템으로 기업 또는 조직이 자신의 목적을 수행하기 위하여 각종 정보를 조작 · 처리하는 장"으로 정의된다. 사무실은 근무자가 수행하는 업무, 기업의 조직, 업무공간이라는 하부 시스템들의 상호작용으로 구성되는 통합시스템이며 그 시스템의 어느 한 부분이 변화하면 다른 부분들이 영향을 받게 된다.

따라서 사무실은 노인요양시설의 조직과 업무의 특성을 반영하여 설계되어야 한다. 일반적으로 사무실에서 근무하는 직원은 시설장(원장), 사무국장, 행정 및 사무직원, 상담직원, 프로그램 운영자, 시간제 직원 등이며, 조직은 시설의 운영 이념, 규모 등에 따라 다르다. 또한 이들의 업무 내용은 행정, 회계, 교육, 홍보 및 안내, 이용자관리 등이다.

안내데스크는 시설 방문자를 안내하고 거주노인의 출입을 관리하는 곳으로서 일반적으로 시설 안내, 출입자관리, 우편물 접수, 주차관리 등의 기능을 담당한다. 노인요양시설에 따라서 별도의 안내데스크를 두지 않고 사무실에서 이 기능을 수행하기도 한다.

사무실 · 안내데스크의 건축 · 실내공간계획

- 사무실의 규모는 노인요양시설의 규모와 근무 직원의 수에 따라 결정된다. 즉, 직원을 위한 사무책상 및 의자, 서류선반과 수납장, 금고, 복사기, 컴퓨터 등의 크기, 개수, 배치방법 등을 고려하여 사무실이 계획되어야 한다. 노인요양시설의 사무실에는 관청에 제출할 서류, 거주노인 관련 서류 등의 문서가 많이 보관되며 이를 장기간 비치하고 수시로 열람해야 하기 때문에 접근하기 쉬운 서류수납공간을 충분히 확보해야 한다. 사무실의 규모가 작은 경우에는 별도의 창고를 설치하여 보관하도록 한다.
- 사무실에는 방문자 접대를 위하여 간단한 응접코너를 설치해야 하며, 차나 간식을 준비할 수 있도록 탕비실을 계획한다.
- 사무실은 업무 내용에 따라서 필요한 공간의 형태가 다르며, 소음이 업무 효율에 미치는 영향이 크므로 단일실보다 몇 개의 공간으로 나누어 구성하는 것이 바람직하다. 우

리나라의 경우, 사무실이 1개인 노인요양시설이 대부분(89%)으로 2~4개로 분산배치된 곳은 11%에 지나지 않는다(2006년 전국조사결과). 업무별로 주변의 활동으로부터 방해 받지 않는 적절한 사무공간이 구성되어야 하고, 상담 및 전문적인 업무를 위해서는 프라이버시가 확보되어야 하기 때문에 행정 및 사무직원을 위한 사무실, 사회적 서비스 및 상담 직원을 위한 사무실, 프로그램 운영자를 위한 사무실 등으로 실을 분리하여 설치하는 것이 바람직하다.

- 몇 개로 구분된 사무실들은 분산배치하는 것보다는 일정 구역에 집중 배치하는 것이 업무효율성을 높일 수 있다. 사무실과는 별도로 시설장실(원장실), 회의실, 상담실을 계획하되 사무실과 인접하도록 하며, 시설장실은 회의실과 바로 연결되도록 배치하는 것이 편리하다.
- 사무실의 위치는 출입자와 거주노인의 관리가 용이하게 이루어질 수 있도록 주 출입구와 엘리베이터에 가깝게 배치하는 것이 바람직하다.
- 안내데스크는 노인요양시설의 주 출입구에서 잘 보이는 곳에 설치한다. 특별히 지정된 안내데스크의 형태는 없으나 일반적으로 카운터 형태가 많이 채택되고 있다. 엘리베이터에 치매노인관리를 위해 잠금장치가 설치된 경우에는 직원이 매번 엘리베이터를 작동시켜 주어야 하므로 안내데스크는 엘리베이터와 동선이 가까운 곳에 배치한다.

사무실 · 안내데스크의 실내공간 구성요소

- 사무실은 일반 사무환경에 준하여 계획하되, 친근한 분위기를 갖도록 한다. 노인요양시설 사무실의 바닥에 P-타일이나 카펫타일, 러그를 사용하면 발소리가 나지 않으며, 벽은 페인트 도장으로 마감하는 것이 관리하기 쉽다. 천장에는 소음흡수에 효과적인 텍스타일을 사용하고, 파티션은 직물을 씌운 것을 선택하면 상담 시의 대화, 복사기 등에 의한 소음을 줄일 수 있다.
- 사무실의 출입구는 주 출입구와 엘리베이터에 가까운 곳에 계획하되, 출입이 빈번하다는 점을 고려하여 여닫기 용이하고 소리가 나지 않는 설비를 갖추도록 한다. 국내 시설은 사무실에 여닫이문을 설치하고, 상시 열어둔 채로 사무를 보는 경우가 많다. 문을 열어 둘 경우에는 여닫이문보다 미닫이문이 공간 활용상 유리하므로 사용방법

을 고려한 후에 문의 종류를 선택하도록 한다.

- 사무실의 창은 채광과 전망을 고려하여 넓은 면적을 확보하되, 조도의 조절이 가능하도록 블라인드 등의 창 장식을 설치한다. 내부로 뚫린 창은 외부 방문객이나 거주노인의 관찰을 위하여 출입구 쪽을 향하도록 설치하는데, 사무실의 환경이 산만해지기 쉬우므로 필요할 경우 시각적으로 차단할 수 있는 커튼, 블라인드 등을 설치한다.

사무실 · 안내데스크의 실내 디자인요소

- 사무실은 직원들이 야근하는 경우가 많으므로 피로를 줄이기 위하여 인체공학적인 측면을 충분히 고려한다. 조도를 충분히 확보하고 전체조명 외에도 스탠드 등의 부분조명을 제공한다.
- 수납효율이 높은 가구를 선택한다. 그림 등의 예술품과 장식물들을 설치하면 직원의 사기와 만족도를 높일 수 있다.
- 안내데스크는 환영하는 분위기를 나타낼 수 있도록 한다. 카운터 상판은 차가운 느낌이 드는 석재보다는 목재를 사용하며, 방문자가 기록을 작성하기 편리하도록 높이와 넓이를 고려한다. 방문자의 이해를 돕기 위해 시설 안내도를 설치한다.

| 사무실 · 안내데스크의 사례 |

늘푸른노인전문요양원, 한국 1

히토에노샤토, 일본 2

동부노인전문요양센터, 한국 3

휴매니타스아크로폴리스, 네델란드 4

5.1

5.2

붓다의집, 한국 5

1 방문자관리가 가능하도록 시설의 주 출입구 옆에 배치하고 큰 창을 설치한 사무실이다.

2 여러 개의 작은 창을 두어 복도를 다니는 거주노인을 관찰할 수 있으며 사무실에서 근무하는 직원의 프라이버시가 유지된다.

3 카운터의 높낮이를 달리하여 방문자가 서서 또는 앉아서 안내받을 수 있도록 한 안내데스크이다.

4 대규모 복합시설에서 많은 방문객의 사용에 대비하여 안내데스크를 원형으로 넓게 제작하였다.

5 안내데스크에 상주하는 직원이 업무를 볼 수 있도록 안내데스크 내부를 사무공간으로 조성하였다.

2. 회의실 · 교육실

2 노인요양시설의 서비스는 직원의 팀워크를 통하여 이루어진다. 복지, 의료, 간호, 수발 프로그램 등의 각 분야에서 협의를 통해 노인 개개인에게 가장 적합한 방법을 찾아낸다. 서비스의 지속적인 발전을 위하여 직원의 교육기회도 중요하다.

개 요

노인요양시설의 직원들은 직종 간 또는 부서 간의 협업을 통하여 노인 개개인의 요구를 파악하고 가장 효과적인 수발방법을 찾아내어 이를 일관성 있게 적용할 수 있다. 이러한 부서간 팀제는 최적의 수발을 제공한다는 이점뿐 아니라 팀원들의 업무시 중압감을 경감시키고, 입소노인의 응급상황 발생률, 약제 복용 정도, 사망률을 감소시킬 수 있다. 이와 같이 수발 방법에 대한 분석과 결정, 적용과 수정이 적절하게 일어나기 위해서는 회의를 통하여 자주 의견을 교환하여야 한다. 또 거주노인을 위한 수발 서비스를 향상시키기 위해서 직원에 대한 지속적인 교육이 필요하다. 직원 교육은 시설마다 다르지만 적어도 월 1회 이상 시행되고 있다. 다른 프로그램에 방해받지 않고 노인요양시설 직원의 회의와 교육을 원활히 하기 위해서는 회의실 · 교육실이 필요하다.

회의실 · 교육실의 건축 · 실내공간계획

- 회의와 교육을 위한 회의실 · 교육실은 시설당 2개 이상 확보하도록 한다. 회의실 · 교

육실은 모든 직원이 모일 수 있는 대규모공간 1개와 여러 개의 소규모공간으로 계획하면 다양한 회의와 프로그램에 융통성 있게 사용할 수 있다.

- 회의실 · 교육실의 규모는 1인당 1.5m²로 한다. 소규모 회의실의 크기는 팀원의 수를 고려하여 결정한다. 주간 근무 수발팀의 규모가 4~8명이므로 이를 고려하여 회의실을 계획하되, 적어도 12명을 수용할 수 있도록 한다 .
- 공간이 부족하여 회의실 · 교육실을 다른 용도로도 겸용한다고 하더라도 회의실 · 교육실의 주된 기능을 방해하지 않도록 한다. 예를 들면, 회의실 · 교육실이 거주노인의 소그룹 활동을 위한 공간으로도 사용될 수 있지만, 설비 창고로 이용되어서는 안 된다. 전체 직원이 이용할 수 있는 대규모 회의실 이외에 거주단위별로 작업의 인수인계나 수발팀 내부 회의가 소규모 회의실에서 자주 이루어지는데, 이러한 경우 사회복지사실 등 다른 공간을 사용할 수 있다면 따로 공간을 마련할 필요는 없다.
- 회의 중 또는 교대시간의 인수인계 중에라도 노인의 관찰이 가능하도록 회의실 · 교육실에 관찰창을 둔다. 그러나 거주노인들이 자신이나 다른 노인들에 대해 언급하는 것을 듣지 못하도록 청각적인 프라이버시는 유지되어야 한다.
- 팀 회의장소가 교육실로 활용되기 위해서는 모든 직원과 강사, 손님들을 수용할 수 있어야 한다. 개인의 연구공간과 자료도 구비되어야 하는데, 이를 위하여 적어도 한 개의 책상은 필요하다. 지속적인 교육과 함께 직원들이 스스로 공부하고 연구할 수 있는 환경을 제공해 주는 것이 바람직하다. 공간이 부족한 경우, 시간에 따라 연구하고 그 자료들을 사용할 수 있도록 직원 간에 교육실 사용시간표를 만드는 것도 권장할 만하다. 화장실은 회의실 · 교육실 안에 두거나 가까운 위치에 계획하도록 한다.
- 회의실 · 교육실의 계획 시 동선은 매우 중요하다. 회의실 · 교육실은 거주단위 내에 위치하거나 최대한 가까워야 한다. 특히 비상시에 직원들이 용이하게 노인의 거주실로 이동할 수 있어야 하므로 회의실 · 교육실과 거주단위 간의 동선은 짧게 한다.

회의실 · 교육실의 실내공간 구성요소

- 회의실 · 교육실은 거주노인들의 활동에도 사용될 수 있으므로 벽과 바닥의 마감재를 선택함에 있어서 노인의 거주공간과 비슷한 재료와 색채를 사용한다.

- 벽은 방음이 되도록 하며 불필요한 방해나 산만함을 피하기 위하여 투명한 유리벽보다는 불투명한 벽으로 계획한다.
- 회의실 · 교육실의 출입문은 닫을 수 있어야 하며, 치매노인의 방해를 막기 위하여 간단한 잠금장치를 설치한다. 창은 채광과 환기를 위하여 필요하지만, 동영상이나 파워포인트 자료를 보기 위하여 창에서 들어오는 빛을 차단할 수 있도록 커튼이나 스크린을 설치한다.

회의실 · 교육실의 실내 디자인요소

- 회의실 · 교육실의 도서와 책, AV 장치의 수납을 위한 수납장은 잠금장치가 있어야 한다.
- 사용하지 않을 때 쌓아 놓을 수 있는 의자, 융통성 있게 사용할 수 있는 이동식 테이블이 유용하다.
- 동영상이나 파워포인트 자료를 회의나 교육에 활용하기 위해서 스크린이 설치된 붙박이 칠판이 필요하며, AV 자료 등을 보기 위하여 콘센트가 설치되어야 한다.

| 회의실 · 교육실의 사례 |

도봉실버센터, 한국 1

마이홈노인전문요양원, 한국 2

히토에노사토, 일본 3

소피에룬드케어하우징, 덴마크 4

하피네스아다치, 일본 5

1 회의실 · 교육실은 직원회의, 교육활동, 주간보호 프로그램 등에 사용된다.

2 직원 스테이션 뒤쪽에 테이블을 두어 소규모 직원회의에 사용하고 있다. 그러나 문이 없이 개방되어 청각적 프라이버시를 유지하기가 어렵다.

3 일본식 다다미방으로 조성된 회의실 · 교육실은 외부인의 방문을 쉽게 알 수 있도록 주 출입구 통로 옆에 배치되었다.

4 회의실 · 교육실에서는 직원의 회의와 교육뿐 아니라 외부인을 대상으로 한 치매에 대한 강연도 이루어진다.

5 일본 각지의 시설 직원들이 모여 각종 연수회를 하는 공간이며, 타 지역에서 온 직원들을 위한 직원용 숙박실과 식당이 인접한 곳에 마련되었다.

3. 직원스테이션

3 노인요양시설에서 노인을 수발하는 직원은 노인과 상호작용을 증진시키기 위하여 폐쇄된 사무실이나 시설 같은 분위기의 직원스테이션이 아닌, 개방형 스테이션을 사용하는 것이 바람직하다. 직원의 모든 시간을 거주노인과 함께 거주단위에서 보낼 수 있게 하는 것이 최근의 노인요양시설 설계의 개념이다.

개 요

노인요양시설의 직원스테이션은 직원과 거주노인 간의 사회적 상호작용을 늘리고, 공동체의 느낌을 촉진시키기 위하여 노인의 생활과 행동을 지켜볼 수 있는 개방형 공간으로 계획한다. 특히 치매노인들은 직원의 적극적인 개입이 필요하다는 점에서 더 강조되고 있다. 직원스테이션의 카운터는 높이를 낮추어 노인들의 접근이 쉽도록 한다. 그룹홈 형식의 시설에서는 소규모의 직원스테이션을 공용거실의 일부분에 통합된 형태로 계획하기도 한다. 직원스테이션 전체가 노인에게 접근 가능하다는 것은 장점이지만, 단점이 되기도 한다. 직원의 관심을 끌려는 거주노인들은 개방형 스테이션에 들어가 물건을 가지고 나오거나 직원의 업무를 계속 방해하기 때문이다. 따라서 직원스테이션에는 노인과 분리되어 문서 작업에 집중할 수 있는 공간이 제공될 필요가 있다.

치매노인을 위한 Tip

- 직원스테이션이 소규모화되어 노인생활공간과 통합되면서 치매노인이 직원스테이션 안의 물건을 만지거나 가져가는 일들이 발생하므로 수납공간은 닫을 수 있도록 하고, 물품이나 약품 등의 보관을 위한 선반이나 수납장을 위쪽에 설치해야 한다.
- 직원스테이션이 직원의 책무를 원활하게 할 수 있도록 디자인될 때, 직원들은 보조 · 도움 · 관찰을 필요로 하는 노인들과 최대한 많은 시간을 가질 수 있다.

직원스테이션의 건축 · 실내공간계획

- 직원스테이션의 면적은 주간에 사용하는 직원이 2~3명일 경우 15~20m^2가 적절하다.
- 직원과 거주노인 간의 상호작용을 늘리기 위해서는 직원스테이션의 면적을 줄이는 것이 효과적이다.
- 공간계획의 측면에서 직원스테이션은 두 가지 유형이 있다. 하나는 공용거실과 복도의 관찰이 가능한 전형적인 스테이션 유형이며, 다른 하나는 직원의 일하는 공간을 거주노인의 활동공간과 통합한 유형이다. 직원스테이션의 유형은 거주노인의 수, 거주공간의 크기와 배치, 거주노인의 건강상태, 직원의 지식과 훈련 정도를 고려하여 정한다. 거주단위에 8~12명의 노인이 있을 경우에는 통합된 유형이 바람직하다.
- 직원스테이션의 공간계획은 직원스테이션 유형인지, 직원의 업무 공간을 거주노인의 활동공간과 통합한 유형인지에 따라 달라진다. 직원스테이션은 거주단위마다 하나씩 설치하며, 각 거주실을 한눈에 바라볼 수 있는 위치가 바람직하다. 또한 출입구를 항상 관찰할 수 있는 위치가 좋으며, 계단·엘리베이터 출입문이 직원에 의해 관리될 수 있도록 계획한다. 직원스테이션에서 직원 교대 시 코트나 가방이 거주노인의 반응을 야기하지 않도록 한다.
- 중앙에 위치한 간호단위별 중앙 직원스테이션을 각 거주단위로 분산 배치하는 것이 최근의 경향으로, 이러한 배치형태의 의도는 직원동선을 최소화하려는 것이다. 즉, 수발 직원을 분산 배치하고, 직원스테이션을 거주노인들의 휴게실/공용거실공간과 통합시키며, 지원공간(공용욕실 · 리넨실 · 다용도실)을 함께 분산배치함으로써 직원 동

선을 줄일 수 있다.

직원스테이션의 실내공간 구성요소

- 직원스테이션을 공용공간과 통합하는 유형은 소음이 문제가 된다. 따라서 시설 전체의 소음을 줄여야 한다. 소음이 적은 경우, 거주노인은 직원이 더 나은 서비스를 제공한다고 생각하며 직원은 스트레스와 피로를 덜 느낀다.
- 직원스테이션은 냉장고, 가열기기, 약품 등에 대한 접근을 통제할 수 있도록 공간을 구성한다. 가열기기는 간단한 전자레인지만으로도 충분하며, 안전을 특별히 배려한다. 기기들을 수납장 내부에 관리하는 것이 바람직하다.

직원스테이션의 실내 디자인요소

- 직원스테이션은 활력을 줄 수 있는 밝은 색채로 마감한다.
- 화이트보드나 메모판 등을 사용하여 수발직원 간의 의사소통을 보완한다.
- 직원은 거주노인의 건강상태와 서비스 내용, 노인의 반응 등을 기록하여야 한다. 직원스테이션에는 직원의 작업공간으로서 책상, 공용공간의 테이블, 노인활동의 관찰이 가능한 개방형 카운터가 필요하며, 야간 근무를 하는 직원이 쉴 수 있는 휴식용 의자를 비치하여야 한다.
- 직원스테이션은 간이부엌의 역할을 겸하므로 냉장고, 전자레인지, 개수대 등이 필요하며, 가능한 가정의 부엌과 같이 친근한 디자인이 바람직하다. 중앙의 주방에서 모든 조리가 이루어지기 때문에 간이부엌에서는 주로 배식, 간식의 준비가 이루어진다. 때에 따라서는 프로그램으로서 음식 만들기 활동이 이루어진다.
- 직원스테이션의 카운터는 높지 않아야 한다. 카운터의 높이는 휠체어 사용 노인과 보행노인이 모두 접근할 수 있도록 차별화시켜서 계획한다. 카운터의 재료는 나무같은 부드러운 재료로 하여 가정적인 느낌을 강조하고, 부딪힐 경우 충격을 줄일 수 있도록 모서리를 둥글게 한다.
- 조명은 시각 적응과 피로 회복을 도울 수 있도록 부드러운 것을 선택한다. 지나치게 밝은 조명은 야간 근무에 임하는 직원을 피곤하게 한다.

기타 사항

- 직원스테이션에는 거주노인이 필요로 하는 상용약품을 관리하고 진료카드를 정리할 수 있는 공간을 확보해야 한다. 또 작업카운터, 세면대, 서류함, 약제함, 왜건 등의 장비를 갖추도록 한다.
- 직원스테이션은 직원이 수발 내용을 기록하고 컴퓨터, 전화를 사용하고 소모품 등을 수납하는 데 있어서 편리하도록 공간을 합리적으로 배치한다. 거주노인 수발 기록은 영구적인 문서이며 기록의 안전과 비밀이 보장되어야 하므로 잠금장치가 있는 서류 수납장의 설치가 필요하다. 또 생활용품(손톱깎이, 빗 등)과 주방용품이 혼합되지 않고 위생적으로 수납될 수 있도록 한다.
- 우리나라는 직원스테이션을 거주단위의 중심에 대면식으로 배치하는 경우가 많다. 유럽과 일본은 직원스테이션이 간이부엌, 공용거실, 공용식당과 통합되어 계획되고 있다. 대면식 카운터는 시설적인 분위기이며, 관찰하는 사람과 관찰 받는 사람의 관계를 형성함으로 큰 시설의 1층을 제외하고는 점차 사용되지 않는 추세이다.

| 직원스테이션의 사례 |

린뎅예룬드보드보엔데, 스웨덴 1

히토에노사토, 일본 2

성요셉노인전문요양원, 한국 3

1 공용식당 내 출입구 쪽 벽면에 계획된 직원스테이션으로 수납장 안쪽에 위치하여 거주노인들의 눈에 잘 띄지 않는다.

2 공용식당, 간이부엌과 함께 계획된 직원스테이션으로 복도 쪽으로 개방되어 있어 노인의 출입을 관찰할 수 있다.

3 공용거실 중앙에 카운터식으로 배치되어 있는 직원스테이션으로 거주노인과의 접촉이나 관찰이 용이하나 시설적인 느낌이 강하다.

카에데 & 메이플리프, 일본 4

케마키라쿠엔, 일본 5

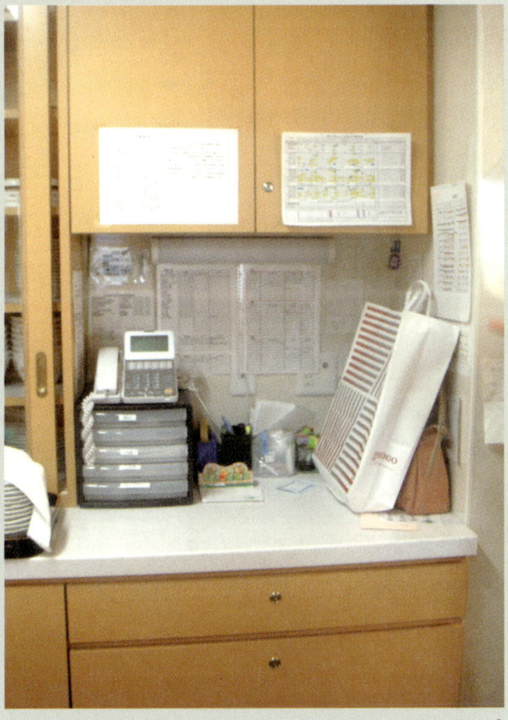

선라이프히로미네, 일본 6

카리타수노오카, 일본 7

4 공용거실의 한쪽에 계획된 다다미가 깔려 있는 개방형 직원스테이션이다.

5 공용거실과 간이부엌이 있는 창가에 직원스테이션이 설치되어 있다. 직원공간이라는 느낌이 나지 않으면서도 업무와 관리 등의 기능적 역할은 가능하도록 되어 있다.

6 간이개수대 한쪽에 마련한 직원스테이션으로 공용공간인 거실에 통합된 유형이다.

7 공용거실의 알코브에 계획된 직원스테이션으로 작은 사무실의 기능을 한다.

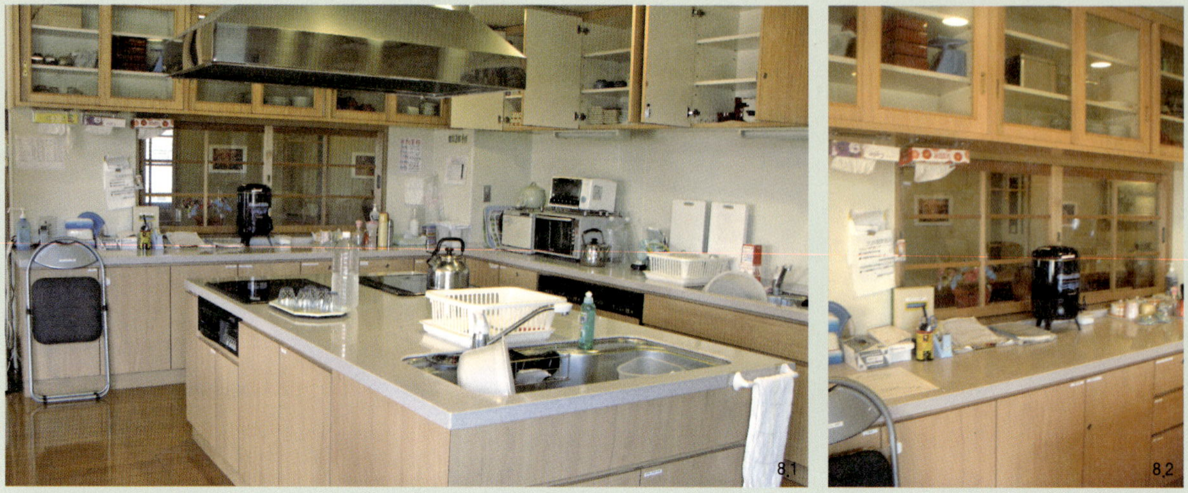

사쿠라신미야, 일본 8

늘푸른노인전문요양원, 한국 9

8 간이부엌 작업대 일부에 설치된 직원스테이션으로 공용식당뿐 아니라 앞의 창을 통하여 복도까지 관찰이 가능하며, 접이식 의자, 게시판 등이 있다.

9 복도의 알코브에 있는 직원스테이션으로 복도와 공용거실, 거주실을 관찰할 수 있다. 스윙도어가 설치되어 노인의 출입을 통제할 수 있지만 문의 흔들림과 소음 때문에 스윙도어를 열어둔 상태로 사용하고 있다. 컴퓨터, 의자, 책상, 수납장, 일정표, 게시판 등이 설치되어 있다.

4. 중앙 주방

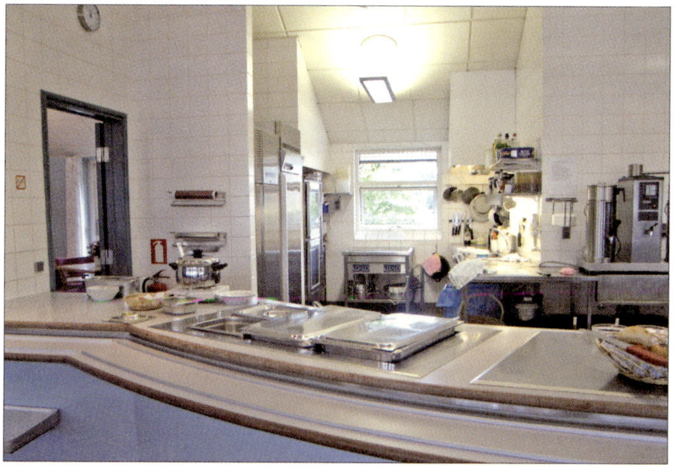

4 몸이 아프고 무료한 노인들, 밥을 언제 먹었는지 잘 기억하지 못하는 노인들에게 식사시간은 즐거운 시간이다. 중앙 주방은 노인의 몸과 마음을 즐겁게 해주고 활력을 불어넣는 맛있는 음식을 만드는 공간이다.

개 요

중앙 주방은 노인요양시설에 거주하는 노인과 직원의 식사를 준비하는 곳이다. 시설의 운영 방침에 따라 건물 내에 중앙 주방을 두고 시설에서 직접 음식을 준비하는 경우와 외부 위탁급식업체에 의뢰하여 위탁경영하는 경우가 있다. 직접 경영하는 경우, 수익성을 추구하지 않기 때문에 예산을 최대한 효과적으로 사용할 수 있으며, 거주노인의 건강상태와 요구에 맞추어 급식을 할 수 있다는 장점이 있다. 위탁하는 경우에는 업체의 전문성을 기대할 수 있으며 재정, 인적자원관리, 운영, 감독, 설비 개선 등의 측면에서 편리하나, 시설 규모가 크지 않을 경우 업체 유치나 급식품질의 통제에 어려움을 겪을 수 있다. 시설 규모가 작거나, 시설 내 주방 설치가 어려운 경우 외부에서 모든 음식을 케이터링(catering)할 수 있다. 북유럽의 시설에는 케이터링하는 경우가 많으나, 우리나라의 경우 음식의 온도 유지, 비용, 거주노인의 건강상태에 따른 특별식 준비, 전문 케이터링 업체 부족 등의 이유로 대부분의 시설에서 직접 주방을 경영한다. 북유럽에서는 노인요양시설의 거주노인뿐 아니라 지역사회의 노인들에게 식사를 저렴한 가격에 제공하는 서비스를 운영하고 있으며, 우리나라에서도 노인 단독가구가 증가하는 추세이므로 이러한 프로그램이 확대될 전망이다.

중앙 주방의 건축 · 실내공간계획

- 중앙 주방의 규모는 주방기구의 종류, 크기, 배치 등에 따라 달라지며, 일반적으로 주방, 식품저장실, 영양사실, 탈의실, 휴게공간으로 구성된다. 공간 구성은 식단에 근거한 조리기구의 선정, 조리작업 흐름에 근거한 조리기구의 배치 등에 대응하여 평면을 계획한다. 중앙 주방에서의 작업공정은 비가열 조리공정(샐러드류·샌드위치류 등), 가열처리 후 처리공정(나물류·비빔밥류 등), 가열조리공정(탕류·찌개류·구이류 등)으로 나뉘며, 구매 및 검수, 전처리 및 보관, 조리, 배선의 과정을 거치게 된다. 노인요양시설의 중앙 주방에서는 시설과 인력 절감을 위하여 급식물품 납품업체에서 전처리(감자나 양파의 껍질 제거 등)가 완료된 식자재를 공급받는 경우가 많으므로 면적 산정 시 전처리공간의 규모를 축소할 수 있다.
- 조리공정은 소화기가 약한 노인의 특성상 튀김이나 볶음보다는 찜, 구이, 무침 등의 방법을 사용한다. 또한 건강상의 이유로 같은 식단이라도 음식 제공 형태가 달라진다. 즉, 밥도 일반 밥·죽·미음·현미식으로, 반찬의 경우도 일반 반찬·잘게 썬 반찬·간 반찬 등으로 제공된다. 따라서 노인요양시설의 특수한 조리공정을 고려하여 기기와 배선대를 설치해야 한다.
- 중앙 주방에서 조리된 음식이 식지 않고 편리하게 거주층에 전달될 수 있도록 덤웨이터를 설치한다.
- 중앙 주방에 인접하여 직원, 주간 보호노인 등이 함께 식사할 수 있는 식당을 설치한다.
- 급식 관련 종사자를 위한 준비실, 탈의실, 옷장 등을 마련하고, 필요한 경우 샤워시설을 설치한다.
- 식사운반 카트가 대기할 수 있는 공간을 확보해야 하며, 잔반처리를 위한 시설이 필요하다.
- 중앙 주방은 식품의 운반과 배식하기 편리한 위치에 계획한다. 또 음식 조리, 음식물 및 식기보관, 식기세척, 소독 등 식품을 위생적으로 처리할 수 있는 설비 및 이를 위한 공간을 갖추고, 방충에 유의하도록 한다.

- 중앙 주방은 온도 및 습도가 높아 각종 위생문제가 발생하기 쉬우므로 오염구역과 비오염구역을 구획하여 배치한다. 교차오염을 방지하기 위해 검수, 전처리, 식재료 저장, 세척구역은 오염구역으로, 조리, 배선 및 배식, 식기보관 구역은 비오염구역으로 구분한다. 구획이 어려울 경우에는 낮은 벽을 설치하거나 바닥 색을 달리하여 구분하도록 한다. 전기, 가스, 상하수도, 기타 시설과 설비도 청소와 소독이 쉽도록 계획한다.
- 음식물오염, 해충 발생 등의 우려가 있으므로 쓰레기 처리와 기구에 유의한다.
- 내화구조와 방화시설을 갖추어 화재에 대비하도록 한다.

중앙 주방의 실내공간 구성요소

- 중앙 주방의 벽과 천장은 청소하기 쉽고 소음을 줄일 수 있어야 한다. 열을 받는 부분은 내열성 있는 재료를 사용하며, 습기나 충격으로 상하거나 금이 가기 쉬운 곳은 스테인레스 스틸을 사용한다. 독성이 있는 페인트는 사용해선 안 되며, 건조창고는 에폭시 페인트 또는 에나멜 페인트, 스테인레스 스틸 또는 유광타일을 사용한다.
- 중앙 주방의 바닥은 배수가 잘 되어야 한다. 이은 자국, 틈, 깨진 곳이 없어야 하며, 바닥과 연결되는 코너나 틈은 틈새를 막아 위생적이면서도 청소하기 쉽도록 한다. 바닥은 방수 및 내수 성능을 가진, 미끄럽지 않은 재질로 마감한다.
- 건조창고의 창문은 간유리나 차양을 이용하여 직사광선을 막는다. 모든 문과 창에는 방충망을 설치하여 해충의 유입을 막는다.

중앙 주방의 실내 디자인요소

- 벽과 천장은 밝은 색으로 하며, 바닥은 미끄럽지 않으면서 청소가 용이한 질감으로 한다.
- 냉장고, 냉동고, 식기세척기, 살균기, 식기와 각종 조리기구를 갖추어야 한다.
- 작업대에 그림자가 생기지 않도록 조명을 설치하며, 조도는 조리 장소, 식기세척 장소, 화장실, 식기 저장고에 최소한 200럭스 이상이 되도록 한다.

기타 사항

- 노인요양시설은 급식물품 납품업체를 통하여 매일 식자재를 공급받으므로 식품 수납량이 많지는 않으나, 연말연시나 추석 등 연휴에 공급받지 못하는 경우를 대비하여 충

분한 식품창고를 확보한다.

- 건조 창고의 수납선반은 공기순환이 잘 되도록 그릴 형태의 것을 설치하며, 가장 낮은 선반이 바닥에서 150mm 이상 떨어지도록 한다.
- 수압은 사용하는 장비의 조건에 적합하여야 하며, 온수를 사용하는 기기는 적정 온도가 유지되도록 한다.
- 하수는 배수량이 충분하여야 하며, 배수관이 천장 위로 지나가지 않도록 한다. 바닥 청소용 장비에서 나오는 오수가 주방 바닥으로 쏟아지지 않도록 한다. 배수로 거름망의 직경은 크게 하여 배수가 원활하게 되도록 한다.
- 전기용량은 조리 기기를 사용하기에 충분하여야 하며, 전기선이 밖으로 노출되지 않도록 하고 콘센트 덮개를 만들어 안전사고를 방지한다.
- 조리과정의 음식냄새가 노인 거주단위나 사무실에 퍼지지 않도록 환기를 잘 해야 한다. 공간의 규모에 적절한 환기시스템을 계획하며, 스팀을 사용하는 기구 상부에는 배기후드, 기름을 사용하는 구역에는 후드 필터를 설치한다.

| 중앙 주방의 사례 |

실버랜드, 한국 1

비스앵아, 스웨덴 2

1 중앙 주방은 식단에 근거한 조리기구의 선정, 조리작업 흐름에 근거한 조리기구의 배치와 작업대 계획이 매우 중요하다.

2 노인요양시설의 거주노인뿐 아니라 지역사회의 주민, 방문자의 식사를 저렴한 가격에 제공하는 중앙 주방이다.

5. 세탁실

5 깨끗한 옷과 잘 건조된 이불은 몸과 마음이 허약해진 거주노인을 상쾌하게 해주며 건강유지에 효과적이다.

개 요

노인요양시설의 세탁실은 거주노인의 오염된 옷과 침구를 세탁하고, 건조시키는 곳이다. 세탁물 처리방식은 외주 처리와 시설 처리를 비교하여 결정한다. 시설에서 직접 세탁하는 시설 처리를 하는 중앙 세탁실과 거주단위별 또는 층별 세탁실을 별도로 운영한다. 중앙세탁실에서는 이불, 침대 시트, 시설복, 수건, 천기저귀 등 부피가 커서 거주단위에서 세탁하기 어렵거나 거주노인이 공용으로 사용하는 세탁물을 처리한다. 거주단위별 세탁실에서는 거주노인의 속옷, 개인 옷 등을 세탁한다. 거주노인이 개인별로 자기 옷을 입고 생활하는 경우에는 세탁물이 바뀔 염려가 있고 분류에 어려움이 많으므로 중앙 세탁실에서 일괄적으로 세탁하는 것보다 거주단위별로 세탁하는 것이 편리하다.

세탁실의 건축 · 실내공간계획

- 중앙 세탁실은 세탁기, 탈수기, 건조기, 간이세탁조, 정리공간과 선반, 세탁제 등의 물품보관창고에 필요한 공간을 확보해야 하며, 직원 및 세탁 보조직원들이 활동할 수 있

는 작업공간을 확보하도록 한다. 거주단위별 세탁실의 크기를 정할 때도 중앙 세탁실의 기준을 따르되 오염된 의류와 침구의 분량을 고려하여 손빨래공간과 세탁공간을 확보한다. 거주단위별 세탁실에는 가정용 세탁기를 설치할 수 있으며 간단한 손빨래가 가능한 세탁조를 계획하도록 한다. 건조기를 사용하지 않을 경우에는 세탁물 건조공간을 충분히 확보해야 한다.

- 공간계획 시에는 중앙 세탁실이 외부 건조장과 쉽게 연결되도록 하고, 고층건물에서는 각 거주단위에서 직접 세탁실로 세탁물을 보낼 수 있도록 세탁물 슈트(laundry chute)를 설치하는 것이 좋다. 슈트의 설치가 불가능할 경우, 중앙 세탁실은 세탁물의 빈출입이 용이한 곳에 배치한다.
- 거주단위별 세탁실은 각 거주단위마다 소규모로 계획하며, 화장실·욕실 등과 근접 배치시켜 배설 케어에 실패해도 오물이 타인의 눈에 띄지 않도록 함으로써 거주노인의 자존심을 손상시키지 않고, 수발 직원의 부담도 경감시키도록 한다.

세탁실의 실내공간 구성요소

- 세탁실은 기온, 습도, 채광, 환기, 급배수, 소음 등을 배려한 청결한 환경을 확보한다. 중앙 세탁실의 경우 소음이 심하므로, 세탁실의 소음이 타 공간으로 확산되지 않도록 유의한다.
- 물을 사용하는 공간이므로 벽과 바닥은 방수성이 있는 타일 등으로 마감한다. 바닥은 미끄럽지 않은 재료를 선택한다.

기타 사항

- 중앙 세탁실에는 이불 세탁 등 대형 세탁을 위한 업소용 세탁기와 건조기를 설치하고, 거주단위별 세탁실에는 가정용 크기의 세탁기를 설치한다.

| 세탁실의 사례 |

늘푸른노인전문요양원, 한국 1

도봉실버센터, 한국 2

3.1

3.2

린뎅예룬드보드보엔데, 스웨덴 3

4.1

4.2

미나미카제, 일본 4

1 건조된 빨래를 정리할 수 있는 평상을 마련하고, 바닥은 미끄럼방지 타일을 사용한 세탁실의 일부이다.

2 각 층에 설치된 세탁물 슈트로, 세탁물을 중앙 세탁실로 내려보낼 수 있어 편리하다.

3 세탁기, 손빨래용 세탁소, 빨래 정리대 등이 갖추어진 세탁실이다.

4 세탁물 운반대, 세탁기, 건조기 등이 설치된 세탁실 한쪽에 건조된 세탁물을 정리할 수 있는 다다미 코너가 마련되었다. 세탁물은 리프트를 통하여 각 층에 전달된다.

6. 오물처리실

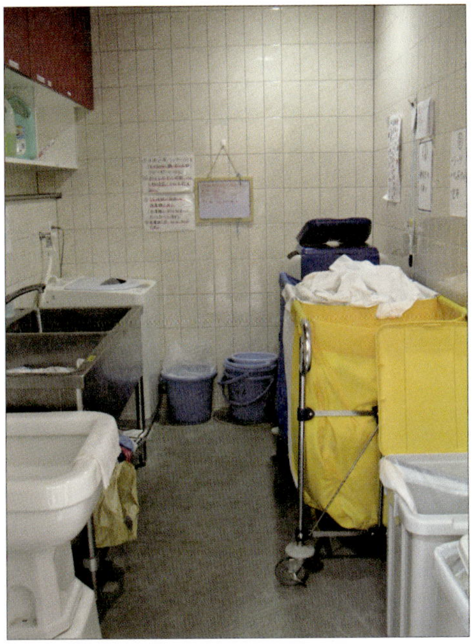

6 오물처리실은 세탁할 침구와 옷, 사용한 천기저귀 등을 카트에 담아 중앙 세탁실로 보낼 때까지 잠시 보관해 두는 곳이다.

개 요

거주노인들의 요실금은 나이가 들수록 심해지므로 노인요양시설의 오물처리실은 점점 더 커지고 시설이 복잡해지고 있는 추세이다. 거주실에서 중앙 세탁실로 세탁물을 보내는 과정에서 각종 세탁물을 보관하는 오물처리실은 위생적인 관리가 요구되는 공간이다.

오물처리실의 건축 · 실내공간계획

- 미국의 기준에서 오물처리시설의 규모는 최소한 3.7~5.6m^2이어야 하며, 거주단위당 최소 1개가 있어야 한다. 권장기준은 5.6~9.3m^2이고 거주노인 15명당 1개이다.
- 공간 구성은 오염된 침구, 감염성이 있는 침구, 갈아입은 옷 등을 분리하여 담을 수 있는 카트 몇 대가 들어갈 공간을 확보하고 수납 선반과 세탁조를 배치할 공간이 있어야 한다.

오물처리실의 실내공간 구성요소

■ 오물처리실의 벽과 바닥은 청소와 소독이 쉬운 세라믹타일이나 합성수지타일이 바람직하다.

오물처리실의 실내 디자인요소

■ 오물처리실 세탁조의 수전은 오염으로 재감염 될 위험을 방지할 수 있는 센서식 수전이나 발로 누르는 수전으로 하는 것이 바람직하다.

| 오물처리실의 사례 |

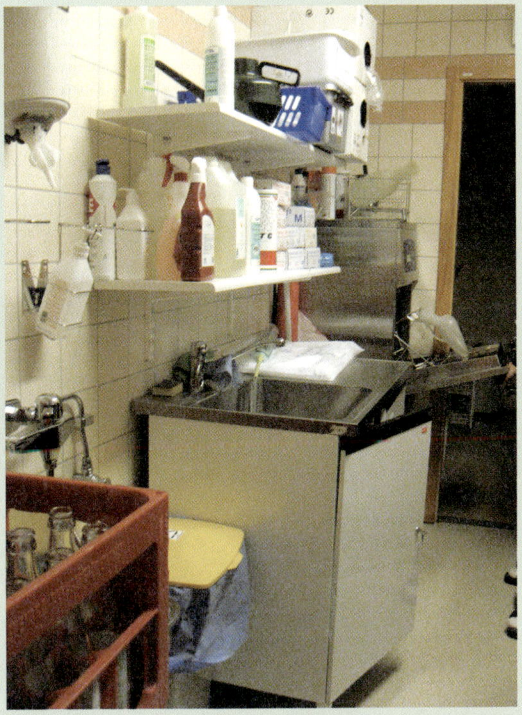

린뎅예룬드보드보엔데, 스웨덴 1

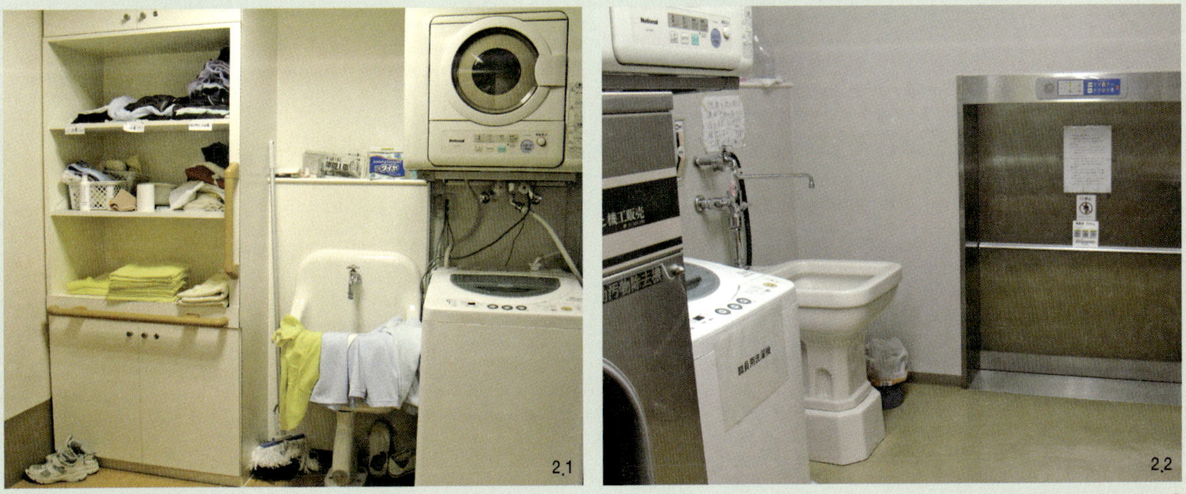

미나미카제, 일본 2

1 세탁조가 있는 작업대, 각종 집기, 소독기, 세제를 보관하는 선반, 쓰레기통 등이 갖추어진 오물처리실이다.

2 공용욕실과 인접한 탈의실에 설치된 세탁실과 오물처리실. 세탁물 슈트는 중앙 세탁실로 연결된다.

7. 리넨실

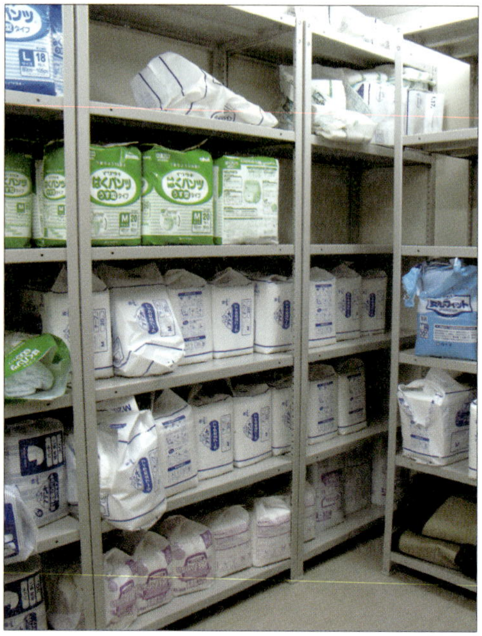

7 리넨실은 깨끗한 침구, 의류, 기저귀 등의 각종 물품을 보관하기 위한 공간이다.

개 요

노인요양시설에는 침구, 의류, 기저귀 및 다양한 물품을 보관하기 위한 공간이 필요하다. 미국의 경우, 리넨실과 물품용 다용도실로 구분하여 리넨실(clean linen)에는 주로 깨끗한 침구를 수납하고, 물품용 다용도실(clean utility room)에는 의료기기, 모니터, 성인용 기저귀 등을 수납하는 것이 일반적이나 시설에 따라서는 통합된 하나의 실로 제공되기도 한다. 우리나라의 시설에서는 리넨실에 이불을 포함한 침구, 의복, 성인용 기저귀가 수납되며 의료기기는 간호사실에 보관된다.

리넨실의 건축 · 실내공간계획

- 미국의 기준에서 리넨실의 최소 크기는 1.4~2.3m^2이고 거주단위당 1개가 필요하며, 권장 크기는 1.4~2.3m^2로 거주노인 15명당 1개가 필요하다. 또 물품용 다용도실의 최소 크기는 3.7~5.6m^2이고 거주단위당 1개가 필요하며, 권장 크기는 4.7~7.0m^2로

15~20인당 1개가 필요하다. 우리나라의 경우, 리넨실의 크기는 거주단위당 8~10m²이어야 한다. 우리나라 노인요양시설의 거주단위별 리넨실 크기가 미국보다 큰 이유는 거주실당 거주노인의 수가 많기 때문이다.

- 기초생활수급자가 많은 기존 무료 시설의 경우 기저귀, 물티슈, 의류(특히 부피가 큰 겨울철 의류) 등 공동으로 수납해야하는 물품의 양이 많기 때문에 다른 시설에 비해서 리넨실의 면적을 더 확보해야 하며, 프로그램 도구의 수납공간도 고려되어야 한다.
- 리넨실은 거주노인을 케어하면서 자주 사용하게 되는 공간이므로 거주실과 가까운 곳에 설치하는 것이 동선을 줄일 수 있다. 리넨실은 휠체어 보관소의 상부공간을 붙박이 수납장으로 계획하는 방법 등 입체적인 공간활용을 시도할 수도 있다.

기타 사항

- 노인요양시설에는 수납공간이 많이 요구된다. 따라서 수납 효율을 극대화할 필요가 있는데, 이를 위해서는 시스템 수납장 형태를 도입하는 것이 바람직하다. 수납장의 재료는 목재보다 철제 와이어를 이용한 것이 수납공간의 확보에 유리하다. 수납할 물품 중에는 가볍고 부피가 큰 물건이 많으므로 하중은 크게 문제되지 않는다.
- 수납장이 너무 깊으면 물건을 넣거나 꺼내기가 어려우므로 깊이를 적절하게 조정하도록 한다. 수납장의 마감은 거칠지 않은 재료를 사용하여야 보관물품에 손상이 가지 않는다.

| 리넨실의 사례 |

안나노인건강센터, 부산 1

은혜의집, 대전 2

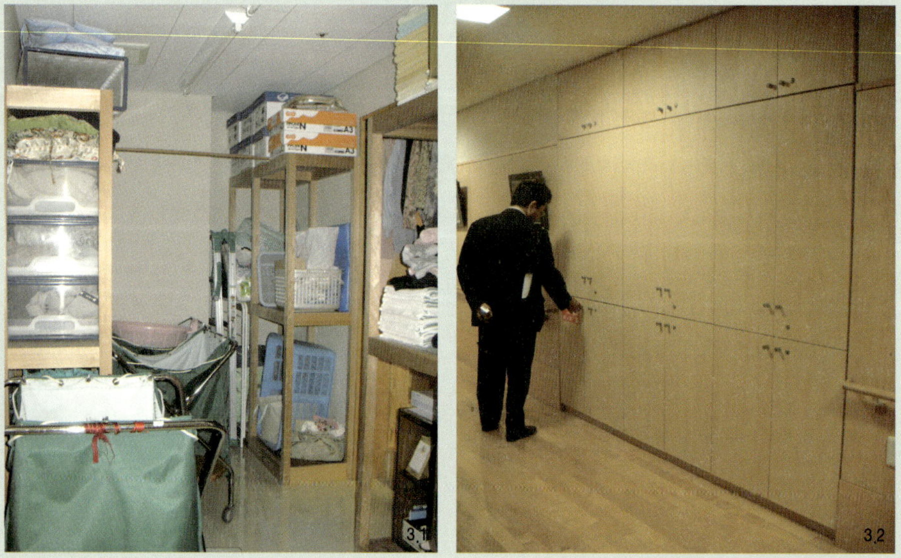

미나미카제, 일본 3

1 리넨실은 거주노인들의 옷들을 수납, 관리하는 공간이다. 시설에 따라 똑같이 제조한 생활복이 아닌 여러 종류의 다양한 일상복들을 거주노인들이 선택할 수 있도록 배려하고 있다.

2 리넨실이 가정적인 분위기로 조성되었으나 공간이 협소하여 하부 수납장의 여닫이문을 사용하기에 불편하다.

3 리넨실의 공간이 부족하여 물품을 효율적으로 정리하기 어려우나(3.1) 거주실에서 가까운 복도에 붙박이 수납장을 설치하여(3.2) 충분한 수납공간을 제공하고 있다.

Chapter 11

직원공간

직원공간은 직원과 자원봉사자가 효과적으로 업무를 진행하고 편의를 제공받을 수 있도록 지원되는 공간으로, 직원실(사회복지사실 · 간호사실 · 요양보호사실), 직원휴게실, 직원탈의실(로커룸), 자원봉사자실 등이 포함된다.

1. 직원실(사회복지사실·간호사실·요양보호사실)

1 노인요양시설은 노인의 거주공간이지만 직원에게는 업무공간이 된다. 직원실은 적절한 환경을 갖추어 직원들이 효율적으로 업무를 수행할 수 있도록 지원해야 한다.

개 요

노인요양시설의 직원실은 노인을 직접적으로 케어하는 사회복지사, 간호사, 요양보호사가 서비스를 준비하고 업무를 처리하는 공간이며 사회복지사실, 간호사실,

요양보호사실이 있다. 우리나라 노인복지법에는 거주노인 30명 이상의 노인요양시설에서는 사무실과 별도로 요양보호사실, 의료 및 간호사실을 두도록 하고 있으며, 30명 이하 10명 이상의 경우에는 실 하나로 사무실과 요양보호사실, 자원봉사자실을 겸용할 수 있으나 간호사실은 따로 설치해야 한다.

공간과 비용문제 등으로 노인요양시설의 직원 공간이 축소되기 쉬우나, 직원의 효율적인 업무처리와 거주노인에게 원활한 서비스를 제공하기 위해서는 적절한 규모의 직원실에 필요한 설비가 반드시 갖추어져야 한다. 특히 시설의 운영 형태에 따라 직원별로 배속 단위가 다를 수 있기 때문에 융통성 있는 설계가 필요하다.

직원실의 건축 · 실내공간계획

- 노인요양시설의 직원공간을 계획할 때에는 비용을 최소화하도록 한다. 미국의 경우 법규에 직원실의 면적이 규정되어 있지는 않으나 일반적으로 간호관리자나 사회복지사를 위하여 거주단위당 1~2개가 마련되어 있다. 우리나라에서는 서비스관리를 위하여 사회복지사가 거주단위에 배속되는 경우 사회복지사실은 최소 1개의 책상과 2~3명이 함께 회의할 수 있는 정도의 넓이가 요구된다.
- 간호사실의 면적은 작업공간뿐 아니라 간호 차트, 각종 의료장비와 약품, 소모품 등 수납물품의 양을 고려하여 정한다. 간호사의 담당 노인 수는 법적으로는 100인이나 실제로는 60인 이하가 바람직하다. 약품실의 최소 크기는 거주단위당 2.32~3.72m^2이며 권장 크기는 4.65~6.97m^2이고, 노인 15명당 1개의 약품실이 필요하다. 거주인원 80~100명의 시설에서 간호사실이 한 곳에 설치될 경우 약품실은 15m^2 이상의 면적이 필요하다.
- 직원실은 직원의 사무뿐 아니라 가족과의 상담도 이루어지는 장소라는 사실을 고려하여 거주단위로부터 시각적, 청각적 프라이버시가 확보되도록 해야 한다. 요양보호사실에 대해서는 기존의 연구 자료가 거의 없으나 직원스테이션과는 별도로 설치되어야 하며, 24시간 운영되는 시설의 교대근무를 고려하여 휴게공간을 겸하도록 계획한다.
- 직원실은 직원이 노인과 분리되어 작업에 집중할 수 있는 환경을 제공하기 위해서 필

요하다. 그러나 직원실은 노인의 거주공간과 적절히 가까운 위치에 계획하여 담당 거주단위의 관찰이 항상 가능하도록 해야 한다. 직원실의 입구는 시각적으로 차단시키거나 분리시켜서 직원 교대 시에 코트나 가방이 거주노인의 반응을 야기하지 않도록 한다. 간호사실은 집중케어실과 인접시켜 배치하고, 가까운 통로를 확보하여 중증 노인의 케어가 용이하도록 한다. 또 지속적 관찰을 위해 간호사실에 집중케어실이 보이도록 관찰창을 두는 것이 바람직하다. 요양보호사실은 직원스테이션과 가까운 위치에 둔다. 사회복지사, 간호사, 요양보호사가 팀으로서 상호작용해야 하지만, 이들을 위한 세 가지 공간이 물리적으로 가까워야 한다는 것을 의미하지는 않는다. 서로 지나치게 가까운 경우 영역이 침범당할 우려가 있다.

- 직원의 동선을 단축시켜 피로를 줄이도록 계획한다. 여러 거주단위를 담당하는 경우, 사회복지사실은 이동이 빈번한 거주단위, 사무실, 수직동선인 엘리베이터까지의 거리를 고려한다. 노인은 식사 중 음식물이 목에 걸리는 질식 사고가 자주 일어나므로 간호사의 빠른 응급처치가 매우 중요하다. 따라서 간호사실을 각 층별로 배치하여 사고 시 상황 파악과 대처가 신속하게 이루어지도록 하며, 공용공간에 가깝게 배치하여 동선을 최소화한다. 층별로 간호사실을 배치할 수 없는 경우에는 수직, 수평 동선과 대기시간을 최소화하고, 사고 발생 시 계단 사용이 가능하도록 계획한다.
- 간호사실은 업무 혼란과 동선을 최소화하도록 계획하고, 간호사실의 내·외부와 노인의 거주실에 드레싱카가 통과할 수 있는 공간이 확보되어야 한다. 요양보호사실에는 공용공간과 직원스테이션이 보이도록 관찰창을 설치한다.

직원실의 실내공간 구성요소

- 직원실에는 관찰창에 스크린을 설치하여, 일정 시간 동안 노인과 분리되어 문서 작업에 집중할 수 있도록 한다.
- 거주노인이 직원실에 들어오기도 하므로 거주노인이 접근해서는 안 되는 물품(차트, 의약품 등)을 관리할 수 있는 수납장을 계획한다.
- 채광, 조망을 고려하여 쾌적한 업무공간이 되도록 한다.

직원실의 실내 디자인요소

- 직원실에는 밝고 활력을 줄 수 있는 색채계획을 한다.
- 야간 근무하는 직원이 잠시 쉴 수 있도록 소파 등의 휴식용 가구를 제공한다.
- 사무적인 조명보다 조도의 조절이 가능한 부드러운 조명을 사용한다.

기타 사항

- 사회복지사실에는 담당 거주노인들의 각종 서류를 보관할 수 있는 수납공간이 필요하다. 또 공개자료와 잠금장치가 필요한 비공개자료를 분리하여 수납할 수 있어야 한다.
- 간호사실에는 안전과 효율적인 업무를 위하여 일반 수납장이 아닌 전문 의약품용 수납장을 구비해야 한다. 개인사물함은 필요하지 않다.
- 요양보호사실에는 다른 층에 탈의실이 있더라도 거주단위 내 개인별 수납공간을 제공하도록 한다.
- 직원실의 수납장은 치매노인의 접근을 막기 위하여 잠금장치가 되어 있어야 한다.
- 요양보호사는 요양 서비스가 필요한 노인에게 신체활동지원 서비스와 그 밖의 일상생활지원 서비스를 제공하는 자(노인복지법)이며, 이 법이 제정되기 이전에는 생활지도원이라는 용어가 사용되었다. 시설에 따라 거주단위 또는 간호 단위의 운영방식이 다르다. 직원별 담당 인원 수도 크게 상이하여 법적으로 요양보호사는 1인당 거주노인 2.5명을, 사회복지사와 간호사는 1인당 100명을 담당한다.

| 직원실의 사례 |

호산노인건강센터, 한국 1

엔젤헬프호난, 일본 3

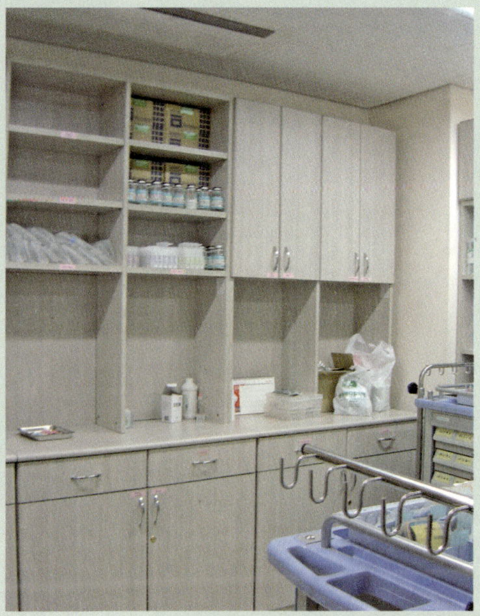

동부노인전문요양센터, 한국 2

카에데 & 메이플리프, 일본 4

1 요양보호사실에는 옷을 갈아입을 수 있도록 로커와 옷걸이가 필요하다.

2 간호사실에는 사진과 같은 일반 수납장이 아닌 의약품 전문 수납장이 제공되어야 한다.

3 다다미방에 좌식 테이블을 이용함으로써 노인과 시선 높이를 맞추려는 배려가 스며 있는 직원실이다.

4 직원실이 거주단위의 현관에 인접하여 개방적인 느낌을 주고, 거주노인의 출입을 파악할 수 있도록 유리 격자창이 설치되어 있다. 야간에는 1명의 직원으로 대응할 수 있도록 2개 거주단위의 직원실 사이에 문이 설치되어 있다.

2. 직원휴게실

2 직원은 업무를 효과적으로 수행하고, 업무로 인한 스트레스를 해소하기 위해서 물리적 · 심리적 지원을 받을 필요가 있다. 노인을 보살피는 직원은 이러한 지원을 받는 것이 당연하며, 어려운 업무에서 벗어나 긴장을 풀 수 있는 공간이 필요하다. 이러한 공간을 두는 것은 직원의 효과적인 활동이 거주노인에게 매우 중요하다는 사실을 인식하고 있음을 보여주는 것이다.

개 요

노인요양시설에서 근무하는 직원들은 많은 스트레스를 받는다. 신체가 불편한 거주노인들은 비협조적이고 불평이 많으며, 치매노인들은 끊임 없이 큰 소리로 같은 질문을 반복하고 눈 깜짝할 사이에 사고가 발생한다. 업무의 양은 과다한데 직원의 수, 특히 경험 있고 유능한 직원은 항상 부족하다. 지저분하고 힘든 업무에 비하여 보상은 지나치게 적으며 승진 기회도 많지 않다. 또 보살피면서 정이 든 노인들의 죽음 또는 죽어가는 과정에 동참해야 한다.

직원들은 이러한 스트레스에 대처하고 정신적으로 재충전하기 위하여 노인들과의 지속적인 상호작용에서 분리되어 쉴 수 있는 시간과 휴게실이 필요하다. 노인과의 관계의 지속성을 끊어주는 휴식은 직원이 일에 지치지 않게 하는 데 효과적이다. 3교대를 실시하지 못하는 대부분의 우리나라 시설에서 직원들의 휴식은 더욱 중요하다. 모든 직종의 직원에게 재충전은 필요하나, 특히 직접 노인을 케어하는 직원에게 있어서 노인과의 지속적인 상호작용을 끊어주는 것은 필수적이다. 직원휴게실이 제공되어도 사용할 시간이 없으면 무용지물이므로 휴게실의 마련과 함께 인원배치를 개선하여 직원들이 실제로 사용할 수 있도록 배려해야 한다.

직원에게 휴게공간을 제공하고 노인의 거주단위에서 벗어나 쉴 수 있는 시간을 제공하는 것은 직원들의 사기를 증진시키며, 사직하는 비율을 줄일 수 있으므로 직원스테이션과 별도로 직원휴게실은 반드시 설치되어야 한다.

치매노인을 위한 Tip

- 치매노인을 담당하는 스트레스가 높은 직원의 경우, 휴게실은 특히 중요하다. 직원휴게실은 짧은 시간이라도 정신적 휴식을 충분히 취할 수 있도록 조망과 채광에 유의하여 아름답게 디자인하여야 한다.

직원휴게실의 건축 · 실내공간계획

- 직원휴게실의 규모는 직원의 수, 이용 빈도, 이용 유형(차트·직원 회의·직원의 식사)에 따라 다양하다. 휴게실, 옥외정원, 외부 산책로가 휴식공간으로 사용될 수 있으나, 계절과 관계없이 사용할 수 있도록 휴게실은 반드시 제공되어야 한다. 휴게실은 휴게실 단독으로만 계획하거나, 남녀가 구분된 탈의실(로커룸), 세면대, 화장실, 샤워실, 직원휴게실이 연결된 복합공간으로 계획할 수 있다. 복합공간은 직원복지를 중요하게 생각하는 유럽에서 사례를 찾아볼 수 있으며, 허리의 부상을 막기 위하여 운동 시설이 포함되기도 한다. 외부에 파티오(patio)를 제공하면 날씨가 좋을 때 사용할 수 있으며, 흡연공간으로도 이용이 가능하다.
- 직원휴게실은 직접 케어하는 직원이 간식이나 도시락을 먹는 장소 또는 짧은 회의를 하는 장소로 활용될 수 있지만 다른 작업공간으로 전용되지 않도록 하여야 한다. 남자 직원이 있는 경우 휴게실은 남녀 구분이 필요하다.

- 직원휴게실의 위치는 노인의 거주단위로부터 떨어져 있어야 하지만, 직원들이 오가는데 휴식시간을 낭비하지 않도록 너무 멀지 않아야 한다. 또 직원의 휴식이 목적이므로 노인이 들어와서 방해하지 못하도록 공간이 분리되어야 한다. 캐나다 보건복지부(Department of National Health and Welfare : CANADA, 1991) 자료에 의하면 휴게공간은 가능하면 직원들이 사용하는 출입구 근처에 위치해야 하며, 레그니어(Regnier, V., 2002)에 의하면 거주단위 내 부엌 부근이 가장 이상적인 위치이다.
- 직원휴게실은 창을 통하여 자연광이 유입되고 주변 경치를 조망할 수 있도록 한다.

직원휴게실의 실내공간 구성요소

- 직원휴게실은 직원이 제한된 시간에 편안하게 휴식할 수 있도록 아름답게 구성된 실내공간이어야 한다.
- 아름답지 않은 공간은 그 공간을 사용하는 사람이 별로 중요한 사람이 아니라는 메시지를 주기 때문에 직원휴게실의 실내 디자인은 중요하다. 휴게실의 바닥은 미끄럽지 않고 미관이 좋으며, 청소가 쉬운 재료로 마감한다.

직원휴게실의 실내 디자인요소

- 직원휴게실에 간이부엌 냉장고, 전자레인지를 설치하여 직원들이 음식을 먹거나 차를 마실 수 있도록 한다. 또 편안한 휴식용 의자(소파), 사이드 테이블, 음식을 먹을 수 있는 식탁을 제공한다.
- 그 외에 직원들이 원하는 내용을 보면 개인사물함, CD 플레이어, TV, 컴퓨터, 안마기, 자판기, 잠깐 누울 수 있는 따뜻한 바닥이다.
- 전자레인지나 냉장고는 생활지도원 스테이션과 공유가 가능하다.
- 조명은 긴장을 풀게 하고, 가정적인 분위기를 내는 백열등을 사용한다. 부분조명등(스탠드 등)과 디머(dimmer) 스위치를 사용하여 조도의 조절이 가능하도록 한다.

기타 사항

- 직원휴게실이 노인의 거주단위와 먼 경우에는 비상연락장치를 설치하여 위급상황 발생 시 직원을 호출할 수 있도록 한다.

슈쿠토쿠쿄세엥, 일본 1

1 창을 통하여 자연광이 유입되고(1.1) 흡연을 위한 공간이 한쪽에 마련된(1.2) 직원휴게실이다.

3. 직원탈의실(로커룸)

3 노인요양시설의 직원은 하루종일 거주노인을 위해 한시도 앉을 새 없이 바쁘게 일한다. 직원들은 탈의실에서 씻고 옷을 갈아입으면서 하루의 피로를 씻고, 다시 각자의 일상생활을 준비한다.

개 요

노인요양시설의 직원은 노인을 케어하면서 땀이나 음식물, 오물로 옷이 더러워지는 일이 잦으므로 유니폼, 앞치마 또는 세탁이 쉬운 옷을 준비하여 갈아입고 근무한다. 직원탈의실(로커룸)은 노인요양시설의 모든 직종의 직원이 시설에 출퇴근할 때 들리는 공간이므로 제공되는 형태에 따라 직종 간 또는 거주단위 간의 정보가 교류될 수도 있다.

직원탈의실의 건축 · 실내공간계획

- 직원탈의실의 규모는 모든 직원들에게 로커가 배정될 수 있도록 하며, 여성용과 남성용을 분리하여 계획한다. 쾌적한 탈의실과 이에 인접한 직원휴게실을 제공한다면 직원 간의 생산적인 정보교류와 학습을 촉진시킬 수 있다.
- 직원탈의실은 각 거주단위 부근에 분산하여 설치하는 것이 좋다. 공간의 제약으로 직원탈의실을 한 곳에 설치해야 할 경우에는 동선의 단축, 쾌적한 환경, 전망 등을 고려

하여 1층의 출입구 가까운 곳에 위치하도록 한다. 탈의실이 지하에 위치할 경우 야간에 출근하는 직원들이 이용을 꺼리는 경향이 있다.

- 직원탈의실은 로커, 독서나 대화를 위한 휴식공간, 샤워실, 탈의 및 화장공간, 세면대로 구성한다.
- 탈의실은 항상 쾌적한 실내 온도가 유지되어야 한다.

직원탈의실의 실내공간 구성요소

- 직원탈의실의 실내 마감재는 가정적이고 따뜻한 분위기이며, 유지 및 관리가 쉬운 재료를 사용한다.
- 옷을 갈아입는 장소이므로 출입문과의 직접적인 시선을 차단한다. 평면 구성상 시선 차단이 어려운 경우에는 커튼, 스크린 등을 설치한다.

직원탈의실의 실내 디자인요소

- 직원탈의실에는 겨울 코트도 넣을 수 있는 긴 길이의 내구성 있는 옷장, 편안하고 따뜻한 분위기를 지닌 휴식용 가구, 테이블, 화장대, 전신 거울 등이 필요하다.
- 직원탈의실에 직원의 학습공간을 조성할 경우 테이블과 책장을 제공한다.
- 직원의 출퇴근 기록기를 직원탈의실에 설치할 수 있다.

| 직원탈의실의 사례 |

1.1 1.2

호산노인건강센터, 한국 1

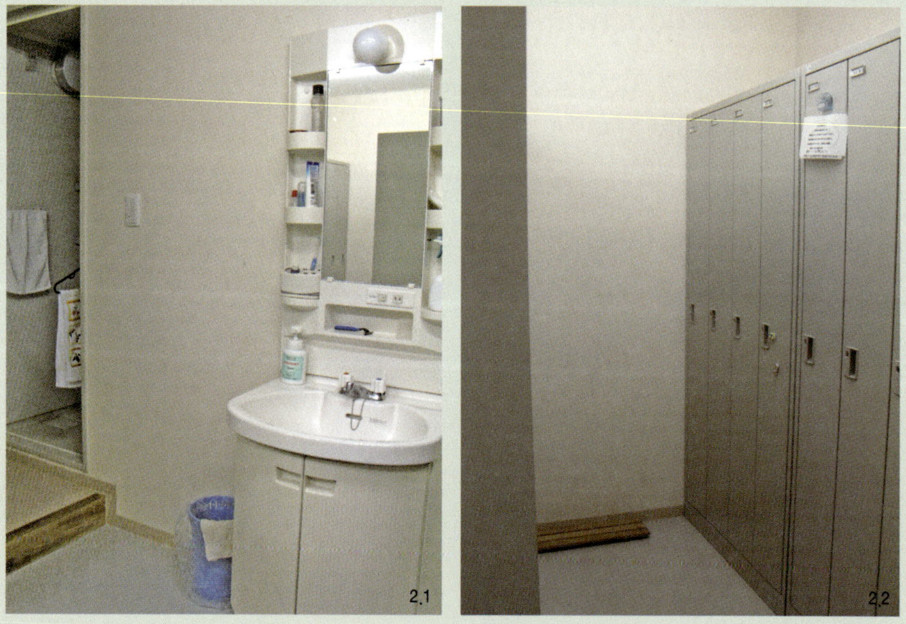

2.1 2.2

미나미카제, 일본 2

1 거주단위 내 요양보호사실에 옷장, 옷걸이, 전신거울이 있어 탈의실로도 이용된다.

2 옷장, 샤워실, 세면대, 거울이 마련된 밝은 분위기의 직원탈의실이다.

4. 자원봉사자실

4 자원봉사자실은 노인요양시설의 활력소인 각종 기업, 종교단체, 모임, 학교에서 또는 개인적으로 방문하는 자원봉사자들을 위한 공간이다.

개 요

노인요양시설에서 활동하는 자원봉사자들이 효과적인 봉사를 하고 소진을 예방하려면 시설로부터 지원을 받아야 한다. 시설이 자원봉사자들을 위해 지원공간을 제공하는 것은 거주노인들의 삶의 질에 대한 그들의 공헌과 함께 자원봉사의 중요성을 인정한다는 것을 보여주는 것이다. 그러한 인정은 자원봉사자들의 참여도를 높일 것이다.

자원봉사자들은 직원의 대용물로 인식되어서는 안 된다. 자원봉사자의 역할은 직원의 활동을 보조하는 것이지만 활발한 자원봉사는 직원의 부담을 덜어 준다. 단기 또는 일회성 봉사자보다 지속적으로 방문하는 자원봉사자가 직원과 거주노인에게 큰 도움이 된다. 자원봉사자실은 봉사자의 휴식공간의 역할뿐 아니라 자원봉사단체의 집합공간, 자원봉사자들간의 정보 교류와 친목을 위한 공간으로 사용될 수 있다. 오리엔테이션과 적절한 역할배치에 사용되기도 한다.

우리나라 노인복지법에서는 거주노인 30명 이상인 노인요양시설에 자원봉사자실을 두도록 정하고 있으며, 30명 이하인 경우에는 사무실, 요양보호사실, 자원봉사자실을 실 하나로 겸용할 수 있도록 하고 있다.

자원봉사자실의 건축 · 실내공간계획

- 노인요양시설의 자원봉사자실은 자원봉사자들이 봉사에 대한 보람과 존중감을 느끼고 자원봉사자간의 친목을 도모할 수 있도록 접근이 쉬운 1층에 마련한다.
- 자원봉사자실은 주 출입구에 인접하도록 하여 이용이 쉽도록 하며, 직원이 자원봉사자들을 안내·배치할 수 있도록 사무실과 가까이 배치한다.

자원봉사자실의 실내공간 구성요소

- 공간이 열악하면 그 공간을 사용하는 자원봉사자가 별로 중요한 사람이 아니라는 메시지를 줄 수 있으므로 자원봉사자실은 아름다운 공간으로 디자인한다.

자원봉사자실의 실내 디자인요소

- 자원봉사자실에 간이부엌을 설치하여 커피를 만들거나 간단한 음식을 준비할 수 있도록 한다. 또 자동판매기, 냉장고, 전자레인지를 두면 편리하다.
- 편안한 휴식용 의자와 테이블을 제공하도록 한다.
- 편안하고 가정적인 분위기를 위하여 조명등은 백열등을 사용한다. 부분조명을 위하여 테이블램프를 비치하며, 디머 스위치를 사용하여 조도의 조절이 가능하도록 한다.

| 자원봉사자실의 사례 |

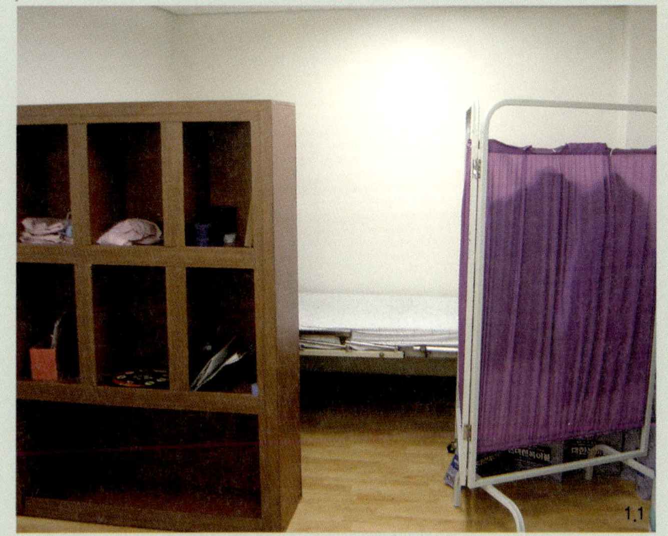
1.1

1.2

호산노인건강센터, 한국 1

1 자원봉사자실 겸 휴게실로 옷장, 냉장고, 휴식용 가구, 침대, 간막이, 선반이 설치되었다.

Chapter

12 이동공간

이동공간은 노인요양시설 내 이동을 위한 공간으로, 복도, 엘리베이터, 계단/경사로 등을 말한다. 이 중 공간과 공간을 연결하며 수평이동이 일어나는 복도는 장시간 실내에 머무르는 거주노인들에게 의미 있는 산책로의 역할뿐 아니라 거주노인들 간 또는 거주노인과 직원 간에 사회적인 접촉이 일어날 수 있는 공간으로 활용된다. 또한 복도는 수납, 게시, 장식, 전시 등의 공간으로 활용될 수 있는 공간이므로 시설에 적합하게 다양하도록 계획하는 것이 바람직하다.

1. 복 도

1 노인요양시설의 복도는 집 앞의 작은 길과 같다. 거주노인들은 이 작은 길에서 이웃을 만나고, 산책하며, 자신을 표현하기 위한 수단으로 문 앞을 장식하기도 한다.

개 요

노인요양시설의 복도는 거주단위 내의 각 공간을 연결해 주는 통행공간인 동시에 거주노인의 운동과 산책의 공간이다. 따라서 복도는 거주노인과 직원의 통행과 함께 보조보행기, 휠체어, 카트 등이 원활하게 통과되어야 하며, 아름다운 공간으로 조성되어야 한다.

노인요양시설 복도의 설계 원칙은 탈시설화, 장소성, 영역성, 무장애공간으로 정리할 수 있다. 탈시설화는 가정과 같은 분위기의 형성을 의미하며, 거주노인들이 인간적인 보호를 받는 심리적·물리적으로 따뜻한 공간을 말한다. 다시 말하면, 복도는 거주노인들에게 가정의 기억들을 불러일으킬 수 있고, 노인들의 적응력을 높여 자연스러운 커뮤니티와 사회적 활동이 이루어지도록 설계해야 한다. 장소성은 복도에 사용되는 색상이나 마감재료, 벽이나 문의 형태를 차별화함으로써 이루어지는데, 이러한 장소성이 도입될 경우 노인들은 보다 쉽게 자신이 원하는 장소를 찾아갈 수 있다. 영역성은 복도공간을 준사적 공간, 준공적 공간 등 단계별로 영역화하는 것을 의미한다. 넓은 복도, 알코브, 거실 등은 복도공간을 영역화하기에 유리한 형태이다. 무장애공간은 복도에 안전성 및 접근성을 확보하려는 것이다. 안전성은 노인들의 육체적·정신적 능력의 감퇴로 인한 낙상 혹은 부딪힘 등으로부터 신체가 손상되지 않도록 하는 것이며, 접근성은 장벽 혹은 장애의 제거를 의미한다.

복도의 건축 · 실내공간계획

- 복도의 폭에 관해서 우리나라에서는 휠체어의 양방향 통행이 가능한 넓은 복도가 제공되어야 한다는 주장이 대두되었으며, 이와 반대로 일본에서는 복도 폭이 넓으면 시설적인 분위기를 주므로 다소 불편하더라도 폭을 좁혀야 한다는 의견이 있다. 노인복지법에는 관련 문항이 없으며, 건축법에는 편복도는 1.2m 이상, 중복도는 1.5m 이상의 폭을 확보하도록 하였다. 휠체어나 환자운반침대(stretcher car)가 마주 지나갈 수 있는 중복도의 유효폭은 2.7m 이상, 편복도의 유효폭은 1.8m이며, 배회로를 겸용하는 경우 3m 이상이 바람직하다. 복도의 길이가 짧은 경우 복도의 폭은 줄어들 수 있다.
- 복도의 유형은 복도의 형태와 거주단위의 배치에 따라 편복도형, 중복도형, 확장중복도형, 중정형, 편복도 연장 거실형, 중복도 연장 거실형, 편복도 중정형, 중복도 순환형, 거실 중심형으로 나눌 수 있다. 거주실이 복도 한쪽에 위치한다면 편복도형, 양쪽에 위치한다면 중복도형이며, 중복도 가운데에 실이 들어간다면 확장 중복도형으로 정

표 1 우리나라 노인요양시설의 복도 유형

분 류	빈도(%)	분 류	빈도(%)
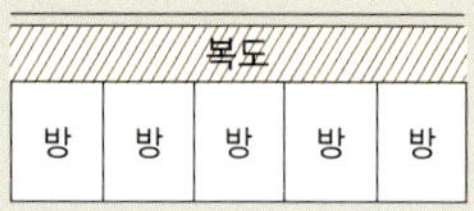 편복도형	22(11.1)	 중복도형	65(32.7)
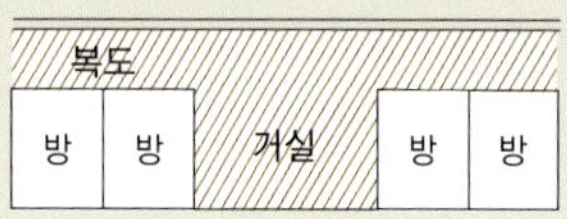 편복도 연장 거실형	11(5.5)	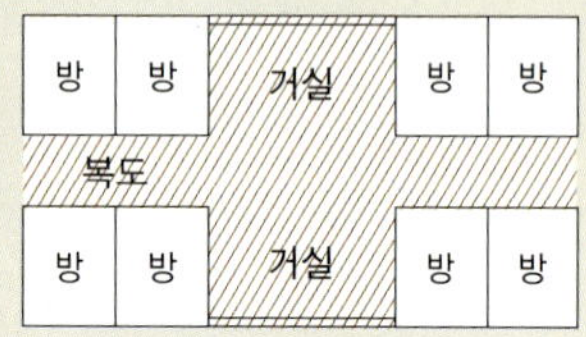 중복도 연장 거실형	48(24.1)
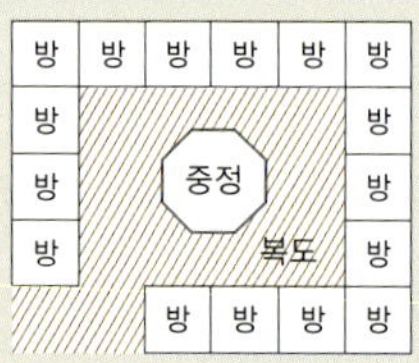 편복도 중정형	29(14.6)	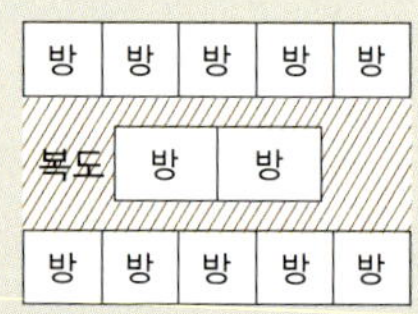 중복도 순환형	2(1.0)
 거실 중심형	22(11.1)	계*	199(100.0)

* 다중응답결과임
주 : 김대년 · 윤영선 · 변혜령 · 정미령(2006)이 실시한 전국 규모의 노인요양시설 건축환경 실태조사 결과임

의한다. 중정형은 가운데에 중정을 두고 환상형으로 배치되는 복도 유형이며, 편복도 연장 거실형이나 중복도 연장 거실형은 거실을 알코브 유형으로 공간 사이에 배치하고 복도와는 개방되어 있는 유형을 말한다. 우리나라 시설 중에는 중복도형이 가장 많으며, 다음으로는 중복도 연장 거실형, 편복도 중정형, 편복도형의 순이다. 이는 중복도형과 편복도형과 같이 복도를 따라서 거주실이 일직선으로 길게 배치되어 있는 형태가 가장 많다는 것을 말한다. 그러나 편복도 연장 거실형, 중복도 연장 거실형, 거실

중심형, 중복도 순환형, 중정형 등 노인요양시설 복도의 평면 유형이 다양해지고 있다.

- 조망과 외기 접근을 위하여 발코니를 설치할 경우에는 안전을 고려하여 노인이 올라갈 수 없는 높이(1.7m 이상)로 난간을 설치하되, 창살 같은 느낌이 들지 않는 디자인을 택한다.
- 복도에는 외부를 조망할 수 있는 창을 설치한다.

치매노인을 위한 Tip

- 치매노인에게 복도는 비슷하게 보이므로, 다르게 보이기 위한 방법으로 색, 패턴, 미술품, 가구 등을 차별화시키도록 한다.
- 치매노인의 배회를 고려하여 복도 끝부분에 알코브 형태의 휴게공간을 계획하여 배회의 흐름을 차단하도록 한다. 순환형은 치매노인들의 배회욕구를 충족시킬 수 있으나 기억과 방향감각 상실로 혼란을 느껴 불안을 가중시키고 방향성을 상실하게 하는 결과를 가져올 수 있다.
- 활동공간을 배회통로 주변에 배치하여 직원이나 동료 노인과의 사회적 교류를 돕고 프로그램 참여 등을 유도하여 치매노인 스스로 배회를 멈출 수 있도록 공간을 계획하는 것이 바람직하다. 복도에 만져볼 수 있는 예술품이나, 질감이 있는 풍경화 등을 설치하여 배회노인의 주위를 환기시키도록 한다.

복도의 실내공간 구성요소

- 복도는 생활공간이므로 가정적인 분위기로 계획한다.
- 복도는 활력을 주고 장소성을 인지할 수 있도록 각 공간마다 차별화시킬 수 있는 형태, 색채, 마감재료를 선택한다.
- 벽에는 안전손잡이와 야간조명을 설치하고, 벽의 하부에는 범퍼가드(bumper guard), 모서리에는 코너가드(corner guard)를 설치하여 휠체어로부터 벽의 마감을 보호한다. 문에도 안전손잡이와 킥플레이트(kick plate)를 설치하되 끊어지지 않도록 한다.
- 복도의 바닥은 미끄럽지 않은 재료를 사용하는데, 특히 물이 묻은 경우에도 미끄럽지 않은 재료로 한다. 통행량이 많은 공간이므로 특히 재료의 내구성을 고려한다.
- 장애인, 노인, 임산부 등의 편의증진보장에 관한 법률에 규정된 대로 복도의 바닥표면

은 미끄럽지 않은 재질로 평탄하게 마감하여야 하며, 넘어졌을 경우 가급적 충격이 적은 재료를 사용한다. 바닥면에는 높이 차이가 있어서는 안 되며, 부득이한 경우에는 경사로를 설치하여야 한다.

- 복도 바닥에 큰 무늬, 심한 명도 차, 강한 그림자가 있는 경우, 시각이나 인지 능력이 떨어진 거주노인들에게 단차 또는 구멍으로 인식되어 혼란을 주어 균형과 낙상의 문제가 생기고 이동시간도 오래 걸린다. 따라서 되도록 작은 패턴, 최소한의 명도 대비가 있는 바닥재를 사용한다.
- 바닥재에 빛이 반사되면 눈부심의 우려가 있으므로 빛을 흡수하는 질감을 선택한다. P-타일, 카펫, 고무바닥재, 목재 등이 사용되는데 카펫이나 고무바닥재는 쿠션감이 있고 물이 묻어도 미끄럽지 않다는 장점이 있다. 카펫은 밀도가 높을수록 오염물 유입이 적다.
- 복도는 거주노인과 직원의 피로를 덜 수 있도록 동선이 짧아야 한다.

복도의 실내 디자인요소

- 거주노인들의 길찾기 및 위치 인식을 위해 복도는 층간, 개구부 간에 색채의 변화를 주도록 한다. 엘리베이터나 계단과 같은 수직이동 수단에도 이와 같은 배려가 요구된다.
- 거주노인의 흥미를 끌 수 있는 장식물을 설치하여 노인들의 대화를 이끌어내고 공간의 위치를 파악하기 쉽도록 한다.
- 거주노인의 작품을 전시하고, 현재 진행 중인 프로그램이나 행사 등을 노인에게 알리기 위한 게시판을 설치한다.
- 의자를 놓아 대화를 유도하며, 이동 또는 배회 중 잠깐 쉴 수 있도록 배려한다.
- 복도에서 안전사고가 일어날 수 있으므로 바닥이 잘 보이도록 조도를 충분히 밝게 한다. 자연광이 유입되도록 하여 밝은 분위기를 조성하고 노인들이 햇볕을 쬘 수 있도록 한다.
- 야간에 위험하지 않도록 야간등을 설치하여야 한다.

기타 사항

- 환자운반침대, 휠체어를 둘 수 있는 수납공간을 마련한다. 휠체어 수납공간의 상부는 리넨수납공간으로 활용될 수 있다.
- 안전손잡이와 범퍼가드(벽), 킥플레이트(문)를 설치하며 중간에 끊기지 않도록 한다.
- 치매노인이 장소에 대한 단서를 얻을 수 있도록 장식물을 설치하여 안내표식으로 삼는다.

| 복도의 사례 |

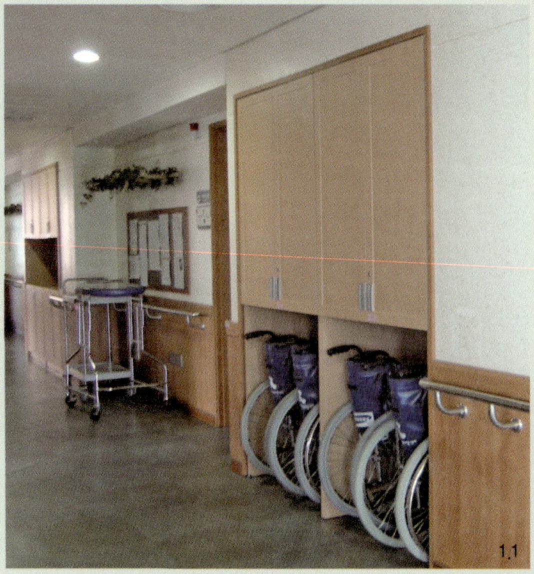
1.1

1.2

동부노인전문요양센터, 한국 1

2.1

2.2

2.3

붓다의집, 한국 2

1 복도 한쪽 벽에 휠체어 수납공간, 상부 수납장, 세면대 등을 계획하였다.

2 복도 천장에 연등을 달아 방향성을 주었으며(2.3), 바닥에는 시각장애인용 블록을 설치하였다(2.2).

3.1

3.2

엔젤헬프호난, 일본 3

소피에룬드케어센터, 덴마크 4

3 그룹홈의 복도를 일반가정집과 같은 분위기로 조성하기 위하여 좁게 계획되었다. 몸이 불편한 거주노인이 양방향으로 지나가기는 좁지만, 멈춰 서서 이야기를 나누기도 한다. 자연채광과 조망을 위하여 복도에 창을 설치하였다.

4 복도에 장식장, 소품, 시계 등을 이용하여 치매노인의 위치인지를 돕고 있다.

2. 엘리베이터

2 노인요양시설의 거주노인 대부분이 계단이용에 어려움이 있어 층 간 이동 시에 주로 엘리베이터를 이용한다.

개 요

엘리베이터는 노인요양시설에서 층 간 수직이동을 위한 주된 이용수단이며, 거주노인뿐 아니라 직원, 방문객 등이 사용한다. 우리나라 노인복지법에는 2층 이상의 노인요양시설에 경사로 또는 엘리베이터를 설치해야 한다고 규정하고 있다. 노인요양시설에서 사용되는 엘리베이터의 종류에는 일반 엘리베이터, 서비스용 엘리베이터, 덤웨이터(dumbwaiter)가 있다. 일반 엘리베이터는 거주노인, 직원, 방문자, 자원봉사자, 실습생 등 사람들이 이용하는 엘리베이터이다. 서비스용 엘리베이터는 가구, 소모품, 의료품, 세탁물, 폐기물 등 물품의 이동에 사용된다. 덤웨이터는 원활한 식사서비스를 위하여 중앙 주방에서 각 층으로 식사를 공급하고 그릇을 수거하는 소형 엘리베이터로 사람이 탑승할 수 없다.

엘리베이터의 건축 · 실내공간계획

- 엘리베이터의 크기는 사용목적에 따라 결정한다. 휠체어 탑승을 고려한다면 1,600(폭)

×1,350mm(깊이)를 확보하면 되지만, 환자운반침대가 들어가려면 2,100(깊이)×1,200mm(폭)가 필요하다. 병원용 침대와 2명의 보조인력이 엘리베이터를 원활하게 사용하기 위해서는 최소 2,400(깊이)×1,400mm(폭)를 확보해야 한다. 노인요양시설이 와상노인을 중심으로 운영되는 추세임을 감안한다면 엘리베이터는 침대가 들어갈 수 있는 크기로 설치하는 것이 바람직하다.

- 출입문의 통과 유효폭은 최소 800mm 이상으로 하며, 900mm 이상이 바람직하다. 엘리베이터의 전면에는 1,400×1,400mm 이상의 활동공간을 확보하여야 한다.
- 엘리베이터의 개수는 거주노인들의 층간 이동의 빈도와 사용량을 계산하여 산정한다. 프로그램 진행 시 노인들이 동시에 이동하는 경우가 많은데, 휠체어는 한 번에 2~3대 이상 타기 어려워 엘리베이터 대기시간이 길다는 문제점이 있다.
- 서비스 제공, 방문자관리, 사무 등으로 직원의 이동이 많으므로, 직원의 수직동선을 고려하여 엘리베이터를 설치한다. 서비스용 엘리베이터를 별도로 설치하여 엘리베이터의 과부하로 인한 고장과 교차감염을 막는다. 덤웨이터를 설치하면 직원들의 불필요한 이동을 줄일 수 있으며, 음식물이 담긴 카트가 엘리베이터로 이동하면서 시설 전체에 음식냄새를 퍼트리는 것을 막을 수 있으므로 적극 권장된다.

치매노인을 위한 Tip

- 치매노인의 안전을 위하여 엘리베이터에 이용제한장치를 설치하되, 시각적으로 노인의 관심을 끌지 않으면서도 직원의 이용이 쉬운 디자인으로 계획한다.

엘리베이터의 실내공간 구성요소

- 엘리베이터의 바닥재는 빈번한 이용과 안전을 고려하여 내구성이 강하고 미끄럽지 않은 마감재료를 선택한다. 보행보조기나 지팡이가 끼지 않도록 출입구 바닥과 엘리베이터 바닥의 틈은 300mm 이하로 한다.
- 엘리베이터의 벽과 문은 시설적 느낌이 나지 않도록 목재나 직물, 벽지 등으로 마감

한다.

- 엘리베이터 내부에서 휠체어가 180° 회전이 불가능할 경우에는 문의 개폐 여부를 확인하거나 내릴 수 있도록 문 반대쪽 벽 600mm 이상의 높이에 견고한 재질의 거울을 설치하여야 한다. 휠체어 이용자의 눈높이를 고려하여 각도를 기울이면 더 편리하다.
- 안전문제를 고려하여 엘리베이터 내부의 상황을 외부에서 알 수 있도록 문 일부에 유리를 사용할 수 있다.
- 사람이나 물체가 엘리베이터문의 중간에 끼었을 경우 문의 작동이 자동적으로 멈추고 다시 열리는 되열림장치를 설치하여야 한다.

엘리베이터의 실내 디자인요소

- 엘리베이터 출입구, 엘리베이터 내부, 조작기의 조도는 시력이 낮은 노인의 안전을 위하여 최소 150럭스 이상(저시력인 기준)으로 한다.

기타 사항

- 엘리베이터의 내부에는 안전손잡이를 바닥에서 800~900mm 높이에 연속하여 설치하거나, 안전손잡이 사이에 300mm 이내의 간격을 두고 측면과 후면에 각각 설치한다. 안전손잡이는 시설적인 느낌이 들지 않도록 목재무늬, 단색 페인트 등으로 마감한다.
- 호출버튼, 조작기, 통화장치 등 엘리베이터의 안팎에 설치되는 모든 설비의 높이는 바닥에서 800~1,200mm 높이에 설치한다. 다만, 스위치의 수가 많아 1,200mm 이내에 설치하는 것이 곤란한 경우에는 1,400mm 이하까지 완화할 수 있다.
- 휠체어 사용자용 조작기는 진입방향 우측면에 가로형으로 설치하고, 그 높이는 바닥에서 850mm 내외로 한다. 다만, 엘리베이터의 유효바닥면적이 1,400×1,400mm 이상인 경우에는 진입 방향 좌측면에 설치할 수 있다. 조작실비의 형태는 버튼식으로 한다.

| 엘리베이터의 사례 |

도봉실버센터, 한국 1

엔젤헬프호난, 일본 2

1 치매노인들의 엘리베이터 사용을 막기 위하여 엘리베이터 키의 작동장소를 장애인 표식에 숨겨 놓았다.

2 엘리베이터의 시설적인 분위기를 완화하기 위하여 나무 무늬의 문을 사용하고, 내부 벽도 천으로 마감하였다.

휴매니타스아크로폴리스, 네덜란드 3

엔젤헬프호난, 일본 4

5.1

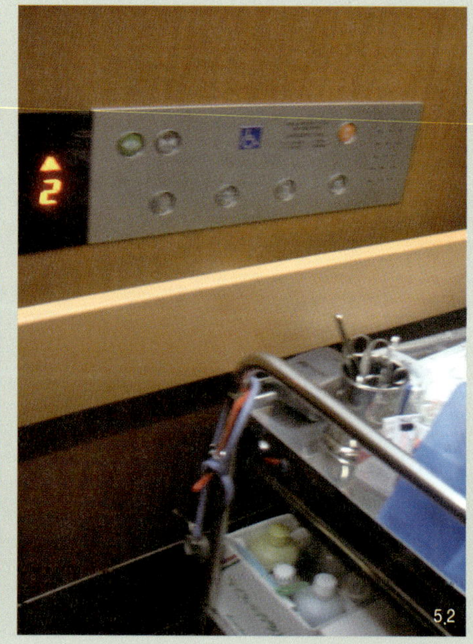

5.2

선라이프히로미네, 일본 5

3 엘리베이터 홀에 재미있는 벽화를 그리고 조명장치를 하여 명랑한 분위기를 조성하였다.

4 엘리베이터와 계단이 인접한 곳에 있어 거주노인이 선택하여 사용하기 편리하다.

5 엘리베이터 내부에 잠금장치와 함께 휠체어 사용자가 작동하기 쉬운 수평방향의 조작기가 설치되어 있다.

3. 계단 · 경사로

3 계단과 경사로는 각 층을 연결해 주는 공간으로, 건강한 노인들이 주로 사용하나 화재 등의 위급 시에 이동통로로 매우 중요하다.

개 요

노인요양시설이 2층 이상으로 계획되었을 경우 수직동선을 고려하여야 한다. 우리나라 노인복지법에는 2층 이상의 노인요양시설에 경사로 또는 엘리베이터를 설치해야 한다고 규정하고 있다. 즉, 우리나라의 요양시설은 거동이 어려운 노인에게 서비스를 중점적으로 제공하는 방향으로 가고 있기 때문에 계단은 거주노인이 이용하는 주요 동선으로 정의되지 않는다.

경사로는 소요 면적이 넓기 때문에 근래에는 선호되지 않는 추세이며, 신축 노인요양시설에는 대체로 엘리베이터와 계단실을 함께 설치한다. 보행가능한 노인이 많고 중증 치매노인이 적은 요양시설에서는 계단을 주요 수직동선으로 인식하여 건강한 노인들이 자유롭게 이용하고 있다. 엘리베이터 대기시간이 길기 때문에 직원들은 계단을 이용하는 경우가 많으며, 특히 응급상황이 발생하였을 때(음식물에 의한 질식 등) 간호사의 이동 통로로 계단이 요긴하게 사용된다. 또한 화재 등이 발생하였을 때 노인이 이용해야 하는 상황이 벌어질 수도 있으므로 노인요양시설의 계단은 안전하게 계획할 필요가 있다.

계단 · 경사로의 건축 · 실내공간계획

- 2층 이상인 노인요양시설에는 경사로를 설치하여야 한다. 다만, 엘리베이터를 설치한 경우에는 경사로를 설치하지 않을 수 있다.
- 경사로의 유효폭은 1.5m 이상으로 하고 기울기는 1/12~1/18로 한다.
- 경사로에는 바닥면에서 높이 750mm 이내마다 휴식을 취할 수 있도록 수평면으로 된 계단참을 설치하여야 한다. 경사로의 시작과 끝, 굴절부분 및 계단참에는 1,500×1,500mm 이상의 활동공간을 확보하여야 한다.
- 계단의 경사는 완만하여야 하며, 계단 및 계단참의 유효폭은 1,200mm 이상으로 하여야 한다. 다만, 옥외 피난계단은 900mm 이상으로 할 수 있다. 바닥면에서 높이 1,800mm 이내마다 휴식을 할 수 있도록 수평면으로 된 계단참을 설치하는 것이 좋다.
- 치매노인이 많은 시설의 경우 계단과 경사로는 거주노인들이 임의로 들어가지 못하도록 계획한다.

계단 · 경사로의 실내공간 구성요소

- 계단과 경사로는 복도에 준하여 마감계획을 한다.
- 벽에는 안전손잡이와 범퍼가드(bumper guard)를 설치한다.
- 계단과 경사로의 바닥은 미끄럽지 않고 빛을 반사하지 않는 재질로 마감한다.
- 바닥 전체를 미끄럽지 않은 재질로 마감한 경우를 제외하고, 계단코에는 줄눈 넣기를 하거나 경질고무류 등의 미끄럼방지 재료로 마감하여야 한다. 계단코의 색상을 계단의 바닥재 색상과 달리 하면 계단폭 인지에 도움이 된다.
- 계단의 측면에 난간을 설치하는 경우에는 난간 하부에 바닥면으로부터 높이 50mm 이상의 추락방지턱을 설치한다.
- 조망과 채광을 위하여 계단 · 경사로에는 창을 설치한다.

치매노인을 위한 Tip

- 치매노인의 낙상을 방지하기 위하여 계단에 출입문을 설치하고 잠금장치를 하여야 한다.

계단 · 경사로의 실내 디자인요소

- 계단실이나 경사로의 분위기는 명랑하고 밝게 조성한다.
- 실내 마감에 큰 패턴의 무늬를 사용하거나 명도차가 심한 경우 노인이 균형을 잃거나 혼란을 느낄 수 있으므로 작은 패턴, 명도대비가 적은 색채를 사용한다.
- 노인들의 방향 및 위치 인식을 위해 층 간, 개구부 간 색채를 다르게 하는 방법이 많이 사용된다. 이는 거주노인의 길 찾기와 위치 인식에 매우 도움이 되므로 적극 권장해야 할 사항이며, 엘리베이터나 계단과 같은 수직이동수단에도 이와 같은 배려가 필요하다.
- 계단실이 어두울 경우 낙상을 유발할 수 있으며 분위기도 좋지 않으므로 충분한 조도를 확보하도록 한다.

기타 사항

- 거주노인이 자신의 위치를 알 수 있도록 각 층마다 안내표식을 부착한다.

소피에룬드케어센터, 덴마크 1

선라이프히로미네, 일본 2

붓다의집, 한국 3

엔젤헬프호난, 일본 4

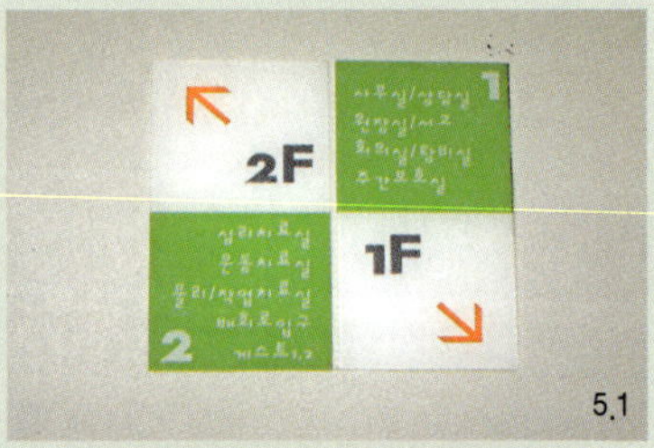

5.1

5.2

도봉실버센터, 서울 5

1 커뮤니티센터의 계단참에 둥근 형태의 붙박이 소파를 설치하여, 계단을 이용하다가 힘이 들면 쉬어갈 수 있도록 하였다.

2 계단실에 출입제한장치를 설치하여 치매노인들이 이용하지 못하도록 하였다.

3 거주노인을 위하여 벽에 장식이 되어 있으나 창이 없어 주간에도 다소 어두운 계단실이다.

4 목재 계단과 목재 안전손잡이를 설치하여 매우 가정적인 분위기를 주는 계단실이다.

5 안전사고를 방지하기 위해서 계단실 문이 열리면 비상벨이 울려 거주노인이 계단을 사용하지 못하도록 하였다. 안내표식(5.1)과 미끄럼방지 바닥재(5.2)가 이용되었다.

국내문헌

권순정 · 오은진 · 안희창(2005). **노인전문요양시설 건축모델 연구**. 서울복지재단.

권순정 · 오종희(2004). 노인전문요양시설의 거주단위 모형개발에 관한 연구. **한국의료복지시설학회**, 10(2).

권순정 · 차현석(2004). 노인전문요양시설의 거주단위 계획에 관한 연구. **한국실내디자인학회논문집**, 6(6).

권오정 · 김대년 · 김미희 · 김영주 · 박남희 · 이상호 · 최령(2005). **노인가구 주택개조 매뉴얼**. 건설교통부. 한국주거학회.

김대년 · 정미렴 · 윤영선 · 변혜령(2008). 실태분석을 반영한 한국 노인요양시설의 욕실 및 화장실의 공간계획 연구. **대한건축학회 논문집**, 24(2).

김대년 · 최정신 · 조명희 · 권오정(2000). 개발 이념을 중심으로 본 스웨덴의 치매 노인용 그룹홈. **대한건축학회논문집**, 16(7).

김대년 · 최정신 · 천진희(2009). **실내디자인**. 교문사.

김병한(2007). 노인장기요양보험제도 도입에 따른 노인복지시설의 대응. **사회복지**, 173.

김선태 · 윤영선 · 김대년 · 변혜령 · 정미렴(2008). 일본 노인요양시설의 거주환경특성에 관한 고찰 –선구사례의 변천과정과 연구경향을 중심으로–. **대한건축학회논문집**, 25(10).

김설희(1983). **건축의 설계방법에 있어서 패턴랭귀지 적용에 관한 연구**. 서울대학교 대학원 석사논문.

김인하 · 최미희 · 박영기(2007). 치매노인 요양시설의 치유정원 계획요소에 관한 연구. **대한건축학회논문집**, 27(1).

김태일(2002). 중간시설로서의 일본 노인보건시설의 건축적 특징에 관한 연구. **한국의료복지시설학회**, 8(2).

남윤옥(1998). 독일에서의 노인 의료시설 계획 : 요양원을 중심으로, **한국의료복지시설학회**, 4(6).

덕선우(2006). 고령화시대에서의 노인수발지원정책. **대한건축학회 논문집**, 50(11),

류숙희. 청주 지역 노인복지시설 실내 공간의 색채 현황 분석-문.스펜서의 색채조화론의 적용. **대한건축학회논문집**, 23(6).

류승수 · 김광배 · 이경훈(2002). 치매요양시설에서의 치료적 환경 구축을 위한 기초연구, **대한건축학회논문집**, 18(5).

문창호(2004). 최근 일본 노인주거시설의 건축적 특성에 관한 연구. **대한건축학회논문집**, 20(6).

박완서(2007). **친절한 복희씨**. 문학과 지성사.

변혜령 · 윤영선 · 김대년 · 정미렴(2008). 한국 노인요양시설의 유형, 위치, 주변환경에 따른 건축특성 비교. **대한건축학회 논문집**, 25(11).

변혜령 · 정미렴 · 김대년 · 윤영선(2008). 노인요양시설에 관한 국내연구 분석-1990년 이후 학위논문과 학술지 게재논문을 대상으로-. **한국주거학회논문집**, 19(2).

소준영(2005). 일본 노인보건시설의 공간구성에 관한 연구. **한국실내디자인학회논문집**, 14(2).

손수진 · 이특구(1999). 노인요양시설 주거부분 공유공간에 관한 연구. **한국의료복지시설학회**, 5(9).

안희영(1984). **패턴언어에 의한 설계방법 및 패턴에 관한 연구**. 서울대학교 대학원 석사논문.

양일선(2003). **단체 급식**. 교문사.

오혜경 · 박민진 · 이지현(2004). 노인주거시설 공용공간의 실내색채 사례연구. **한국실내디자인학회논문집**, 13(1).

우종인 · 김진규 · 김기웅 · 최윤식(2004). **노인의 건강과 임상검사**. 서울대학교 출판부.

유영민(1999). 노인전문요양시설의 건축계획에 관한 연구. **한국의료복지시설학회**, 5(9).

유우상(2005). **사무소 건물에서 업무특성과 조직특성이 공간구조에 미치는 영향**. 연세대학교 박사학위논문.

윤영선 · 변혜령(2004). 일본 도심형 노인전문요양시설의 환경디자인 특성에 관한 사례연구. **실내디자인학회논문집**, 13(5).

의학교육연수원 편(1997). **노인의학**. 서울대학교 출판부.

이관용(2003). **노인건축: 한국과 미국을 중심으로**. 세진사.

이권복(1997). **현대주방 관리론**. 문지사.

이민아(2007). 도시지역 대규모 노인전문요양시설 거주 및 간호단위의 공간구성 특성 분석. **한국실내디자인학회논문집**, 16(4).

이유정(2004). **노인전문요양시설 생활지도원의 감정노동이 소진에 미치는 영향에 관한 연구**. 연세대학교 석사학위논문.

이채식 외(2006). **케어복지개론**. 나눔의 집.

이특구 · 김석준(2006). 일본 개호보험 도입에 따른 장기요양시설의 변화에 관한 연구. **한국의료복지시설학회**, 12(10).

임은영(2002). 패턴언어 체계에 기초한 환경디자인 접근방법. **한국실내디자인학회논문집**, 28.

정미렴(2008). **노인요양시설 케어지원환경의 개선방안에 대한 연구–직접 케어 직원의 요구 분석을 중심으로–**. 연세대학교 박사학위논문.

정미렴 · 김대년(2009). 노인요양시설 공용생활공간의 안내표식 시스템에 관한 연구. **실내디자인학회 논문집, 18**(5).

정미렴 · 김대년(2010). 노인요양시설 개인생활공간의 안내표식 시스템에 관한 연구. **실내디자인학회 논문집, 26**(5).

정여주 · 최상헌(2005). 치매노인 전문요양시설 거주공간디자인 지침에 관한 연구 : 수도권 지역 사례를 중심으로. **실내디자인학회논문집, 14**(4).

주현돈 · 한승우 · 박재승(2005). 치매전문요양병원의 형태결정요소 및 공간구성 특성에 관한 연구. **한국의료복지시설학회, 11**(2).

차성철(1978). **Auction Office 대두**, 디자인포장, 제37호, 유우상(2005)에서 재인용.

천진희(2003). 미국 양로시설 실내의 색채적용 평가 : 4개 지역 10개 시설을 중심으로. **한국실내디자인학회논문집, 41**.

천진희(2004). 우리나라 고령자의 실내색채 선호성향. **한국실내디자인학회 논문집, 6**(1)

최영미 · 양내원(2002). 일본 노인복지시설의 디자인 특성에 관한 연구. **한국의료복지시설학회, 8**(2).

최재필(1994). 크리스토퍼 알렉산더의 건축설계과정 개념 변화에 관한 연구. **대한건축학회 논문집, 10**(5).

최지혜 · 함욱 · 이낙운(2004). 노인요양시설의 거주공간 구성에 관한 연구. **한국의료복지시설학회, 10**(1).

최효승(1983). Christopher Alexander의 계획사상과 이론에 바탕을 둔 한국적 문화환경에 적합한 'Pattern language' 의 개발을 위한 기초적 연구, **대한건축학회 논문집, 27**(11).

한광석(2002). **패턴언어로 접근한 실버타운 실내주거 공간에 관한 연구**. 건국대학교 디자인대학원 석사학위논문.

한균 · 권순정(2005). 치매노인전문요양시설의 복도공간에 관한 건축계획적 연구. **한국의료복지시설학회, 11**(1).

한근배 역(1995). **건축 · 도시형태론 : 도시, 건축, 구조**. 태림문화사.

한기증(2002). 치매전문요양시설 병동부 실내계획에 관한 연구-국내 및 일본시설을 중심으로. **한국실내디자인학회 학술발표대회논문집, 4**(4).

홍형옥 · 이경희 · 최정신 · 김대년 · 조재순 · 권오정(2004). **2020년 : 노후의 공간환경을 전망한다 –노후에는 어디에서 살까.** 미래인력연구원 지식마당.

국외문헌

Alexander, Christopher(1977). *A Pattern Language : Towns · Buildings· Construction.* Oxford University Press.

Alexander, Christopher(1979). *The Timeless Way of building, Oxford University Press.*

Brawley, Elizabeth(2006). *Design Innovations for Aging and Alzheimer's.* John Wiley & Sons, Inc.

Calkins, Margaret(1988). *Design for Dementia : Planning Environments for the Elderly and the Confused.* National Health Publishing(USA).

Cohen, Uriel and Gerald D. Weisman(1991). *Holding on to Home : Designing Environments for People with Dementi.* The Johns Hopkins University Press.

Cohen, Uriel and Gerald D. Weisman(1993). *Contemporary Environment for People with Dementia.* John Hopkins University Press.

Department of National Health and Welfare, CANADA(1991). *Designing Facilities for people with Dementia, Working Group on Facilities for the Cognitively Impaired Elderly.* Health Facilities Design Unit.

Dilani, Alan and Agneta Morelli(2005). *Health Promotion by Design in Elderly Care.* Research Center Design and Health.

Joseph, Anjali(2006). *The Role of the Physical and Social Environment in Promoting Health, Safety, and Effectiveness in the Healthcare Workplace.* The center for Health Design.

Lawton, Powell and Lucille Nahemow(1973). *The psychology of adult development and aging.* American Psychological Association.

Nord, Romano D.(2004), *Architecture for Alzheimer Disease.* ALINEA.

Perkins, Bradford, J.David Hoglund, Douglas King and Eric Cohen(2004). *Building Type Basics for Senior Livng.* John Wiley & sons, Inc.

Regnier, Victor(2002). *Design for Assisted Living,* John Wiley & Sons, Inc.

Romano Del Nord(2004). *Architecture for Alzheimer disease,* Alinea Editrice.

Schwarz, Benyamin and Ruth Brent(1999). *Aging, Autonomy and Architecture -Advances in Assisted Living.* The Johns Hopkins Univ. Press.

社団法人日本医療福祉建築協会(2006). **小規模多機能サービス拠点の計画ー目指すべき方向性と考え方.**

日本建築学会大会学術講演梗概集(2006). **認知症高齢者の施設整備条件の体系 -我国における高齢者の居住環境に関する書誌学的研究 その3.**

明山泰之. 赤木徹也. 「**認知症高齢者の施設整備条件の体系-我国における高齢者の居住環境に関する書誌学的研究** その3」. 日本建築学会大会学術講演梗概集. 2006年9月.

기타 참고자료

노인복지법 시행규칙(2008. 7 개정).

노인복지법 일부개정법률안(2007. 8 개정).

노인복지법(2008), 시행규칙 별표 4.

노인복지법(2008. 8 일부개정).

통계청(2007). 2007 고령자통계.

통계청(2008). 2008 고령자통계.

장애인, 노인, 임산부 등의 편의증진보장에 관한 법률(2008).

보건복지부(2004). 전국 노인생활실태 및 복지욕구조사.

보건복지부(2008). 노인복지시설 현황.

Index

찾아보기

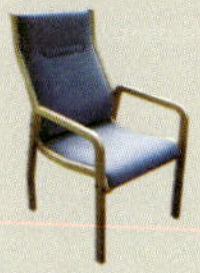

ㅇ

ㅋ

ㅌ

ㅍ

ㅎ

저 자 소 개

김대년

서울대학교 사범대학 가정교육학과 졸업

미국 California State Univ. Long Beach, Dept. of Housing & Interior Design 수료

미국 California State Univ. Long Beach 대학원, Housing & Interior Design 전공 석사

경희대학교 대학원 주거학 전공 박사

현재 서원대학교 조형 · 환경학부 건축학과 교수

윤영선

연세대학교 주생활학과 졸업

연세대학교 대학원 주거환경학 전공 석사

연세대학교 대학원 주거환경학 전공 박사

현재 극동정보대학 실내디자인과 교수

변혜령

경상대학교 가정교육학과 졸업

연세대학교 대학원 주거환경학 전공 석사

연세대학교 대학원 주거환경학 전공 박사

현재 상명대학교, 한남대학교 강사

정미렴

연세대학교 주거환경학과 졸업

연세대학교 대학원 주거환경학 전공 석사

미국 The School of the Art Institute of Chicago 대학원, Interior Architecture 전공 석사

연세대학교 대학원 건축학 전공 박사

현재 가톨릭대학교 생활과학부 소비자주거학 전공 교수

노인요양시설의 건축 · 실내환경 디자인

2010년 5월 17일 초판 인쇄
2010년 5월 20일 초판 발행

지은이 김대년·윤영선·변혜령·정미렴
펴낸이 류 제 동
펴낸곳 ㈜교 문 사

책임편집 성혜진
디자인 황옥성
제작 김선형
영업 김재광 · 정용섭 · 송기윤

출력 현대미디어
인쇄 동화인쇄
제본 대영제본

우편번호 413-756
주소 경기도 파주시 교하읍 문발리 출판문화정보산업단지 536-2
전화 031) 955-6111(代)
팩스 031) 955-0955
등록 1960. 10. 28. 제406-2006-000035호

홈페이지 www.kyomunsa.co.kr
E-mail webmaster@kyomunsa.co.kr
ISBN 978-89-363-1059-2 (93590)

값 24,000원
*잘못된 책은 바꿔 드립니다.